자동차정비 산업기사 실기 정복

최신판

"한국산업인력공단 새 출제 기준에 따른"

산업기사 실기 시험 대비

박종철·김학광 공저

Industrial Engineer Motor Vehicles Maintenance

실기시험 작업순서 따라 하기
- 현장 실사 완벽 수록
- 차별화된 답안지 작성법 수록

도서출판 건기원

머리말

　　이 교재를 보는 자동차정비산업기사 실기 수험자분들은 많은 실무 경험에도 불구하고 답안지 작성이 부족하여 어려움을 겪고 있거나, 일부 답안지 작성에 대한 학습과 연습에도 실기 시험의 특성상 같은 항목이라도 실기 시험을 운영하는 패턴의 차이에 의해 어려움을 겪거나, 답안지 작성 외에 시험장별 기자재 사용에 대한 미숙 등에 의해 많은 어려움을 겪고 있는 것이 지금의 현실입니다.

　　이에 각 시험장별, 시험(감독) 위원들의 패턴의 차이를 보다 효율적으로 대처하고, 산업인력공단에서 통합 실시되는 자동차정비산업기사 실기시험에 요구되는 표준작업 및 답안에 부합될 수 있는 교재가 될 수 있도록 현장에서 실무 작업을 하고 계시는 선배님들, 교육현장에서 학생들을 지도하고 계시는 선·후배님들, 다양한 층에 계시는 많은 분들의 조언과 협조를 통해 기존 답안지 작성법과는 확연한 차이를 두어 한층 진보된 교재로 편성하였습니다.

　　끝으로 이 교재를 통해 많은 분들이 시험장에서 웃을 수 있으며 도움이 될 수 있게 도와주신 선·후배님께 진심어린 감사를 드리며, 이 교재를 출간하는 데 힘써주신 도서출판 건기원 대표님 이하 임직원 여러분들께도 고마운 마음을 전합니다.

2022년 6월
저자 일동

자동차정비산업기사 실기시험 출제기준
▶ 시험과목 및 활용 국가직무능력표준(NCS)

▶ 국가기술자격의 현장성과 활용성 제고를 위해 국가직무능력표준(NCS)를 기반으로 자격의 내용(시험과목, 출제기준 등)을 직무 중심으로 개편하여 시행합니다.
(적용 시기: 2022년 1월 1일~2024년 12월 31일까지)

실기과목명	NCS 세분류	NCS 능력 단위
자동차정비 실무	자동차 엔진 정비	기솔린 전자제어 장치 정비
		디젤 전자제어 장치 정비
		배출가스 장치 정비
	자동차 섀시 정비	자동변속기 정비
		유압식 현가 장치 정비
		전자제어 현가 장치 정비
		전자제어 조향 장치 정비
		전자제어·공압식 제동 장치 정비
	자동차 전기·전자 장치 정비	네트워크 통신 장치 정비
		편의 장치 정비
		냉·난방 장치 정비

● 국가직무능력표준(NCS)이란 산업현장에서 직무를 수행하기 위해 요구되는 지식·기술·태도 등의 내용을 국가가 산업부문별·수준별로 체계화한 것이다.

자동차정비산업기사 공개 문제
▶ 각 문제별 페이지

구분		1안		2안		3안		4안	
기관	1	엔진 분해·조립 메인 저널 오일 간극	14 37	엔진 분해·조립 크랭크축 방향 유격	14 40	엔진 분해·조립 캠축 휨	14 42	엔진 분해·조립 피스톤링 이음 간극	14 44
	2	1가지 부품 교환 시동　62							
	3	공전 속도 확인 배기가스 측정	68 70	공전 속도 확인 인젝터 분사 시간 및 서지전압 측정	68 78	공전 속도 확인 배기가스 측정	68 70	공전 속도 확인 인젝터 분사 시간 및 서지전압 측정	68 78
	4	맵 센서 파형 (급가속·감속 시)	87	맵 센서 파형 (급가속·감속 시)	87	산소 센서 파형	99	공전속도조절장치 (ISA) 파형	102
	5	CRDI 인젝터 교환 CRDI 연료압력(고압) 측정	119 123	CRDI 연료 압력 센서 교환 매연 측정	120 126	CRDI 연료 압력 조절 밸브 교환 연료압력(고압) 측정	121 123	CRDI 연료 압력 센서 교환 매연 측정	120 126
섀시	1	전륜 코일 스프링 탈거	142	후륜 코일 스프링 탈거	142	전륜 코일 스프링 탈거	142	등속 조인트 부트 교환	144
	2	링 기어의 백래시 및 런아웃 측정	165	최소 회전반경 측정 타이로드 엔드 교환	168 187	캠버 토우 측정 타이로드 엔드 교환	171 187	셋백 토우 측정 타이로드 엔드 교환	171 187
	3	ABS 브레이크 패드 교환	186	ABS 브레이크 패드 교환	186	휠 실린더 교환	194	브레이크 라이닝 슈 교환	191
	4	전·후 제동력 측정　200							
	5	자동변속기 센서 및 자기진단	204	진단기로 ABS 점검	206	자동변속기 센서 및 자기진단	204	진단기로 ABS 점검	206
전기	1	시동 모터 교환 크랭킹 전류 소모 크랭킹 전압 강하	210 228 230	발전기 교환 발전 전압 & 전류 측정	214 255	시동 모터 교환 크랭킹 전류 소모 크랭킹 전압 강하	210 228 230	발전기 분해·조립 다이오드 & 로터 코일 저항	217 238
	2	전조등 광도 및 광축 측정　256							
	3	감광식 룸 램프 출력 전압	261	센트럴 록킹 스위치 입력 신호 측정	266	외기 온도 센서 출력 전압 측정	290	열선 스위치 입력 신호 측정	271
	4	와이퍼 회로 점검	299	에어컨 회로 점검	304	전조등 회로 점검	310	파워 윈도우 회로 점검	315

자동차정비산업기사 공개 문제
▶ 각 문제별 페이지

구분		5안	6안	7안	8안	9안
기관	1	엔진 분해·조립 14 오일펌프 　사이드 간극 47	엔진 분해·조립 14 캠 높이 측정 49	엔진 분해·조립 14 실린더 헤드 변형 51	엔진 분해·조립 14 실린더 마모량 59	엔진 분해·조립, 메인저널 마모량
	2	1가지 부품 교환 시동 62				
	3	공전 속도 확인 68 배기가스 측정 70	공전 속도 확인 68 연료압력 측정 83	공전 속도 확인 68 배기가스 측정 70	공전 속도 확인 68 PCSV 점검 85	공전 속도 확인 배기가스 측정
	4	점화 1차 파형 90	점화 1차 파형 90	공기유량센서 (AFS) 106	점화 1차 파형 90	공전속도조절장치 (ISA) 파형
	5	CRDI 연료 압력 센서 교환 120 연료 리턴(백리크)량 138	CCRDI 연료 압력 조절 밸브 교환 121 매연 측정 126	CRDI 연료 압력 조절 밸브 교환 121 연료 리턴(백리크)량 138	CRDI 인젝터 교환 119 매연 측성 126	CRDI 연료 압력 센서 교환 공전 속도 확인
섀시	1	클러치 마스터 실린더 교환 147	A/T 변속조절 S/V, 밸브 보디, 오일펌 프 교환 150	클러치 어셈블리 교환 154	파워 오일펌프, 벨트 교환, 공기 빼기 157	파워 오일펌프, 벨트 교환, 공기 빼기
	2	캐스터 토우 측정 171 타이로드 엔드 탈거 183	클러치 페달 자유간극 측정 182	최소 회전반경 측정 168 타이로드 엔드 탈거 187	링 기어의 백래시 런아웃 측정 165	링 기어의 백래시 런아웃 측정
	3	휠 실린더 교환 194	캘리퍼 교환 후 작동 점검 188	브레이크 마스터 실린더 교환 195	주차 브레이크 레버 교환 197	캘리퍼 교환 후 작동 점검
	4	전·후 제동력 측정 200				
	5	자동변속기 센서 및 자기진단 204	진단기로 ABS 점검 206	자동변속기 센서 및 자기진단 204	진단기로 ABS 점검 206	자동변속기 센서 및 자기진단
전기	1	에어컨 벨트 및 블로어 모터 교환 220 에어컨 냉매압력 243	시동 모터 교환 210 전기자 & 솔레노 이드 점검 232	발전기 분해·조립 217 다이오드 & 브러시 마모 점검 238	와이퍼 모터 교환 221 전류 소모시험 (로우, 하이 모드) 250	다기능 스위치 탈거 후 조립 경음기 음량 측정
	2	전조등 광도 및 광축 측정 256				
	3	와이퍼 간헐 스위치 전압 측정 277	점화 키 홀 조명 출력 전압 282	증발기 온도 센서 출력값 측정 286	외기온도 센서 출력 전압 측정 290	센트럴 록킹 스위 치 입력 신호 측정
	4	제동등 및 미등 회로 점검 323	경음기 회로 점검 331	방향지시등 회로 점검 335	제동등 및 미등 회로 점검 323	와이퍼 회로 점검

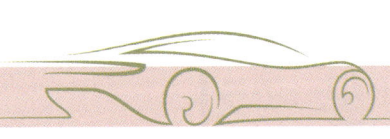

10안	11안	12안	13안	14안
진 분해·조립 14	엔진 분해·조립 14	엔진 분해·조립 14	엔진 분해·조립 14	엔진 분해·조립 14
랭크축 방향 유격 40	핀 저널 오일 간극 59	메인 저널 오일 간극 37	크랭크축 방향 유격 40	캠축 휨 42
		1가지 부품 교환 시동 62		
전 속도 확인 68	공전 속도 확인 68	공전 속도 확인 68	공전 속도 확인 68	공전 속도 확인 68
료압력 측정 83	인젝터 분사 시간 및 서지전압 측정 78	배기가스 측정 70	인젝터 분사 시간 및 서지전압 측정 78	배기가스 측정 70
OC 센서 파형 측정 (각 센서) 109	디젤 엔진(CRDI) 인젝터 파형 측정 114	점화 1차 파형 90	맵 센서 파형 (급가속·감속 시) 87	산소 센서 파형 99
RDI 인젝터 교환 119	CRDI 인젝터 교환. 119	CRDI 고압 연료펌프 교환 122	CRDI 연료압력 센서 교환 120	CRDI 연료압력 조절밸브 교환 121
연 측정 126	매연 측정 126	CRDI 연료압력(고압) 측정 123	매연 측정 126	CRDI 연료압력(고압) 측정 123
류 허브 너클 거 159	종감속 기어 사이드 기어 조정심 및 스페이서 교환 163	후륜 코일 스프링 탈거 142	전륜 코일 스프링 탈거 142	등속 조인트 부트 교환 144
얼라이먼트 측정 171	휠 얼라이먼트 측정 171	휠 얼라이먼트 측정 171	자유 간극과 브레이크 페달 높이 측정 184	최소 회전반경 측정 168
이로드 엔드 교환 187	타이로드 엔드 교환 187	타이로드 엔드 교환 187		타이로드 엔드 교환 187
실린더 교환 194	캘리퍼 교환 후 작동 점검 188	ABS 브레이크 패드 교환 186	휠 실린더 교환 194	브레이크 라이닝 슈 교환 191
		전·후 제동력 측정 200		
단기로 ABS 검 206	자동변속기 센서 및 자기진단 204	진단기로 ABS 점검 206	자동변속기 센서 및 자기진단 204	진단기로 ABS 점검 206
워 윈도우 레귤레터 교환 226	에어컨 벨트 및 블로어 모터 교환 220	시동 모터 교환 210	발전기 분해·조립 217	시동 모터 교환 210
류 소모시험 254	에어컨 냉매 압력 243	크랭킹 전압 강하 시험 230	다이오드 & 브러시 마모 점검 238	크랭킹 전류 소모 228
				크랭킹 전압 강하 230
		전조등 광도 및 광축 측정 256		
탁스 기본 전원 압 측정 294	와이퍼 간헐 스위치 전압 측정 277	열선 스위치 입력 신호 측정 271	열선 스위치 입력 신호 측정 271	와이퍼 간헐 스위치 전압 측정 277
내등 & 도어 오픈 고등 회로 점검 341	파워 윈도우 회로 점검 315	전조등 회로 점검 310	방향지시등 회로 점검 335	제동등 및 미등 회로 점검 323

목 차

● **제1편 엔진**

▶ 1항-1 엔진 분해·조립 ·· 14
  1-공통 주어진 엔진을 기록표의 측정항목까지 분해하여 기록표의 요구사항을
        측정 및 점검하고 본래 상태로 조립하시오. ··· 14

▶ 1항-2 관련 부품 측정 및 조정 ·· 37
  1-1 메인 저널 베어링 오일 간극 측정 ··· 37
  1-2 크랭크축 방향 유격 측정(크랭크축 엔드 플레이) ··································· 40
  1-3 캠축 휨 측정 ··· 42
  1-4 피스톤링 이음 간극 측정(피스톤링 엔드 갭) ·· 44
  1-5 오일펌프 사이드 간극 측정 ··· 47
  1-6 캠 높이 측정 ·· 49
  1-7 실린더 헤드 변형도 측정 ·· 51
  1-8 실린더 마모량 측정 ··· 53
  1-9 메인 저널 마모량 측정 ··· 57
  1-10 핀 저널 오일 간극 측정 ··· 59

▶ 2항 1가지 부품 탈거 및 엔진 시동 ··· 62
  2-공통 주어진 자동차의 전자제어 엔진에서 시험위원의 지시에 따라 1가지 부품
        을 탈거한 후(시험위원에게 확인) 다시 부착하고, 시동에 필요한 관련 부
        분의 이상개소(시동 회로, 점화 회로, 연료 장치 각 1개소)를 점검 및 수
        리하여 시동하시오. ··· 62

▶ 3항 엔진 작동상태 점검 및 측정 ··· 68
  3-공통 2항의 시동된 엔진에서 공회전 속도를 확인 작업 ·································· 68
  3-1 2항의 시동된 엔진에서 공회전 속도를 확인하고 시험위원의 지시에 따라
      배기가스를 측정하여 기록표에 기록하시오. ··· 70
  3-2 인젝터 파형을 측정 및 분석 ·· 78

3-3	공전 속도 점검 후 연료압력 측정	83
3-4	PCSV(증발 가스제어 장치) 점검	85

▶ **4항 엔진 센서(액추에이터) 파형 측정 및 분석** ············ 87
- 4-1 맵 센서(급가속·감속 시) 파형 측정 및 분석 ············ 87
- 4-2 점화 파형 측정 후 기록표 기록 ············ 90
- 4-3 산소 센서 파형 측정 및 분석 ············ 99
- 4-4 공전속도조절장치(ISA) 파형 측정 및 분석 ············ 102
- 4-5 공기유량센서 파형 측정 및 분석 ············ 106
- 4-6 TDC 센서 파형 측정 및 분석 ············ 109
- 4-7 디젤 엔진(CRDI) 인젝터 파형 측정 및 분석 ············ 114

▶ **5항-1 전자제어 디젤 엔진(CRDI) 탈부착** ············ 119
- 5-1 CRDI 인젝터 교환 ············ 119
- 5-2 CRDI 연료 압력 센서 교환 ············ 120
- 5-3 CRDI 연료 압력 조절 밸브 교환 ············ 121
- 5-4 CRDI 고압 연료펌프 교환 ············ 122

▶ **5항-2 전자제어 디젤 엔진(CRDI) 측정** ············ 123
- 5-1 CRDI 연료압력(고압) 측정 ············ 123
- 5-2 디젤 엔진 매연 측정 ············ 126
- 5-3 연료 리턴량(백리크) 측정 ············ 138

제2편 섀 시

▶ **1항 관련 부품 탈·부착 작업 및 작동상태 확인** ············ 142
- 1-1 전륜 코일 스프링 탈거 ············ 142
- 1-2 등속 조인트 부트 교환 ············ 144
- 1-3 클러치 마스터 실린더 교환 ············ 147
- 1-4 A/T 변속 조절 S/V, 밸브 보디, 오일펌프 교환 ············ 150
- 1-5 클러치 어셈블리 교환 ············ 154
- 1-6 파워 스티어링 오일펌프 및 벨트 교환 후 공기빼기 작업 ············ 157
- 1-7 전륜 허브 너클 교환 ············ 159
- 1-8 종감속 장치 사이드 기어 조정심 및 스페이서 교환 ············ 163

▶ 2항   부품 교환 후 측정 및 조정 ··· 165
　2-1   링 기어의 백래시 및 런아웃 측정 ·· 165
　2-2   최소 회전 반경 측정 ·· 168
　2-3   휠 얼라인먼트 측정(캐스터 각, 캠버 각, 셋백, 토우 점검) ····················· 171
　2-4   클러치 페달 자유 간극 측정 ·· 182
　2-5   브레이크 페달 자유 간극과 브레이크 페달 높이 측정 ······························ 184

▶ 3항   제동장치 부품 교환 ·· 186
　3-1   ABS 브레이크 패드 교환 후 작동 점검 ·· 186
　3-2   타이로드 엔드 교환 ·· 187
　3-3   캘리퍼 교환 후 작동 점검 ··· 188
　3-4   브레이크 라이닝 슈 교환 후 작동 점검 ·· 191
　3-5   휠 실린더 교환 및 브레이크 허브 베어링 작동 점검 ······························ 194
　3-6   브레이크 마스터 실린더 교환 후 작동상태 점검 ······································ 195
　3-7   주차 브레이크 레버 교환 작업 ·· 197

▶ 4항   제동력 측정 ·· 200
　4-공통 제동력 측정 후 기록표 작성 ·· 200

▶ 5항   전자제어 섀시장치 점검 측정 ··· 204
　5-1   자동변속기 센서 및 액추에이터 점검 후 기록표 작성 ···························· 204
　5-2   진단기(스캐너)로 전자제어제동장치(ABS) 점검 ······································ 206

제3편 전 기

▶ 1항-1 관련 부품 탈거·부착 작업 및 점검 측정 ·· 210
　1-1   시동 모터(기동 전동기) 교환 ·· 210
　1-2   시동 모터(기동 전동기) 분해·조립 ··· 211
　1-3   발전기 교환 ··· 214
　1-4   발전기 분해·조립 ·· 217
　1-5   에어컨 벨트 및 블로어 모터 교환 ·· 220
　1-6   와이퍼 모터 교환 ·· 221
　1-7   다기능 스위치(콤비네이션 S/W) 탈거 후 조립 ······································· 223
　1-8   파워 윈도우 레귤레이터 교환 ·· 226

▶ 1항-2 관련 부품 점검하여 기록표 작성 ·· 228
　1-1   시동 모터의 크랭킹 부하시험(전류 소모시험) ·· 228

1-2	시동 모터의 크랭킹 전압 강하 시험	230
1-3	시동 모터 전기자와 솔레노이드 점검 및 측정	232
1-4	발전기 충전 전류와 전압 측정	235
1-5	발전기 다이오드, 여자 다이오드, 로터 코일, 브러시 마모 점검	238
1-6	에어컨 작동 시 냉매압력 측정	243
1-7	와이퍼 모터 소모 전류 시험(로우, 하이 모드)	250
1-8	경음기 음량 측정	252
1-9	파워 윈도우 모터 전류 소모 시험	254

▶ **2항 전조등 광도 및 광축 측정** ················ 256
- 2-1 전조등 광도 및 광축 점검 ················ 256

▶ **3항 ETACS 제어 관련 회로 점검 및 측정** ················ 261
- 3-1 감광식 룸 램프 출력 전압 ················ 261
- 3-2 센트럴 록킹 스위치 입력 신호 측정 ················ 266
- 3-3 열선 스위치 입력 신호 측정 ················ 271
- 3-4 와이퍼 간헐(INT) 스위치 ON 시 전압 측정 및 위치별 작동 시 전압 측정 ······ 277
- 3-5 점화 키 홀 조명 출력 전압 측정 ················ 282
- 3-6 증발기 온도 센서 출력값 측정 ················ 286
- 3-7 외기온도 센서 출력 전압 측정 ················ 290
- 3-8 에탁스 기본 전원 전압(상시, IG, 접지) 측정 ················ 294

▶ **4항 전기 회로 점검** ················ 299
- 4-1 와이퍼 회로 점검 ················ 299
- 4-2 에어컨 회로 점검 ················ 304
- 4-3 전조등 회로 점검 ················ 310
- 4-4 파워 윈도우 회로 점검 ················ 315
- 4-5 라디에이터 전동 팬 회로 점검 ················ 320
- 4-6 제동등 및 미등 회로 점검 ················ 323
- 4-7 경음기 회로 점검 ················ 331
- 4-8 방향지시등 회로 점검 ················ 335
- 4-9 실내등 및 도어 오픈 경고등 회로 점검 ················ 341

● **부록 실전 답안지 작성안**

▶ 제1안~제14안 실전 답안지 작성안 ················ 343

Industrial Engineer Motor Vehicles Maintenance

엔 진

자동차정비산업기사 작업형

1항-1 엔진 분해·조립
1항-2 관련 부품 측정 및 조정
2항   1가지 부품 탈거 및 엔진 시동
3항   엔진 작동상태 점검 및 측정
4항   엔진 센서(액추에이터) 파형 측정 및 분석
5항-1 전자제어 디젤 엔진 부품 탈부착
5항-2 전자제어 디젤 엔진 측정

1항-1 엔진 분해 · 조립

주어진 엔진을 기록표의 측정항목까지 분해하여 기록표의 요구사항을 측정 및 점검하고 본래 상태로 조립하시오.

● 아반떼XD 엔진 분해 · 조립하기

1. 엔진(가솔린) 분해

① 오일 레벨 게이지와 오일 필터를 탈거한다.
② 점화 플러그 케이블을 탈거한다.

③ 점화코일을 탈거한다.
④ 딜리버리 파이프와 인젝터 어셈블리를 탈거한다.

⑤ 흡기 다기관(매니폴드)과 개스킷을 함께 탈거한다.
⑥ 배기 다기관(매니폴드)과 개스킷을 함께 탈거한다.

⑦ 크랭크축 풀리를 시계 방향으로 회전시켜 타이밍 커버의 타이밍 마크와 풀리의 홈을 일치시킨 다음 캠축의 타이밍 마크도 일치시킨다.

● 우측 사진은 타이밍 벨트 커버를 탈거한 상태에서의 타이밍 정렬

⑧ 워터 펌프 풀리를 탈거한다.
⑨ 크랭크축 풀리를 탈거한다.

⑩ 타이밍 커버를 탈거한다.
⑪ 텐셔너 고정 볼트를 이완시키고 텐셔너를 워터 펌프 반대쪽으로 드라이버로 이동시킨 후 임시로 고정시킨다.

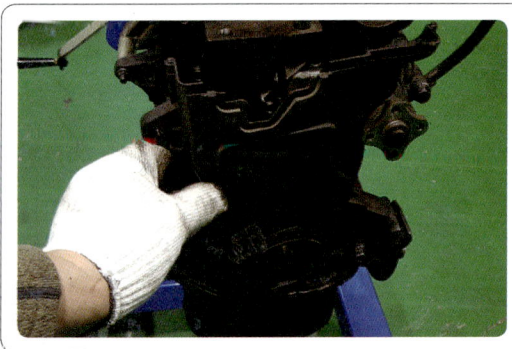

⑫ 타이밍 벨트를 탈거한다.
⑬ 텐셔너와 아이들러를 탈거한다.

⑭ 엔진 서포트 브라켓을 탈거한다.
⑮ 워터 펌프를 탈거한다.

⑯ 실린더 헤드 커버를 탈거한다.
⑰ 캠축을 오픈 엔드 렌치로 고정하고 캠축 스프로킷을 탈거한다.

⑱ 캠축 베어링 캡(흡기, 배기) 볼트를 풀고 캡을 탈거한다.(흡·배기 확인 기호, I : 흡기 캠축, E : 배기 캠축)
⑲ 캠축 2개(흡기, 배기)와 구동 체인을 동시에 탈거힌다.

⑳ 실린더 헤드 볼트를 탈거할 때는 바깥쪽에서 중앙을 향하여 탈거한 후 실린더 헤드와 개스킷을 탈거한다.
㉑ 엔진을 뒤집어서(180° 회전) 오일 팬을 탈거한다.

㉒ 오일 스크린(오일 스트레이너)을 탈거한다.
㉓ 크랭크축 스프로킷을 탈거하고 프런트 케이스를 탈거한다.

㉔ 커넥팅 로드 캡을 탈거한다.
㉕ 피스톤을 탈거한다.

㉖ 크랭크축 리어 오일 실 케이스를 탈거한다.
㉗ 크랭크축 메인 베어링 캡을 탈거한다.

㉘ 크랭크축을 탈거한다.

2. 엔진 본체의 조립

① 조립은 분해의 역순으로 조립한다.
② 커넥팅 로드 캡을 위치에 맞게 조립한다.

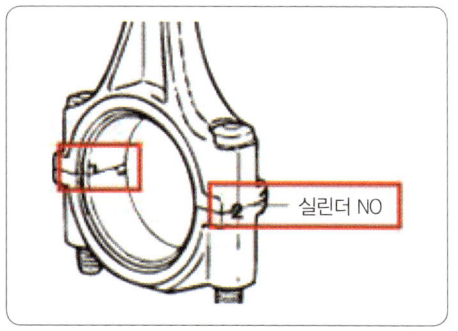

③ 실린더 헤드 볼트를 조일 때는 토크 렌치를 사용하여 중앙에서 바깥쪽을 향하여 체결순서에 따라 여러 번에 걸쳐 규정 토크로 조인다.
④ 흡·배기 확인 기호 및 번호에 대한 표식을 확인한 후 베어링 캡을 장착한다. (흡기 캠축 I1~I4, 배기 캠축 E1~E4)

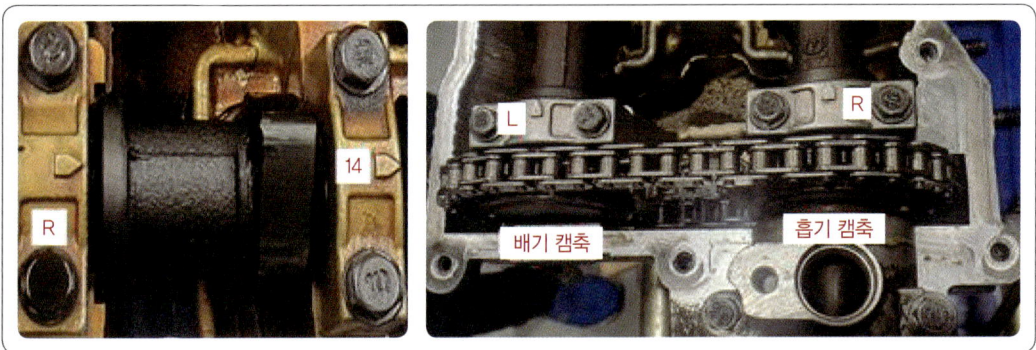

⑤ 타이밍 체인을 체인 스프로킷 타이밍 마크에 맞게 조립 후 타이밍 벨트를 조립한다.

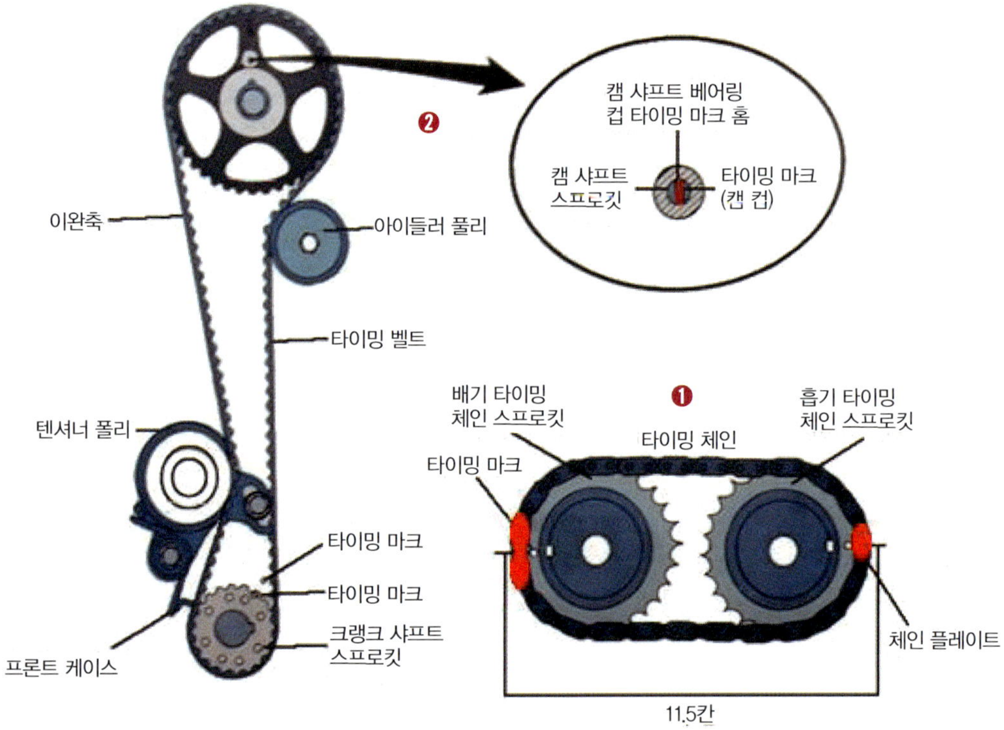

참고

❶ 타이밍 체인을 체인 스프로킷에 조립한 후 흡기 측 스프로킷의 타이밍 마크에 일치된 체인 플레이트에서 11.5 칸째 체인 플레이트까지 배기 측 스프로킷의 타이밍 마크가 일치되어 있어야 한다.

❷ 타이밍 마크를 정렬시킬 때는 먼저 캠축 스프로킷을 돌려서 노크 핀 구멍(12시 방향)에 캠 갭의 빨간색 타이밍 마크가 중앙에 일치하도록 맞춘 다음 크랭크축 스프로킷을 돌려 표시된 타이밍 마크와 타이밍 커버의 타이밍 마크를 일치시킨다.

아반떼 MD 엔진 분해·조립하기

1. 엔진(가솔린) 분해

① 오일 레벨 게이지를 탈거한다.
② 흡기 다기관(매니폴드)를 개스킷과 함께 탈거한다.
③ 인젝터 커넥터와 레일 압력 센서 커넥터를 분리한 다음 고압 연료 파이프를 탈거한다.

▲ 흡기 다기관 탈거

저압 연료 라인
▲ 고압 연료 파이프 탈거

④ 딜리버리 파이프 & 인젝터 어셈블리를 탈거한다.
⑤ 배기 매니폴드 히트 프로텍터를 탈거한 다음 배기 매니폴드를 개스킷과 함께 탈거한다.

▲ 딜리버리 파이프, 인젝터 탈거

▲ 배기 매니폴드 탈거

⑥ 고압 연료 펌프와 롤러 태핏을 탈거한다.
⑦ 점화코일을 탈거한다.

▲ 고압 연료 펌프 탈거

▲ 점화코일 탈거

⑧ 배기 OCV(오일 컨트롤 밸브)를 탈거한다.
⑨ 실린더 헤드 커버와 개스킷을 탈거한다.

▲ 배기 OCV 탈거

▲ 실린더 헤드 커버 탈거

⑩ 배기 OCV(오일 컨트롤 밸브) 어댑터를 탈거한다.
⑪ 엔진 서포트 브라켓을 탈거한다.
⑫ 드라이브 벨트 아이들러와 워터 펌프 풀리 및 워터 펌프를 탈거한다.

▲ OCV 어댑터 탈거

▲ 아이들러, 워터 펌프 탈거

⑬ 냉각수 인렛 피팅과 서머스탯을 탈거한다.
⑭ 수온 컨트롤 어셈블리를 탈거한 다음 히터 파이프를 탈거한다.

▲ 인렛 피팅, 서머스탯 탈거

▲ 히터 파이프 탈거

⑮ 크랭크축 풀리를 시계 방향으로 회전시켜 타이밍 체인 커버의 타이밍 마크와 풀리의 홈을 일치시킨 다음 크랭크축 풀리를 탈거한다.
⑯ 타이밍 체인 커버를 탈거한다.

▲ 크랭크축 풀리 탈거   ▲ 타이밍 체인 커버 탈거

⑰ 캠축 스프로킷의 TDC 마크가 실린더 헤드 상면과 일직선이 되게 회전시켜 1번 실린더가 압축 상사점에 오게 한다.
⑱ 유압식 텐셔너를 탈거한다.

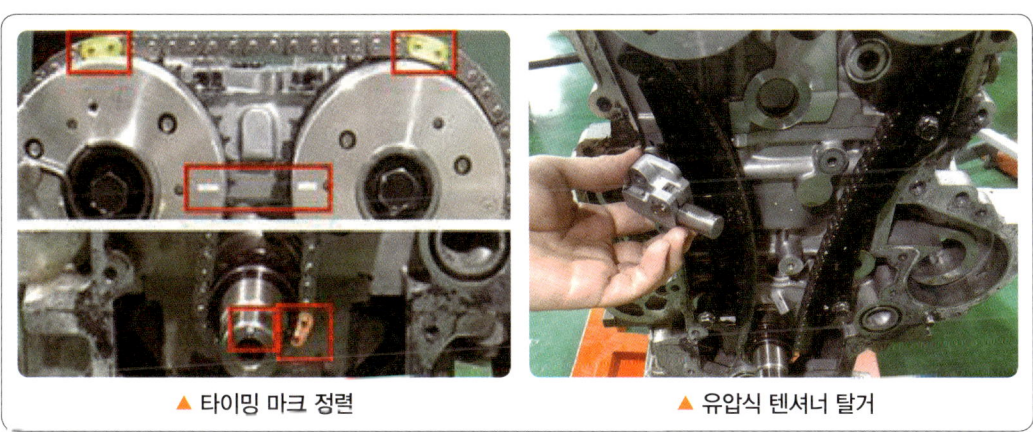

▲ 타이밍 마크 정렬   ▲ 유압식 텐셔너 탈거

> **주의**
> ● 타이밍 체인 탈거 전에 캠축 및 크랭크축 스프로킷의 타이밍 마크와 일치하는 체인 링크(3군데)에 페인트 마킹을 한다.

⑲ 타이밍 체인 텐셔너 암과 타이밍 체인 가이드를 탈거한다.
⑳ 타이밍 체인을 탈거한다.

▲ 텐셔너 암과 가이드 탈거   ▲ 타이밍 체인 탈거

㉑ 흡기 CVVT 어셈블리와 배기 CVVT 어셈블리를 탈거한다.
㉒ 배기 및 흡기 캠축 베어링 캡을 탈거한다.

▲ 배기 CVVT 어셈블리 탈거   ▲ 캠축 베어링 캡 탈거

㉓ 흡기 및 배기 캠축을 탈거한다.
㉔ 실린더 헤드 볼트를 순서에 따라 2~3회 나누어 볼트를 탈거한다. (실린더 헤드 볼트를 탈거할 때는 바깥쪽에서 중앙을 향하여 탈거한다)

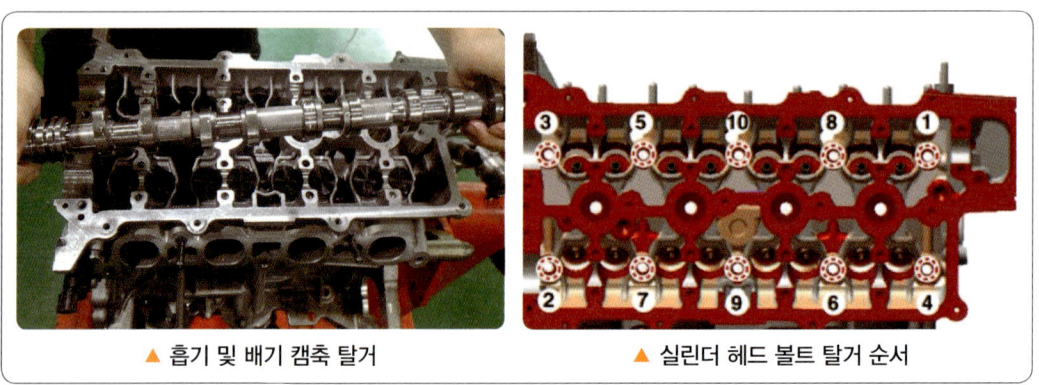

▲ 흡기 및 배기 캠축 탈거   ▲ 실린더 헤드 볼트 탈거 순서

㉕ 실린더 블록으로부터 실린더 헤드를 들어 나무 블록 위에 올려 둔 다음 실린더 헤드 개스킷을 탈거한다.
㉖ 워터 자켓을 탈거한다.

▲ 실린더 헤드 탈거

▲ 워터 자켓 탈거

> **주의**
> ● 헤드 개스킷이 손상되지 않도록 실린더 헤드를 조심스럽게 내려 놓는다. (장착 시에도 조심)
> ● MLA, 밸브, 밸브 스프링의 분리 시 원래의 위치에 장착될 수 있도록 각 부품의 위치를 확인한다.

㉗ 노크 센서, 오일 필터, 오일 프레셔 스위치를 탈거한다.
㉘ 오일 팬과 오일 스크린을 탈거한다.

▲ 노크 센서, 오일 필터 탈거

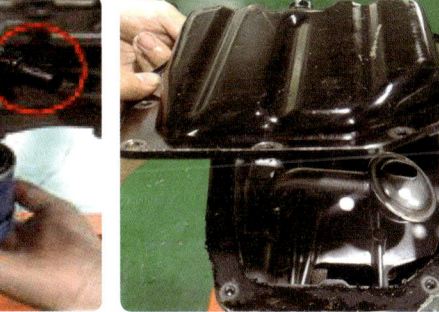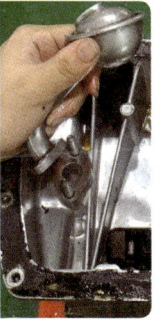
▲ 오일 팬, 오일 스크린 탈거

㉙ 플라이휠을 탈거한 다음 리어 오일 실(oil seal)을 탈거한다.
㉚ 래더 프레임을 탈거한다.

▲ 리어 오일 실(oil seal) 탈거

▲ 래더 프레임 탈거

㉛ 커넥팅 로드 캡을 탈거하고 피스톤과 커넥팅 로드 어셈블리를 빼낸다.
㉜ 메인 베어링 캡을 탈거한다. (순서에 맞게 배열)

▲ 피스톤 어셈블리 탈거

▲ 메인 베어링 캡 탈거

> **주의**
> ● 커넥팅 로드와 캡에 베어링이 조립된 상태로 놓아 두고, 피스톤 및 커넥팅 로드 어셈블리를 순서대로 정렬해 둔다.

㉝ 크랭크축을 탈거한다.

▲ 크랭크축 탈거

2. 엔진 조립

① 조립은 탈거의 역순으로 분리된 부품을 장착한다.
② 실린더 헤드 볼트를 조일 때는 토크 렌치를 사용하여 중앙에서 바깥쪽을 향하여 체결순서에 따라 여러 번에 걸쳐 규정 토크로 조인다.

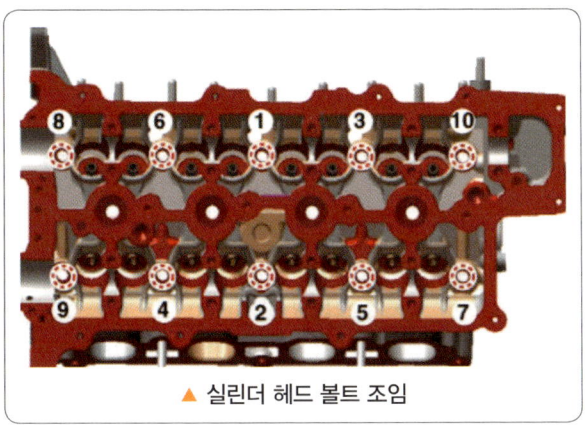

▲ 실린더 헤드 볼트 조임

③ 현재 출고되는 차량은 대부분 토크 렌치로 1차 조인 후 2~3차는 각도 조임으로 체결해야 한다. (예 1차 3.0kgf·m + 2차 90° + 3차 90°)

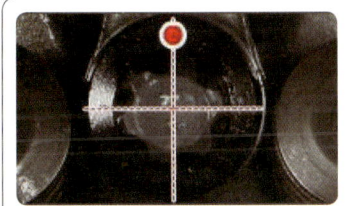 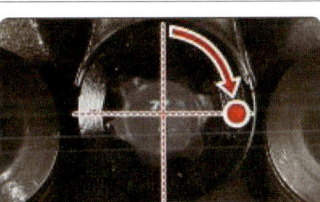 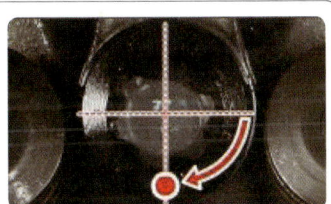

ⓐ 1차 조임 토크(3.0kgf·m) 완료 시 각 볼트에 페인트로 마킹을 한다.   ⓑ 2차로 각도 조임(90°)   ⓒ 3차로 각도 조임(90°)

▲ 실린더 헤드 볼트 조임 방법(각도 조임)

④ 고압 연료펌프를 장착하기 전, 크랭크 샤프트를 돌려 롤러 태핏이 최하단에 위치하도록 한다. 그렇지 않으면 스프링 복원력으로 인하여 마운팅 볼트가 손상될 수 있다.
⑤ 조립 시 각종 볼트 조임 토크 규정값은 해당 차량의 정비지침서를 참조한다.

올란도 분해 및 조립

1. 엔진(디젤) 분해

① 오일 레벨 게이지를 탈거한다.
② 고압 연료펌프와 커먼 레일을 연결하는 고압 연료 파이프를 탈거한다.
③ 커먼 레일과 인젝터를 연결하는 고압 연료 파이프를 탈거한다.

④ 인젝터를 탈거한다. 우측 그림은 인젝터를 탈거하는 모습이다.
⑤ 커먼 레일을 탈거한다.

⑥ EGR 밸브 및 EGR 쿨러를 탈거한다.
⑦ 흡기 다기관(매니폴드)을 탈거한다.

⑧ 오일 쿨러와 오일 필터를 탈거한다.
⑨ 터보 챠저를 탈거한다.

⑩ 배기 다기관(매니폴드)을 탈거한다.
⑪ 워터 펌프를 탈거한다.

⑫ 고압 펌프를 탈거한다.
⑬ 진공 펌프를 탈거한다.

⑭ 실린더 헤드 커버와 개스킷을 탈거한다.
⑮ 크랭크축 풀리를 탈거한다.

⑯ 타이밍 체인 커버를 탈거한다.
⑰ 크랭크축 풀리를 시계 방향으로 회전시켜 좌측 흡기 캠축 스프로킷과 배기 캠축 스프로킷 타이밍 마크와 일치시킨다.
⑱ 좌측 흡기 캠축 스프로킷 타이밍 마크와 타이밍 체인에 표시된 타이밍 마크를 일치시킨다.

> **주의**
> ● 타이밍 체인 탈거 전에 캠축 및 크랭크축 스프로킷의 타이밍 마크와 일치하는 체인 링크(3군데)에 페인트 마킹을 한다.

⑲ 크랭크축 스프로킷 타이밍 마크와 타이밍 체인에 표시된 타이밍 마크를 서로 일치시킨다.
⑳ 타이밍 체인 텐셔너를 탈거한다.

㉑ 타이밍 체인 댐퍼를 탈거한다.
㉒ 타이밍 체인 가이드를 탈거한다.

㉓ 배기 캠축 스프로킷를 탈거한다.
㉔ 타이밍 체인을 탈거한다.

㉕ 흡기 캠축 스프로킷를 탈거한다.
㉖ 크랭크축 스프로킷 탈거 시 반달키가 분실되지 않도록 주의한다.

반달키 홈

㉗ 배기 및 흡기 캠축 베어링 캡을 탈거한 후 캠축을 탈거한다.
㉘ 실린더 헤드 볼트를 순서에 따라 2~3회 나누어 볼트를 탈거한다. (실린더 헤드 볼트를 탈거할 때는 바깥쪽에서 중앙을 향하여 탈거한다)

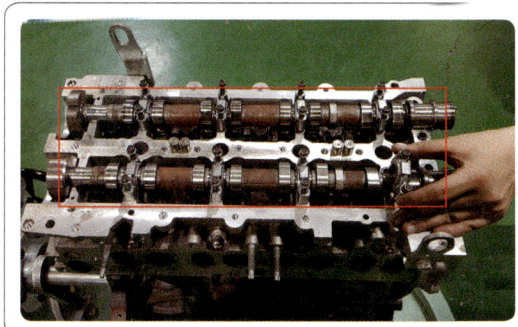 

㉙ 실린더 헤드를 탈거한다.
㉚ 실린더 헤드 개스킷을 탈거한다.

㉛ 엔진을 180° 회전시켜 오일 팬을 탈거한다.
㉜ 로워 크랭크 케이스를 탈거한다.

㉝ 오일 펌프를 탈거한다.
㉞ 엔진을 90° 회전시켜 커넥팅 로드 캡을 탈거한다.

㉟ 피스톤과 커넥팅 로드 어셈블리를 탈거한다.
㊱ 로워 크랭크 케이스를 탈거한다.

㊲ 크랭크축을 탈거한다.

2. 엔진 조립

① 조립은 탈거의 역순으로 분리된 부품을 조립한다.
② 피스톤 장착 시 피스톤 헤드 면에 표시된 마크 2개가 흡기 다기관(매니폴드) 방향으로 한다.
③ 크랭크축 스프로킷 조립 시 반달키를 홈에 올바르게 장착한다.

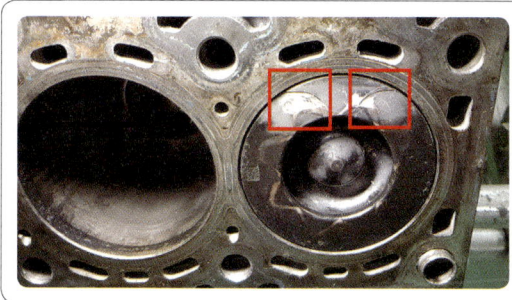

④ 실린더 헤드 볼트를 조일 때는 토크 렌치를 사용하여 중앙에서 바깥쪽을 향하여 체결순서에 따라 여러 번에 걸쳐 규정 토크로 조인다.
⑤ 크랭크축 풀리를 시계 방향으로 회전시켜 좌측 흡기 캠축 스프로킷과 배기 캠축 스프로킷 타이밍 마크와 서로 일치시킨다.
⑥ 좌측 흡기 캠축 스프로킷 타이밍 마크와 타이밍 체인에 표시된 타이밍 마크를 서로 일치시킨다.
⑦ 크랭크축 스프로킷 타이밍 마크와 타이밍 체인에 표시된 타이밍 마크를 서로 일치시킨다.

기타 엔진 부품 분해 및 조립

1. 디젤 엔진 분사 노즐 탈거 후 조립

① 분사 파이프 양단의 너트를 풀 때는 반대 측(펌프 측은 딜리버리 홀더, 노즐 측은 노즐 홀더)을 오픈엔드 렌치로 고정시킨 상태에서 분사 파이프를 푼다.

② 분사 노즐 홀더로부터 분사 파이프를 탈거한 후 분사 노즐 홀더로부터 연료 리턴 파이프를 탈거한다.

> **주의**
> ● 연료 리턴 파이프를 고정하지 않고 너트를 풀면 파이프가 손상될 수 있으므로 필히 파이프를 고정하고 푼다.

③ 오픈엔드 렌치(스패너)를 이용하여 노즐 홀더 너트부에서 분사 노즐을 탈거한다.

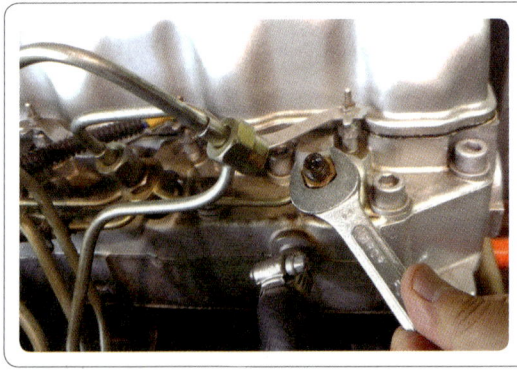
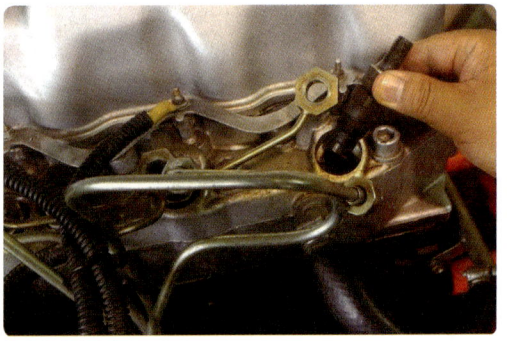

④ 탈거한 분사 노즐 홀더에 실린더 번호를 기입한 꼬리표를 달아 어느 실린더의 노즐인가를 구별할 수 있도록 한다.
⑤ 조립은 탈거의 역순으로 분리된 부품을 조립한다.

2. 디젤 엔진 워터 펌프 탈거 후 조립

① 워터 펌프(물펌프) 고정 볼트를 탈거한다.
② 워터 펌프(물펌프)를 탈거한다.

③ 조립은 탈거의 역순으로 분리된 부품을 조립한다.

3. 점화 플러그 탈거 후 조립

① 점화코일 쪽에 연결된 고압 케이블을 분리시킨다.
② 점화 플러그에서 고압 케이블을 분리한다. (고압 케이블을 빼낼 때 케이블을 잡고 빼면 케이블이 끊어질 수 있기 때문에 케이블 캡을 잡고 당겨야 한다)
③ 점화 플러그 렌치를 점화 플러그 구멍에 삽입한다.

④ 점화 플러그 렌치를 이용하여 점화 플러그를 탈거한다.
⑤ 점화코일 쪽에 연결된 고압 케이블을 장착 시 고압 케이블 번호가 바뀌지 않도록 주의한다.

4. 디젤 엔진(CRDI) 인젝터와 예열 플러그 탈거 후 조립

(1) 인젝터 탈거 후 조립

① 커먼 레일과 인젝터를 연결하는 고압 연료 파이프를 탈거한다.

② 인젝터 고정 볼트를 탈거한다.
③ 인젝터를 탈거한다.

④ 조립은 탈거의 역순으로 분리된 부품을 조립한다.

(2) 예열 플러그 탈거 후 조립

① 예열 플러그를 탈거한다.

② 조립은 탈거의 역순으로 분리된 부품을 조립한다.

1항-2 관련 부품 측정 및 조정

메인 저널 베어링 오일 간극 측정

시험결과 기록표

항 목	① 측정(또는 점검)		② 판정 및 정비(또는 조치) 사항		득 점
	측정값	규정(정비한계)값	판정(□에 "✓"표)	정비 및 조치할 사항	
크랭크축 ( )번 메인베어링 오일 간극			□ 양 호 □ 불 량		

엔진 번호 :   비 번호   시험위원 확 인

측정 방법

① 플라스틱 게이지를 이용한 윤활간극 측정 방법이다. (간극만큼 압축되어 옆으로 퍼진 값을 측정지(mm 단위)를 통해 측정한다.)
 ㉮ 지정된 저널 캡을 탈거한다.
 ㉯ 저널 부에 오일류 등의 이물질을 깨끗이 닦는다.
 ㉰ 플라스틱 게이지를 축 방향으로 놓은 후 메인 저널 캡을 규정 토크로 조인다.

㉠ 플라스틱 게이지를 저널 위에 놓는다.

㉡ 규정 토크로 메인 저널 캡 조립

㉣ 고무망치를 이용하여 메인 저널 캡을 탈거한다.
㉤ 플라스틱 게이지 커버에 인쇄되어 있는 눈금으로 편평하게 눌려진 플라스틱 게이지의 폭이 가장 넓게 펴진 곳을 측정한다. 이 값이 크랭크축 오일 간극이다. (플라스틱 게이지에 있는 수치 5개 가운데 딱 맞는 값이 없으면 본인이 임의로 게이지에 있는 수치를 비교하여 읽은 다음 답안지에 기록한다.)

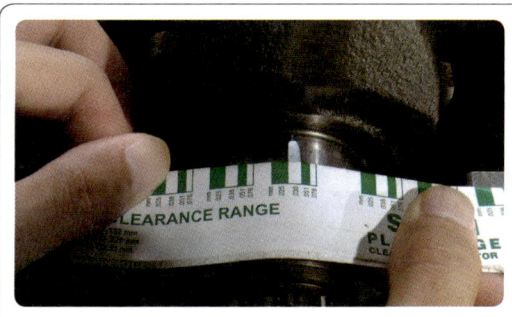

ⓒ 플라스틱 게이지로 메인 저널 부 간극측정

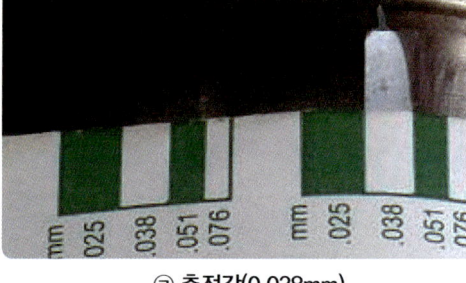

ⓔ 측정값(0.038mm)

② 텔레스 코핑 게이지와 외측 마이크로미터를 이용한 윤활간극 측정 방법
  ㉮ 측정할 메인 저널 캡을 규정 토크로 조인 후 텔레스 코핑 게이지를 이용하여 저널 내경을 측정한다.
  ㉯ 외측 마이크로미터를 이용하여 테레스 코핑 게이지로 측정한 저널 내경을 측정한다.
  ㉰ 외측 마이크로미터를 이용하여 측정할 메인 저널 외경을 측정한다.
  ㉱ 오일 간극=저널 내경-크랭크축 외경(외측 마이크로미터로 측정)

㉠ 텔레스 코핑 게이지로 저널 내경 측정

ⓒ 외측 마이크로미터로 저널 내경 측정

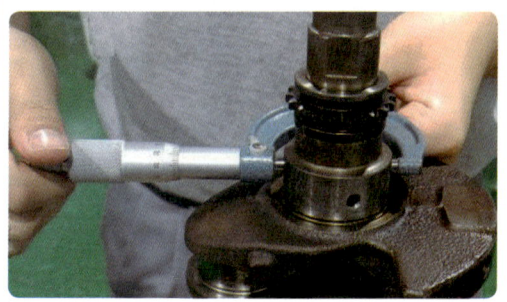

ⓒ 같은 부위의 축 외경 측정(1번 메인 저널)

주의사항

① 지정된 크랭크축 베어링이 정상적으로 장착된 상태에서 오일 등의 이물질을 제거한다.
② 크랭크축 방향으로 플라스틱 게이지를 저널 위에 올려 놓는다.
③ 메인 저널 캡을 규정 토크(보통 : 4.5~5 kgf·m)로 조인 후 측정한다.

차종별 규정값

차 종		규정값	차 종		규정값
아반떼		0.028~0.046mm	EF 쏘나타 싼타페	3번	0.024~0.042mm
아반떼 HD		0.021~0.042mm		그 외	0.018~0.036mm
아반떼 MD, i30		0.021~0.042mm	그랜저 XG		0.004~0.022mm
쏘나타 Ⅱ·Ⅲ		0.02~0.05mm	그랜저 TG		0.02~0.038mm
NF 쏘나타		0.02~0.038mm	K3		0.02~0.041mm
아반떼 XD	3번	0.028~0.046mm	아반떼 AD		0.036~0.054mm
	그 외	0.022~0.040mm	YF 쏘나타		0.016~0.034mm

	엔진 번호 :		비 번호		시험위원 확 인	
항 목	① 측정(또는 점검)		② 판정 및 정비(또는 조치) 사항			득 점
	측정값	규정(정비한계)값	판정(□에 "✓"표)	정비 및 조치할 사항		
크랭크축 (1)번 메인베어링 오일 간극	0.038mm	0.02~0.05mm	☑ 양 호 □ 불 량	정비 및 조치사항 없음		

정비 및 조치사항

① 양호 시 : 측정값이 규정(정비한계)값 이내이면 양호로 판정하고, 정비 및 조치할 사항란에는 정비 및 조치사항 없음이라고 기록한다.
② 불량 시 : 규정(정비한계)값 범위를 벗어난 경우에는 불량으로 판정하고, 정비 및 조치할 사항란에는 메인 베어링 교환 후 재점검이라고 기록한다.

크랭크축 방향 유격 측정 (크랭크축 엔드 플레이)

시험결과 기록표

항 목	① 측정(또는 점검)		② 판정 및 정비(또는 조치) 사항		득 점
	측정값	규정(정비한계)값	판정(□에 "✓"표)	정비 및 조치할 사항	
크랭크축 방향 유격			□ 양 호 □ 불 량		

엔진 번호 :   비 번호   시험위원 확 인

측정 방법

① 다이얼 게이지를 크랭크축의 끝단에(지정된 부위) 설치한다.
② 크랭크축을 다이얼 게이지가 설치된 반대 방향으로 (−) 드라이버를 이용하여 밀고, 다이얼 게이지 "0"점을 맞춘다.
③ (−) 드라이버를 빼서 3번 메인 저널 반대편에 삽입(그림 반대편)한 다음 크랭크축을 다이얼 게이지가 설치된 방향으로 (−) 드라이버를 이용하여 밀어준다.
④ 다이얼 게이지 눈금을 판독한다.

차종별 규정값

차 종	규정값
엑셀, 엘란트라, 쏘나타 Ⅱ, Ⅲ	0.05~0.18mm
베르나, 아반떼, 아반떼 XD	0.05~0.175mm
아반떼 HD·MD, K3, EF 쏘나타	0.05~0.25mm
NF 쏘나타, 그랜저 TG·XG	0.07~0.25mm
아반떼 AD	0.10~0.28mm

눈금판독 방법

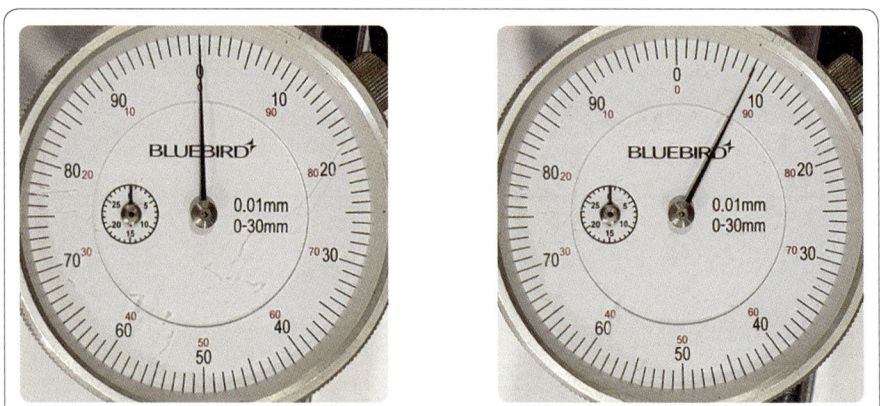

크랭크축 방향 유격 : 바늘이 0에서 오른쪽으로 8칸 움직였으므로(1칸은 0.01mm) 크랭크축 엔드 플레이(축 방향 유격) 측정값은 0.08mm이다.

항 목	엔진 번호 :		비 번호	시험위원 확 인	득 점
	① 측정(또는 점검)		② 판정 및 정비(또는 조치) 사항		
	측정값	규정(정비한계)값	판정(□에 "✓"표)	정비 및 조치할 사항	
크랭크축 방향 유격	0.08mm	0.05 ~ 0.18mm	☑ 양 호 □ 불 량	정비 및 조치사항 없음	

정비 및 조치사항

① **양호 시** : 측정값이 규정(정비한계)값 이내이면 양호로 판정하고, 정비 및 조치할 사항란에는 정비 및 조치사항 없음이라고 기록한다.

② **불량 시** : 규정(정비한계)값 범위를 벗어난 경우에는 불량으로 판정하고, 정비 및 조치할 사항란에는 스러스트 베어링 교환 후 재점검이라고 기록한다.

캠축 휨 측정

시험결과 기록표

항 목	① 측정(또는 점검)		② 판정 및 정비(또는 조치) 사항		득 점
	측정값	규정(정비한계)값	판정(□에 "✓"표)	정비 및 조치할 사항	
캠축 휨			□ 양 호 □ 불 량		

엔진 번호 :   비 번호   시험위원 확 인

측정 방법

① 정반+V 블럭+다이얼 게이지를 사용하여 캠축 중앙에 다이얼 게이지를 설치한다.
② 캠축의 중심부에 다이얼 게이지를 설치하고 0점을 맞춘다.
③ 캠축을 천천히 잡고 1회전시킨 다음 다이얼 게이지 눈금이 총 움직인 값을 판독한다.
④ 다이얼 게이지의 총 움직인 값에÷2로 나눈 것이 실제 캠축 휨 측정값이다.

Point
크랭크축과 캠축의 휨 측정은 동일한 방법으로 측정한다.

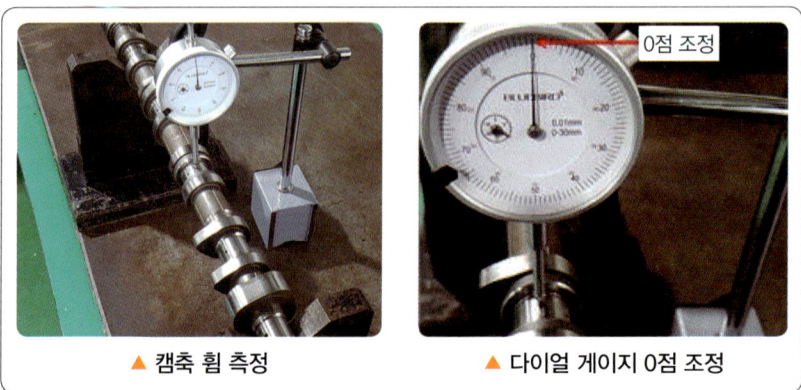

▲ 캠축 휨 측정   ▲ 다이얼 게이지 0점 조정

눈금판독 방법

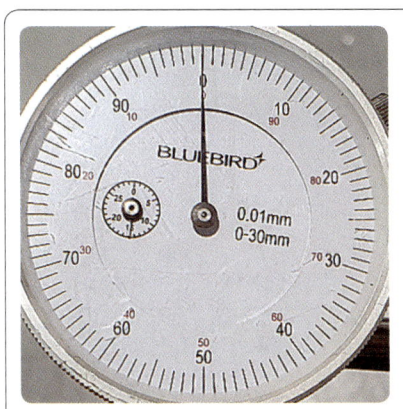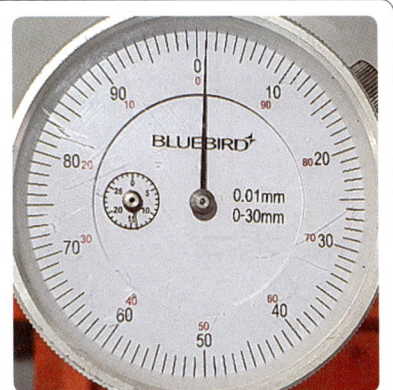

측정값(휨량) : 0에서 오른쪽으로 1칸 움직임(1칸은 0.01mm)=0.01mm
캠축 휨 값은 1/2로 나누어야 하므로 실제 측정값은 0.005mm이다.

차종별 규정값

차 종	한계값	차 종	한계값
엑셀	0.02mm 이하	쏘나타 Ⅱ	0.02mm 이하
엘란트라	0.02mm 이하	아반떼	0.02mm 이하

엔진 번호 :

비 번호		시험위원 확 인	

항 목	① 측정(또는 점검)		② 판정 및 정비(또는 조치) 사항		득 점
	측정값	규정(정비한계)값	판정(□에 "✓"표)	정비 및 조치할 사항	
캠축 휨	0.005mm	0.02mm 이하	☑ 양 호 □ 불 량	정비 및 조치사항 없음	

정비 및 조치사항

① 양호 시 : 측정값이 규정(정비한계)값 이내이면 양호로 판정하고, 정비 및 조치할 사항란에는 정비 및 조치사항 없음이라고 기록한다.
② 불량 시 : 규정(정비한계)값 범위를 벗어난 경우에는 불량으로 판정하고, 정비 및 조치할 사항란에는 캠축 교환 후 재점검이라고 기록한다.

피스톤링 이음 간극 측정 (피스톤링 엔드 갭)

시험결과 기록표

항 목	① 측정(또는 점검)		② 판정 및 정비(또는 조치) 사항		득 점
	측정값	규정(정비한계)값	판정(□에 "✓"표)	정비 및 조치할 사항	
피스톤링 엔드 갭 (이음 간극)			□ 양 호 □ 불 량		

엔진 번호 :   비 번호: 시험위원 확인:

측정 방법

① 측정하고자 하는 실린더를 확인한 후 실린더 내부를 고운 헝겊 등으로 깨끗이 닦는다.
② 피스톤 링 삽입 시 피스톤을 이용하여 수평이 되도록 삽입하여야 한다.
③ 피스톤 링을 구별하여 실린더 최소 마멸부인 하사점 밑에 축방향을 피해 장착한다.
④ 디그니스(틈새) 게이지를 사용하여 이음 간극을 측정한다.

▲ 피스톤을 이용하여 피스톤링 삽입   ▲ 디그니스 게이지로 이음 간극 측정

주의사항

① 링 이음은 엔진이 정상온도가 될 때의 "열팽창률"을 고려한 여유 간극(엔드 갭)이다.
② 측정 시 시험위원 지시에 따라 피스톤 링을 구별한다.
　㉮ 1번 압축링은 실린더 접촉면이 크롬 도금되어 있어 표면이 하얀 색상이다.
　㉯ 압축링은 윗 방향으로 영문(R, S) 등으로 이음부에 각인되어 있다.
　㉰ 1번 압축링 이음부가 열팽창률이 더 크기 때문에 이음부 간극이 조금 더 크다.
③ 실린더에 장착 시에는 피스톤을 이용하여 되도록 하사점 밑까지 삽입한다.
④ 측정 시 디그니스(틈새) 게이지를 위에서 밑으로 삽입하면 피스톤 링 이음 간극이 틀어져서 잘못 측정된다.
⑤ 정확한 측정을 하기 위해선 디그니스 게이지를 실린더 안에 넣고 수평하게 이동하여 피스톤 이음 간극에 삽입한다.

피스톤링 이음 간극 규정값

차 종	규정값	한계값	차 종	규정값	한계값
엘란트라	1번링 : 0.25~0.40mm 2번링 : 0.35~0.50mm	0.8mm	에스페로 레간자	1번링 : 0.30~0.50mm 2번링 : 0.30~0.50mm	1.0mm
쏘나타 I·II	1번링 : 0.25~0.45mm 2번링 : 0.35~0.50mm	0.8mm	아반떼	1번링 : 0.15~0.30mm 2번링 : 0.25~0.40mm	1.0mm
쏘나타 III	1번링 : 0.25~0.45mm 2번링 : 0.45~0.60mm	0.8mm	아반떼 XD	1번링 : 0.20~0.35mm 2번링 : 0.35~0.37mm	1.0mm
EF 쏘나타	1번링 : 0.25~0.35mm 2번링 : 0.40~0.55mm	1.0mm	아반떼 HD i30	1번링 : 0.14~0.28mm 2번링 : 0.30~0.45mm	1번 0.3mm 2번 0.5mm
NF 쏘나타 그랜저 TG	1번링 : 0.15~0.30mm 2번링 : 0.37~0.52mm	1번 0.6mm 2번 0.7mm	프라이드 1.6	1번링 : 0.30~0.50mm 2번링 : 0.30~0.50mm	1.0mm
그랜저 XG	1번링 : 0.20~0.35mm 2번링 : 0.37~0.52mm	0.8mm	K3	1번링 : 0.14~0.23mm 2번링 : 0.30~0.45mm	1번 0.3mm 2번 0.5mm

항목	① 측정(또는 점검)		② 판정 및 정비(또는 조치) 사항		득 점
	측정값	규정(정비한계)값	판정(□에 "✓"표)	정비 및 조치할 사항	
피스톤링 엔드 갭 (이음 간극)	0.28mm	0.25~0.40mm	☑ 양 호 □ 불 량	정비 및 조치사항 없음	

엔진 번호 :   비 번호 :   시험위원 확인 :

정비 및 조치사항

① 양호 시 : 측정값이 규정(정비한계)값 이내이면 양호로 판정하고, 정비 및 조치할 사항란에는 정비 및 조치사항 없음이라고 기록한다.
② 불량 시 : 규정(정비한계)값 범위를 벗어난 경우에는 불량으로 판정하고, 정비 및 조치할 사항란에는 피스톤링 교환 후 재점검이라고 기록한다.

오일펌프 사이드 간극 측정

시험결과 기록표

항 목	① 측정(또는 점검)		② 판정 및 정비(또는 조치) 사항		득 점
	측정값	규정(정비한계)값	판정(□에 "✓"표)	정비 및 조치할 사항	
오일펌프 사이드 간극			□ 양 호 □ 불 량		

엔진 번호 : 비 번호 : 시험위원 확 인 :

측정 방법

① 직각자와 디그니스(틈새) 게이지를 사용하여 이음 간극을 측정한다.

▲ 오일펌프 사이드 간극 측정(외측 기어)

▲ 오일펌프 사이드 간극 측정(내측 기어)

오일펌프 사이드 간극 규정값

차 종	규정값	한계값
쏘나타 Ⅰ·Ⅱ·Ⅲ	내측 : 0.08~0.14mm 외측 : 0.06~0.14mm	0.25mm
아반떼 XD	내측 : 0.040~0.085mm 외측 : 0.06~0.11mm	
EF 쏘나타	내측 : 0.08~0.14mm 외측 : 0.06~0.12mm	0.25mm
스포티지	내측 : 0.04~0.085mm 외측 : 0.04~0.09mm	
그랜저 XG	내측 : 0.040~0.095mm 외측 : 0.040~0.095mm	

항목	① 측정(또는 점검)		② 판정 및 정비(또는 조치) 사항		득 점
	측정값	규정(정비한계)값	판정(□에 "✓"표)	정비 및 조치할 사항	
오일펌프 사이드 간극	0.09mm	0.08~0.14mm	☑ 양 호 □ 불 량	정비 및 조치사항 없음	

엔진 번호 :   비 번호   시험위원 확 인

정비 및 조치사항

① **양호 시** : 측정값이 규정(정비한계)값 이내이면 양호로 판정하고, 정비 및 조치할 사항란에는 정비 및 조치사항 없음이라고 기록한다.
② **불량 시** : 규정(정비한계)값 범위를 벗어난 경우에는 불량으로 판정하고, 정비 및 조치할 사항란에는 오일펌프 교환 후 재점검이라고 기록한다.

캠 높이 측정

시험결과 기록표

항 목	① 측정(또는 점검)		② 판정 및 정비(또는 조치) 사항		득 점
	측정값	규정(정비한계)값	판정(□에 "✓"표)	정비 및 조치할 사항	
캠 높이			□ 양 호 □ 불 량		

엔진 번호 :   비 번호   시험위원 확인

측정 방법

① 시험위원이 측정하여야 할 캠과 번호를 지정하여 준다.
  ㉮ 캠축에서 어디가 몇 번 캠인지 수검자가 식별해야 한다.

▲ 캠축 장착   ▲ 캠축 탈거

② 측정
  ㉮ 버니어 캘리퍼스 또는 외측 마이크로미터를 이용하여 캠의 높이(캠고)를 측정한다.
  ㉯ 정확한 측정을 하기 위해서는 외측 마이크로미터를 수평으로 하고 캠의 최고 높이에서 측정해야 최댓값 측정이 가능하다.

▲ 캠 높이 측정

차종별 캠 높이 규정값(mm)

차 종		규정값	한계값	차 종		규정값	한계값
엑 셀	흡기	38.909mm	규정값의 −0.5mm	쏘나타 Ⅱ·Ⅲ	흡기	35.493mm	규정값의 −0.5mm
	배기	38.974mm			배기	35.20mm	
아반떼 1.5D	흡기	43.2484mm		EF 쏘나타 2.0	흡기	35.493±0.1mm	
	배기	43.8489mm			배기	35.317±0.1mm	
아반떼 XD	흡기	43.85mm		YF·NF 쏘나타 그랜저 TG·HG	흡기	44.20mm	
	배기	44.25mm			배기	45.00mm	
아반떼 HD i30	흡기	43.85 mm		그랜저 XG	흡기	43.95mm	−0.45mm
	배기	42.85mm			배기	44.15mm	
K3, 쏘울 아반떼 MD	흡기	44.15 mm		EF 쏘나타 1.8	흡기	44.820mm	−0.1mm
	배기	43.55 mm			배기	44.720mm	

	엔진 번호 :		비 번호		시험위원 확 인	
항 목	① 측정(또는 점검)		② 판정 및 정비(또는 조치) 사항			득 점
	측정값	규정(정비한계)값	판정(□에 "✓"표)	정비 및 조치할 사항		
캠 높이	44.10mm	44.15mm (−0.5mm)	✓ 양 호 □ 불 량	정비 및 조치사항 없음		

정비 및 조치사항

① 양호 시 : 측정값이 규정(정비한계)값 이내이면 양호로 판정하고, 정비 및 조치할 사항란에는 정비 및 조치사항 없음이라고 기록한다.
② 불량 시 : 규정(정비한계)값 범위를 벗어난 경우에는 불량으로 판정하고, 정비 및 조치할 사항란에는 캠축 교환 후 재점검이라고 기록한다.

실린더 헤드 변형도 측정

시험결과 기록표

항 목	① 측정(또는 점검)		② 판정 및 정비(또는 조치) 사항		득 점
	측정값	규정(정비한계)값	판정(□에 "✓"표)	정비 및 조치할 사항	
헤 드 변형도			□ 양 호 □ 불 량		

엔진 번호 : 비 번호 시험위원 확 인

측정 방법

① 곧은 자와 디그니스 게이지(틈새)를 사용하여 측정하며, 측정 시에는 측정부에 이물질 여부 등을 확인한 후 아래와 같이 7개소에서 측정한다.
② 곧은 자를 직각으로 세워 측정부에 밀착하고, 디그니스(틈새) 게이지의 한계값을 먼저 찾아 틈새를 가볍게 아래 그림의 방향 부분을 찔러보면서 변형을 측정한다.

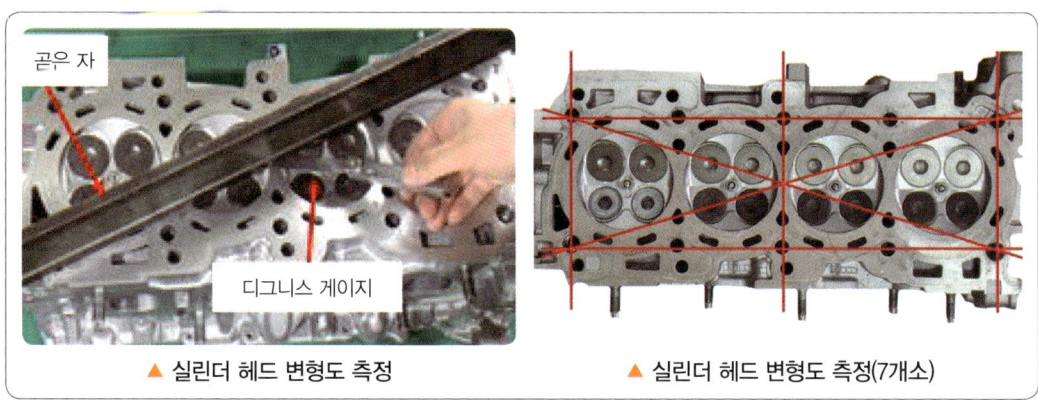

▲ 실린더 헤드 변형도 측정   ▲ 실린더 헤드 변형도 측정(7개소)

주의사항

① 측정 시 보통은 대각선 중심부의 변형이 가장 크다.
② 디그니스(틈새) 게이지 사용 시 무리하게 사용하지 말 것
③ 측정 시 오일구멍, 냉각수, 볼트 구멍은 피해서 측정할 것

▲ 실린더 헤드 변형도 측정

차종별 규정값

차 종	규정값	한계값	차 종	규정값	한계값
엑셀, 엘란트라	0.05mm 이하	0.1mm	쏘나타 Ⅱ, Ⅲ	0.05mm 이하	0.2mm
아반떼 1.5	0.05mm 이하	0.1mm	EF 쏘나타	0.03mm 이하	0.1mm
아반떼 XD	0.03mm 이하	0.1mm	NF 쏘나타	0.05mm 이하	0.2mm
아반떼 HD, i30	0.05mm 이하	0.1mm	그랜저 XG	0.05mm 이하	0.2mm
K3	0.05mm 이하	0.1mm	그랜저 TG	0.05mm 이하	0.2mm

	엔진 번호 :		비 번호		시험위원 확 인	
항 목	① 측정(또는 점검)		② 판정 및 정비(또는 조치) 사항			득 점
	측정값	규정(정비한계)값	판정(□에 "√"표)	정비 및 조치할 사항		
헤 드 변형도	0.15mm	0.05mm 이하	□ 양 호 ☑ 불 량	실린더 헤드 교환 후 재점검(재진단)		

정비 및 조치사항

① 양호 시 : 측정값이 규정(정비한계)값 이하이면 양호로 판정하고, 정비 및 조치할 사항란에는 정비 및 조치사항 없음이라고 기록한다.
② 불량 시 : 규정(정비한계)값 범위를 벗어난 경우에는 불량으로 판정하고, 정비 및 조치할 사항란에는 실린더 헤드 교환 후 재점검(재진단)이라고 기록한다.

실린더 마모량 측정

시험결과 기록표

항목	① 측정(또는 점검)		② 판정 및 정비(또는 조치) 사항		득 점
	측정값	규정(정비한계)값	판정(□에 "✓"표)	정비 및 조치할 사항	
실린더 마모량			□ 양 호 □ 불 량		

엔진 번호 :   비 번호   시험위원 확 인

측정 방법

① 실린더 보어 게이지를 사용하여 측정

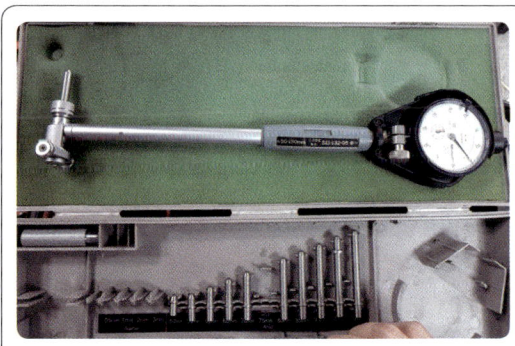
▲ 실린더 보어 게이지

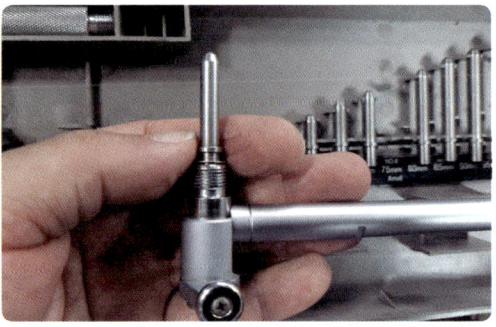
▲ 예 실린더 내경 75.00mm인 경우 75mm 게이지와 1mm 와셔를 선택하여 조립한다.

▲ 게이지 영점 맞추기

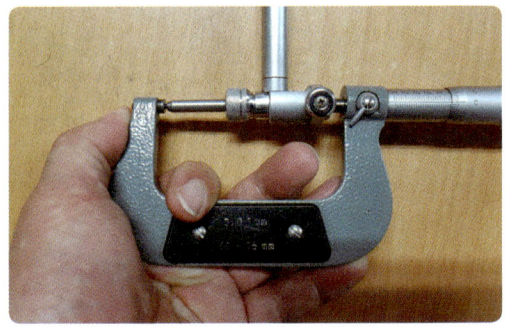

▲ 외측 마이크로미터로 실린더 내경을 측정. 위의 경우는 75.00mm로 세팅함.

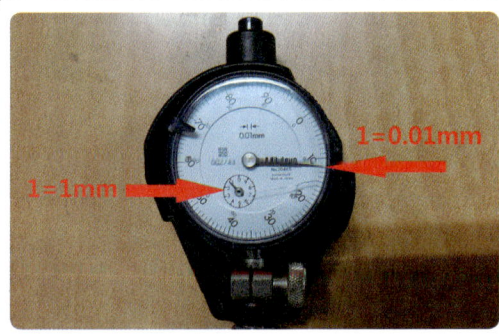

▲ 게이지를 실린더에 넣어 좌우로 움직여 회전 방향이 역회전하는 지점의 값을 읽는다.
작은 게이지 1=1mm, 큰 게이지 12=0.12mm, 보어 게이지의 길이는 75.00+1.12mm=76.12mm

▲ 실린더 상부 축 방향과 축의 직각 방향으로 측정하고 가장 큰 값을 기록한다. 실린더 내경은 게이지의 길이
예 76.12mm – 게이지의 측정값

◀ 작은 게이지 0mm, 큰 게이지 58=0.58mm

● 실린더 내경 :
게이지의 길이(76.12mm) – 게이지의 측정값
예 76.12mm – 0.58mm = 75.54mm

● 마멸량 : 실린더 측정 내경 – 실린더 내경 규정값
예 75.54mm – 75.00mm = 0.54mm

② 텔레스코핑 게이지를 이용한 실린더 내경(실린더의 안지름) 측정
㉮ 텔레스코핑 게이지로 실린더 내경을 측정할 때 측정 위치는 상사점 부근에서 측정한다.
㉯ 측정 시 텔레스코핑 게이지의 손잡이를 실린더 내면과 평행이 되도록 하여 게이지 끝에 있는 핸들의 볼트를 조이고 게이지를 옆으로 뉘어서 조심스럽게 들어낸다.
㉰ 텔레스코핑 게이지를 실린더 블록 위에 올려놓고 실린더 내경을 측정한다.

▲ 실린더 내경 측정(하사점)

▲ 외측 마이크로미터 측정

주의사항

① 실린더 간극 측정의 의미는 실린더와 피스톤이 정상일 때의 간극으로 규정 간극일 때 알맞은 오버 사이즈(O/S) 피스톤 링 선정을 위한 측정이다.
② 규정 간극이 아닐 경우는 실린더 마멸 또는 피스톤 마멸이 발생되었다고 판단한다.
③ 실린더 내경 규정값(STD)이 75mm일 경우이다.
④ 실린더 내경 최댓값(상부)을 측정했더니 75.54mm일 경우, 측정값은 0.54mm이다.
⑤ 실린더 내경 최댓값(상부)을 측정했더니 75.53mm일 경우, 측정값은 0.53mm이다.

차종별 규정값

차 종	마모 한계값
70mm 이하	0.15mm
70mm 이상	0.20mm

항목	① 측정(또는 점검)		② 판정 및 정비(또는 조치) 사항		득 점
	측정값	규정(정비한계)값	판정(□에 "✓"표)	정비 및 조치할 사항	
실린더 마모량	0.53mm	0.20mm 이하 (75.00mm)	□ 양 호 ☑ 불 량	0.75mm로 실린더 보링 후 재점검(재진단)	

엔진 번호 :   비 번호   시험위원 확 인

정비 및 조치사항

① 양호 시 : 측정값이 규정(정비한계)값 0.20mm 이하이면 양호로 판정하고, 정비 및 조치할 사항란에는 정비 및 조치사항 없음이라고 기록한다.

② 불량 시 보링 값 계산방법
   실린더 내경 최대 측정값이 75.53mm일 경우
   측정값 + 수정 절삭량 = 75.53mm + 0.20mm = 75.73mm

③ 피스톤 오버 사이즈(O/S) 보링 값은 75.73mm보다 큰 75.75mm이다. (오버 사이즈 값은 0.25, 0.50, 0.75, 1.00, 1.25, 1.50mm로 6개가 있다.)

④ 불량 시 : 측정값이 규정(정비한계)값 0.20mm 이상이므로 불량으로 판정하고, 정비 및 조치할 사항란에는 0.75mm(또는 75.75mm)로 실린더 보링 후 재점검이라고 기록한다.

메인 저널 마모량 측정

시험결과 기록표

항 목	① 측정(또는 점검)		② 판정 및 정비(또는 조치) 사항		득 점
	측정값	규정(정비한계)값	판정(□에 "✓"표)	정비 및 조치할 사항	
크랭크축 메인 저널 마멸량			□ 양 호 □ 불 량		

엔진 번호 :   비 번호   시험위원 확 인

측정 방법

① 시험위원이 지시하는 크랭크축의 부위를 깨끗한 헝겊 등으로 닦아내고 주어진 외측 마이크로미터를 이용하여 안쪽, 바깥쪽 4요소 이상 부위에서 크랭크축의 최소 부위를 측정한다.
② 크랭크축 메인 저널 1번을 측정한다.

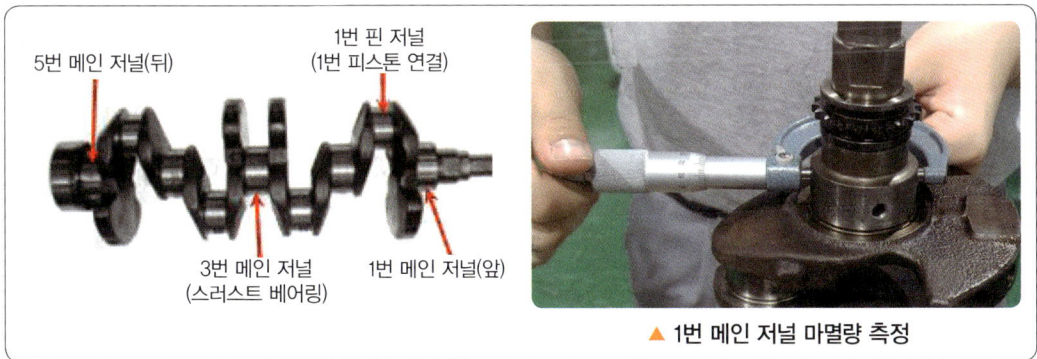

▲ 1번 메인 저널 마멸량 측정

주의사항

① 직렬형 4실린더인 경우 : 크랭크축 풀리가 있는 방향이 메인 저널 1번이고 플라이휠이 있는 방향이 메인 저널 5번이다.

② 측정 시 크랭크축 외경 규정값은 책상 위에 시험위원이 제시해 주기 때문에 규정값을 먼저 답안지에 기록하고 측정하면 된다.
  ㉮ 예를 들어 표준 외경 값=48mm, 측정값이 47.99mm 일 경우
  ㉯ 마멸량은 48-47.99mm=0.01mm이므로 양호로 판정한다.

차종별 기준값

차 종	규정값	차 종	규정값
엑셀	48.00mm(-0.015mm)	그랜저 XG	61.982~62.00mm
쏘나타 Ⅱ	56.980~56.995mm	그랜저 TG	51.942~51.960mm
쏘나타 Ⅲ	56.980~57.00mm	아반떼 1.5	50.00mm(-0.01mm)
EF 쏘나타	56.982~57.00mm	아반떼 XD	50.00mm(-0.01mm)
NF 쏘나타	51.942~51.960mm	아반떼 MD	47.960~47.954 mm
YF 쏘나타	54.942~54.960mm	아반떼 AD	44.942~44.960 mm

엔진 번호 :		비 번호		시험위원 확 인	
항 목	① 측정(또는 점검)		② 판정 및 정비(또는 조치) 사항		득 점
	측정값	규정(정비한계)값	판정(□에 "√"표)	정비 및 조치할 사항	
크랭크축 메인 저널 마멸량	47.99mm	48.00mm (-0.015mm)	☑ 양 호 □ 불 량	정비 및 조치사항 없음	

정비 및 조치사항

① **양호 시** : 측정값이 규정(정비한계)값 이내이면 양호로 판정하고, 정비 및 조치할 사항란에는 정비 및 조치사항 없음이라고 기록한다.
② **불량 시** : 규정(정비한계)값 범위를 벗어난 경우에는 불량으로 판정하고, 정비 및 조치할 사항란에는 크랭크축 교환 후 재점검(재진단)이라고 기록한다.

엔진 1-10 핀 저널 오일 간극 측정

● **시험결과 기록표**

항 목	① 측정(또는 점검)		② 판정 및 정비(또는 조치) 사항		득 점
	측정값	규정(정비한계)값	판정(□에 "✓"표)	정비 및 조치할 사항	
핀 저널 오일 간극			□ 양 호 □ 불 량		

엔진 번호 :   비 번호   시험위원 확 인

● **텔레스코핑 게이지와 외측 마이크로미터 측정 방법**

① 플라스틱 게이지로 측정하는 방법은 크랭크축 오일 간극 측정 방법과 동일하다.

▲ 피스톤 핀 저널을 베어링과 조립   ▲ 텔레스코핑 게이지로 대단부 내경 측정

▲ 외측 마이크로미터를 이용하여 내경 측정   ▲ 크랭크축의 핀 저널 직경을 측정

② 측정값 : 피스톤 대단부 내경 − 크랭크축 핀 저널 직경 = 핀 저널 오일 간극

플라스틱 게이지 측정 방법

▲ 플라스틱 게이지를 핀 저널에 올려놓는다.

▲ 핀 저널 베어링캡을 규정의 토크로 조인다.

▲ 베어링 캡을 탈거 후 측정한다. (측정값 : 0.051mm)

차종별 규정값

차 종	규정값	차 종	규정값
엘란트라	0.01~0.06mm	EF 쏘나타	0.015~0.048mm
쏘나타 I	0.02~0.05mm	NF 쏘나타	0.028~0.046mm
쏘나타 II·III	0.022~0.05mm	아반떼 1.5	0.024~0.042mm

항목	① 측정(또는 점검)		② 판정 및 정비(또는 조치) 사항		득 점
	측정값	규정(정비한계)값	판정(□에 "✓"표)	정비 및 조치할 사항	
핀 저널 오일 간극	0.051mm	0.01~0.06mm	✓ 양 호 □ 불 량	정비 및 조치사항 없음	

엔진 번호 :   비 번호   시험위원 확 인

정비 및 조치사항

① **양호 시** : 측정값이 규정(정비한계)값 이내이면 양호로 판정하고, 정비 및 조치할 사항란에는 정비 및 조치사항 없음이라고 기록한다.
② **불량 시** : 규정(정비한계)값 범위를 벗어난 경우에는 불량으로 판정하고, 정비 및 조치할 사항란에는 핀 저널 베어링 교환 후 재점검(재진단)이라고 기록한다.

2항 1가지 부품 탈거 및 엔진 시동

주어진 자동차의 전자제어 엔진에서 시험위원의 지시에 따라 1가지 부품을 탈거한 후(시험위원에게 확인) 다시 부착하고, 시동에 필요한 관련 부분의 이상개소(시동 회로, 점화 회로, 연료장치 각 1개소)를 점검 및 수리하여 시동하시오.

1. 전자제어 차량에서의 시동작업

① 메인 컨트롤 박스에서 해당 릴레이 및 퓨즈 등의 상태를 점검한다. 없는 경우 또는 끊어진 경우 시험위원에게 교환해 달라고 요구한다.
  ㉮ 관련 퓨즈(메인 퓨즈, 이그니션(점화) 퓨즈=IG 퓨즈, ECU 퓨즈 등)
  ㉯ 관련 릴레이(시동(스타트) 릴레이, 컨트롤 릴레이 등)
② 필수점검 커넥터(IG 스위치, CKP, 점화코일, 인젝터, 기동 전동기 ST 단자)
  ㉮ 고압 케이블 탈·부착 및 번호, ECU, 연료펌프 커넥터 등
③ 기타 부조현상 관련 커넥터
  ㉮ 공기유량센서 : AFS(칼만 와류식, 열선식 등), MAP 센서
  ㉯ 공회전 보상장치 IAC, ISA, IACV 등
④ 시뮬레이션 엔진일 경우 몸체에 연결되는 접지선의 고정 상태를 반드시 확인한다.
⑤ 배터리(축전지)를 연결하고 점화 스위치를 시동 위치로 하여 엔진을 시동한다.

(1) 엔진 시동작업 – 아반떼 1.6 DLI 방식

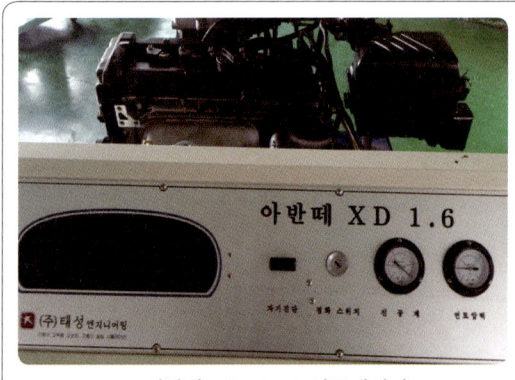
▲ 아반떼 1.6 DOHC 시뮬레이터

▲ 배터리 연결 후 연료펌프 커넥터 및 접지 확인

1) DLI 시동 핵심
① 공통
  ㉮ IG(점화) 스위치 : 커넥터 체결 여부
  ㉯ ECU : 커넥터 체결 여부
  ㉰ 퓨즈 : 이그니션(점화), ECU(ECM) 등

② 점화 관련(커넥터, 릴레이, 퓨즈)
　㉮ 점화코일 : 커넥터 배선 주의

▲ 점화코일 커넥터

㉯ 메인 컨트롤 박스

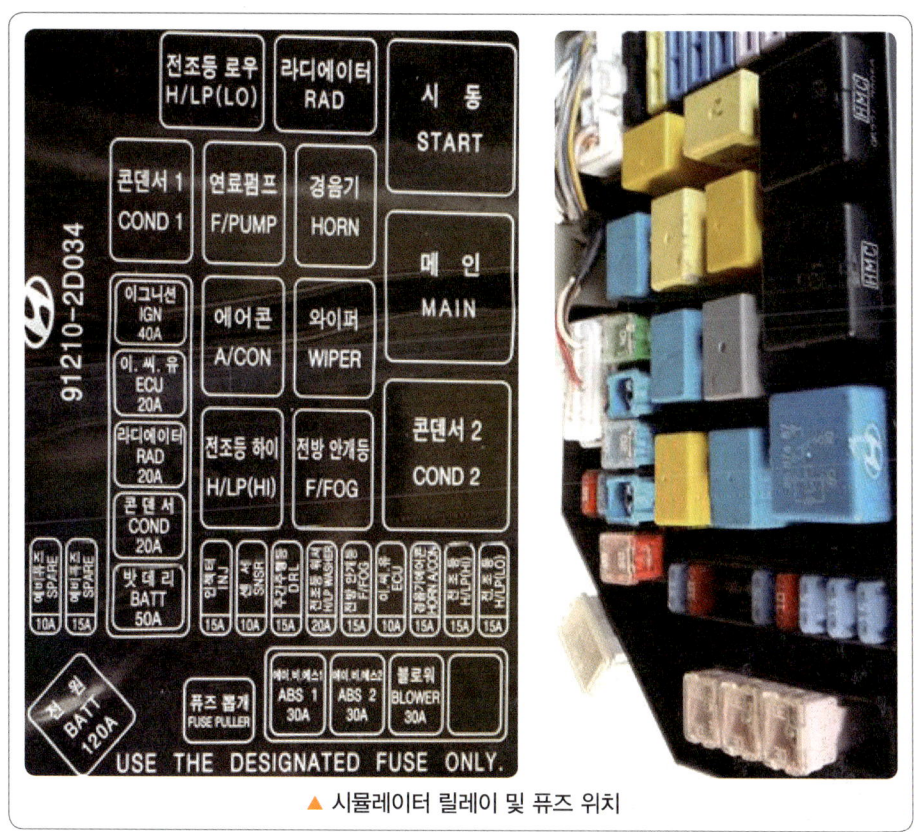

▲ 시뮬레이터 릴레이 및 퓨즈 위치

㉰ CKP(크랭크축 포지션 센서) : 배기 쪽 실린더 블록 중간

▲ CKP(크랭크축 포지션 센서) 커넥터

▲ CKP(크랭크축 포지션 센서) 장착 위치

㉱ CMP(캠축 포지션 센서) : 흡기 캠축 위나 옆에 위치

③ 시동 관련(커넥터, B 단자, 접지 단자)
  ㉮ 기동 전동기 : ST 단자 커넥터와 배터리 B 단자, 배터리 접지 체결 상태를 확인한다.
  ㉯ 커넥터를 빼서 숨기는 경우도 있다.

▲ 배터리 접지 단자 체결 여부

▲ ST 단자 커넥터 및 배터리 B 단자 체결 여부

㉰ 자동변속기 장착 차량 : 인히비터 스위치(P 또는 N 레인지 컨트롤 케이블 상태 등)
㉱ 모델별 일부 : 퓨즈 블링크 박스 내 – 시동(스타트) 릴레이
④ 그 외 엔진 부조 등 관련
㉮ 공기 유량 센서 : 커넥터 탈거 시 시동 후 엔진부조 및 시동 꺼짐 유발
㉯ 공회전 보상장치 : 시동 불량 또는 시동 후 엔진부조 및 시동 꺼짐 등을 유발한다.
㉰ 인젝터 : 4개의 인젝터 커넥터가 정상적으로 체결되어야 연료가 분사되어 시동이 된다.

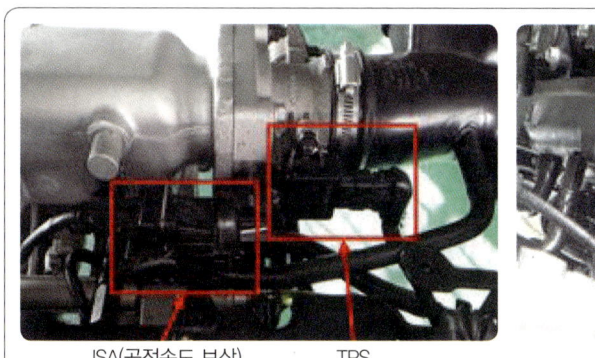

ISA(공전속도 보상)   TPS   인젝터 커넥터

⑤ 최종 점검
㉮ 크랭킹 조작 여부 등의 주의사항을 잘 듣고 편안한 마음으로 지정된 엔진에서 시작한다.
㉯ 공통 점검 사항을 체크한다.
  ㉠ 손으로 직접 빠짐없이 커넥터 이상 유무를 꼼꼼히 점검한다.
  ㉡ IG(점화) 스위치 커넥터 체결 여부를 점검한다.
  ㉢ ECU 커넥터 체결 여부(일부 점검 시 제한을 둠)를 점검한다.
  ㉣ 이그니션(점화) 퓨즈, ECU(ECM) 퓨즈 이상 유무를 점검한다.
㉰ 각종 커넥터 이상 유무를 점검한다.
  ㉠ 점화코일 고압 케이블 번호, 점화코일 커넥터, CKP, CMP 커넥터
  ㉡ 기동 전동기 ST 단자 커넥터, 배터리 B 단자, A/T 인히비터 스위치 커넥터(있는 경우), 시동(스타트) 릴레이(있는 경우)
  ㉢ 맵 센서, 공회전 속도보상장치(ISA), 인젝터, 연료펌프 커넥터 등
㉱ 점검 사항 확인
  ㉠ 배터리(축전지)를 연결하고 점화 스위치를 시동 위치로 하여 엔진을 시동한다.

(2) 엔진 시동작업 – 아반떼 MD GDI 방식
① 공통
   ㉮ IG(점화) 스위치 : 커넥터 체결 여부
   ㉯ ECU : 커넥터 체결 여부
   ㉰ 퓨즈 : 메인 퓨즈, IG1(이그니션), ECU(ECM), 센서, 연료펌프 퓨즈 단선 또는 체결되어 있는지를 확인한다.
   ㉱ 시동(스타트) 릴레이 단선 또는 체결되어 있는지를 확인한다.

② 연료 관련
   ㉮ 인젝터 익스텐션 커넥터가 탈거되어 있는지를 확인한다.
   ㉯ 연료펌프 커넥터가 탈거되어 있는지를 확인한다

③ 점화 관련
  ㉮ 점화코일 커넥터나 점화 플러그가 탈거되어 있는지를 확인한다.

④ 크랭킹 관련
  ㉮ CKP(크랭크축 포지션 센서) : 배기 쪽 실린더 블록 중간에 위치
  ㉯ 기동 전동기 : ST 단자와 배터리 B 단자, 배터리 접지 단자 체결상태를 확인한다.
  ㉰ 커넥터를 빼서 숨기는 경우도 있음.

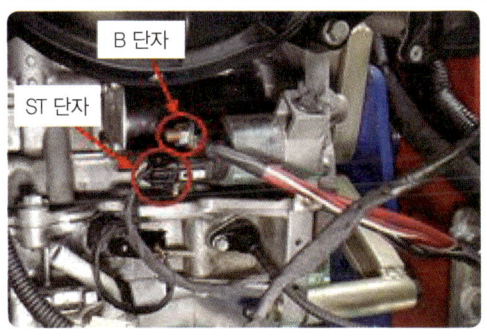

⑤ 최종 점검
  ㉮ 손으로 직접 빠짐없이 커넥터 이상 유무를 꼼꼼히 점검한다.
  ㉯ 점화 스위치 커넥터 체결 여부를 점검한다.
  ㉰ ECU 커넥터 체결 여부(일부 점검 시 제한을 둠)를 점검한다.
  ㉱ 메인 퓨즈, IG1(이그니션), ECU(ECM), 센서, 연료펌프 퓨즈 이상 유무를 점검한다.
  ㉲ 점화코일 커넥터 등을 확인한다.
  ㉳ 기동 전동기 ST 단자 커넥터, 배터리 B 단자, 배터리 접지 단자, 시동 릴레이
  ㉴ 인젝터, 연료펌프, CKP 커넥터 등을 확인한다.
  ㉵ 모든 점검이 끝났으면 배터리(축전지)를 연결하고 점화 스위치를 시동 위치로 하여 엔진을 시동한다.

3항 엔진 작동상태 점검 및 측정

2항의 시동된 엔진에서 공회전 속도를 확인 작업

측정 방법

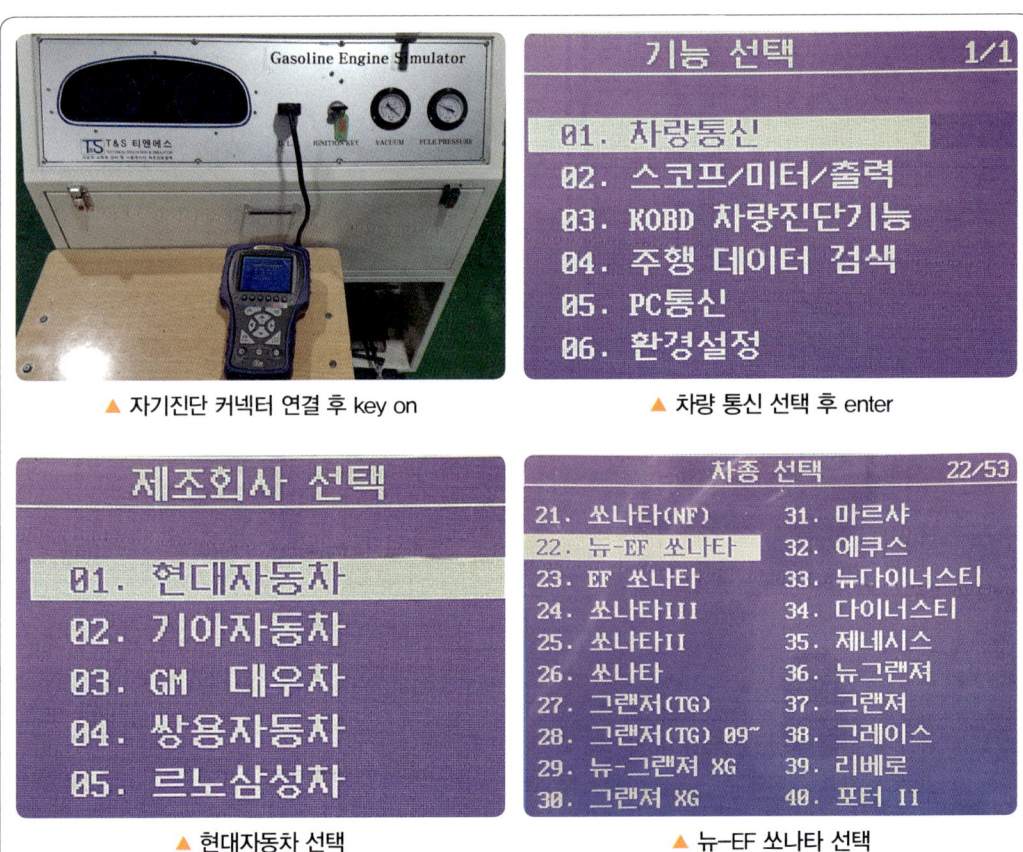

▲ 자기진단 커넥터 연결 후 key on

▲ 차량 통신 선택 후 enter

▲ 현대자동차 선택

▲ 뉴-EF 쏘나타 선택

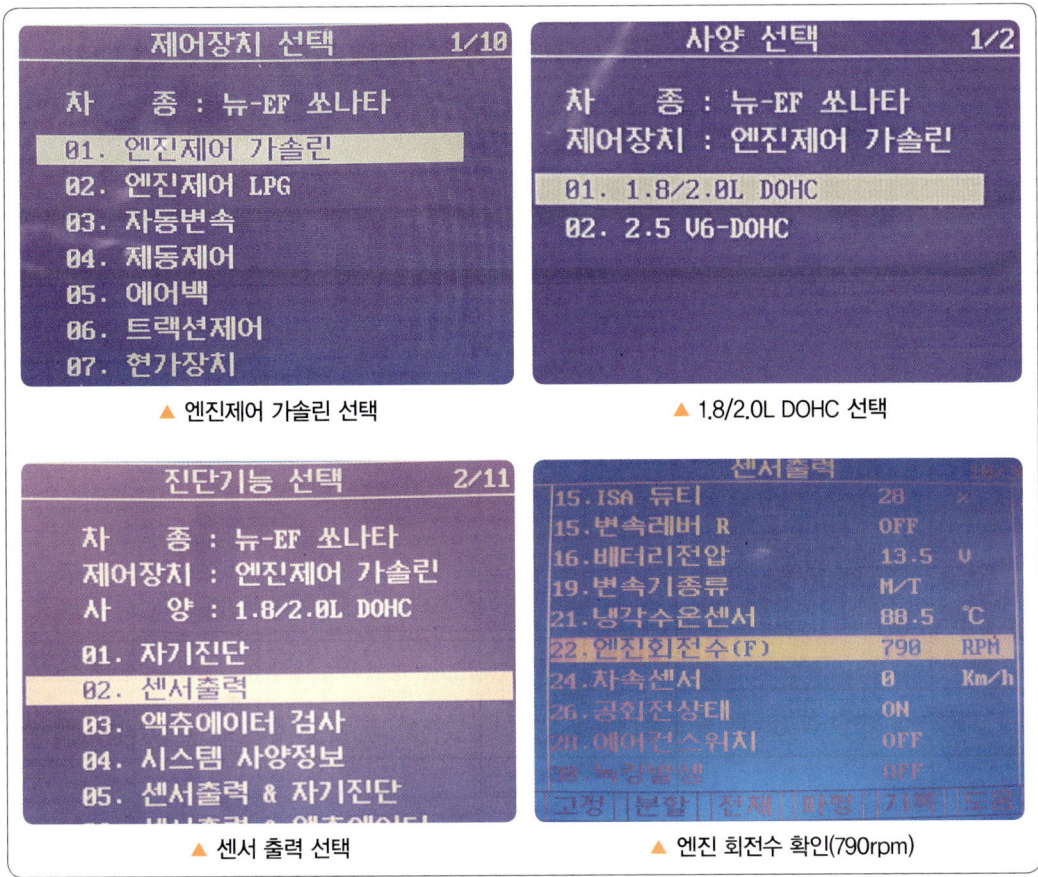

▲ 엔진제어 가솔린 선택
▲ 1.8/2.0L DOHC 선택
▲ 센서 출력 선택
▲ 엔진 회전수 확인(790rpm)

주의사항

① F6(도움)을 눌러서 규정값을 확인할 수 있다. (현재는 규정값을 지원하지 않음)
② 도움 지원이 안 되는 차종은 시험관이 제시한다.
③ DLI 방식의 차량은 대부분 공회전 속도 조정이 불가하다.
④ 불량 시 공회전 속도 조절장치나 각종 센서 점검이 필요하다.

엔진 3-1

2항의 시동된 엔진에서 공회전 속도를 확인하고 시험위원의 지시에 따라 배기가스를 측정하여 기록표에 기록하시오.

시험결과 기록표

항 목	① 측정(또는 점검)		② 판정(□에 "✓"표)	득 점
	측정값	기준값		
CO			□ 양 호	
HC			□ 불 량	

자동차 번호 : / 비 번호 / 시험위원 확 인

주의사항

① 시험장에서는 기준값을 주지 않기 때문에 차종별 배출가스 허용 기준값을 사전에 숙지한다. (검사항목은 수검자가 기준값을 암기해야 한다.)
② 기준값에 "이하"란 용어와 기준값 및 측정값 란에 단위(%나 ppm)를 반드시 기재해야 한다.

가솔린 배기가스 테스터기(4-가스 측정기 QRO-401)

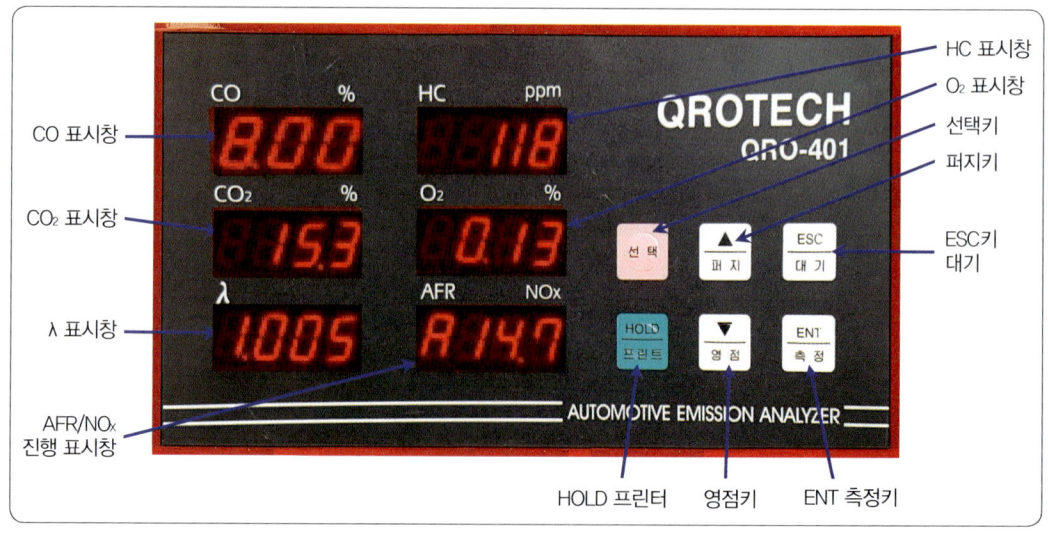

① 사용방법
  ㉮ 초기 기본 작동
    ㉠ 전원 스위치를 ON(시험기 후면에 위치) 하면 화면 표시를 하고 10초간 초기화 진행을 한다.
    ㉡ 현재 설정되어 있는 날짜 및 시간이 약 5초간 표시된다.
    ㉢ 시간 표시 후, 자체진단을 실시하며, 진단 순서는 표시창 확인, 통신, 내부 센서, 메모리 순으로 자체 점검을 실시한다. 실시된 항목이 정상이면, [PASS] 메시지를 표시한다.
    ㉣ 자체진단이 끝나면 표시창의 화면에 카운트 값이 표시되고, 카운트 값은 주위의 온도나 기기의 사용 상태에 따라 약 120~480에서 1씩 감소하며 워밍업을 실시한다.
    ㉤ 워밍업 작업 끝나기 1분 전에 펌프가 자동 가동되어, 맑은 공기로 장비 내부를 세척한다. 이때 프로브(채취관)는 깨끗한 공기가 유입이 될 수 있는 위치에 놓는다.
    ㉥ 워밍업이 끝나면 자동으로 1회 영점 조정을 실시한다. 화면에 카운트 값이 20에서 1씩 감소하며, 약 20초간 영점 조정을 실시한다.
    ㉦ 영점 조정 후 rdy가 표시되면, 측정 전 준비 상태에서 측정 키를 눌러 배기가스를 측정한다.

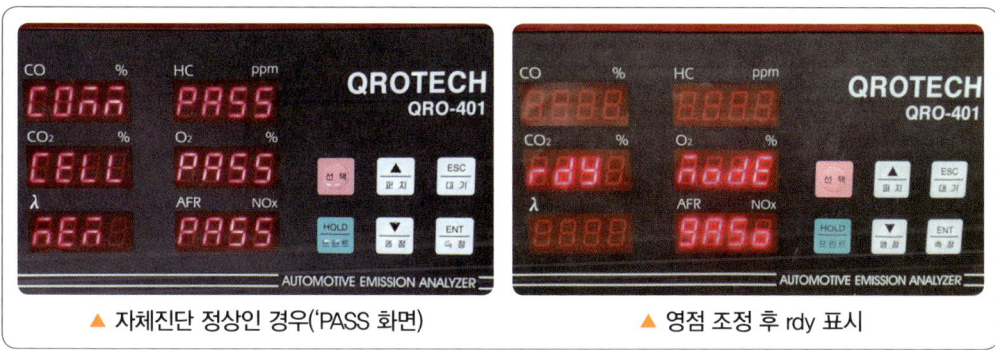

▲ 자체진단 정상인 경우('PASS 화면)   ▲ 영점 조정 후 rdy 표시

  ㉯ 각부 작동 키(메뉴얼 키) 사용법
    ㉠ 퍼지 : 피지 키를 한 번 누르면 약 120초간 프로브 청소를 하고 자동으로 영점 조정을 실시하여 대기모드로 전환된다. (장비 내부 세척작업)
      ● 장비에서 에러(error)가 발생 시에는 처음부터 퍼지 기능부터 시작한다.
    ㉡ 영점 : 영점 키를 누르면 카운트 값이 20에서 1씩 감소하며, 약 20초간 영점 조정 후 rdy가 표시되면, 측정 전 준비 상태가 된다.
    ㉢ 측정 : 프로브를 배기관에 20cm 이상 삽입 후 측정한다.
    ㉣ 대기 : 대기 상태란 장시간 측정하지 않을 때에 전원은 ON 펌프는 OFF 상태. 측정 또는 퍼지를 실시한 후 대기(rdy mode)를 누르면 흡입펌프 정지 표시창에 위 사진과 같이 나타난다.
    ㉤ 홀드 : 측정상태에서만 사용되며, 측정값이 일시 정지하고, 한 번 더 누르면 프린터 시작한다. ESC 누르면 해제된다.
  ㉰ 측정순서(무부하 공회전 상태에서 측정)
    ㉠ 프로브를 깨끗한 공기가 있는 곳에 두고 영점 조정을 실시한다.

ⓛ 프로브를 자동차 배기구에 깊숙이 넣고, 측정 키를 눌러 배기가스를 측정한다. 이때 측정값이 안정되면, 프린트 키를 눌러 측정값을 출력한다. (또는 판독)
ⓒ 측정 후 프로브를 자동차 배기구에서 빼낸 후 퍼지 키를 눌러 측정값이 "0"까지 떨어지도록 장비 내부를 맑은 공기로 세척한다.
ⓔ 모든 수치 값들이 "0" 근처로 떨어지면 대기 키를 눌러 대기상태로 유지시킨다.
ⓜ 연속 측정 시에는 영점 키를 누른 후 측정을 실시한다. 이후 ⓛ, ⓒ, ⓔ번 항목을 반복한다.

차대(각자)번호

자동차등록증

제   호   최초등록일   년   월   일

① 자동차등록번호	02 서 2977	② 차 종	중형 승용	③ 용노	사사용
④ 차 명	뉴아반떼 XD	⑤ 형식 및 년식	XD-16DC-A1		
⑥ 차대 번호	KMHDN41BP5U123456	⑦ 원동기 형식	G4ER5		
⑧ 사용본거지	서울특별시 용산구 백범로 45길 15(효창동)				
소유자	⑨ 성명(명칭)	홍 길 동	⑩ 주민(사업자)등록번호	790302-1234567	
	⑪ 주 소	서울특별시 용산구 백범로 45길 15(효창동)			

자동차관리법 제8조의 규정에 의하여 위와 같이 등록하였음을 증명합니다.

년   월   일

서울특별시 용산구청장

자동차등록증

제   호   최초등록일   년   월   일

① 자동차등록번호	02 서 5577	② 차 종	중형 승용	③ 용도	자가용
④ 차 명	아반떼	⑤ 형식 및 년식	MDDBA-S		
⑥ 차대 번호	KMHDH41DBCU123456	⑦ 원동기 형식	G4FD		
⑧ 사용본거지	서울특별시 용산구 백범로 45길 15(효창동)				
소유자 ⑨ 성명(명칭)	홍 길 동	⑩ 주민(사업자) 등록번호	790302-1234567		
⑪ 주 소	서울특별시 용산구 백범로 45길 15(효창동)				

자동차관리법 제8조의 규정에 의하여 위와 같이 등록하였음을 증명합니다.

년   월   일

서울특별시 용산구청장

참고사항 : 배출가스 허용 기준값

① 운행차 수시점검 및 정기검사의 배출허용기준(무부하 검사방법으로 측정한다.)
  ㉮ 휘발유(알코올 포함)사용 자동차 또는 가스사용 자동차

차 종	제작일자	일산화탄소	탄화수소
경자동차	1997년 12월 31일 이전	4.5% 이하	1,200ppm 이하
	1998년 1월 1일부터 2000년 12월 31일 까지	2.5% 이하	400ppm 이하
	2001년 1월 1일부터 2003년 12월 31일 까지	1.2% 이하	220ppm 이하
	2004년 1월 1일 이후	1.0% 이하	150ppm 이하

차 종		제작일자	일산화탄소	탄화수소
승용자동차		1987년 12월 31일 이전	4.5% 이하	1,200ppm 이하
		1988년 1월 1일부터 2000년 12월 31일까지	1.2% 이하	220ppm 이하(휘발유·알코올 사용 자동차) 400ppm 이하(가스 사용 자동차)
		2001년 1월 1일부터 2005년 12월 31일까지	1.2% 이하	220ppm 이하
		2006년 1월 1일 이후	1.0% 이하	120ppm 이하
승합·화물·특수 자동차	소형	1989년 12월 31일 이전	4.5% 이하	1,200ppm 이하
		1990년 1월 1일부터 2003년 12월 31일까지	2.5% 이하	400ppm 이하
		2004년 1월 1일 이후	1.2% 이하	220ppm 이하
	중형·대형	2003년 12월 31일 이전	4.5% 이하	1,200ppm 이하
		2004년 1월 1일 이후	2.5% 이하	400ppm 이하

● **CO, HC 측정값**

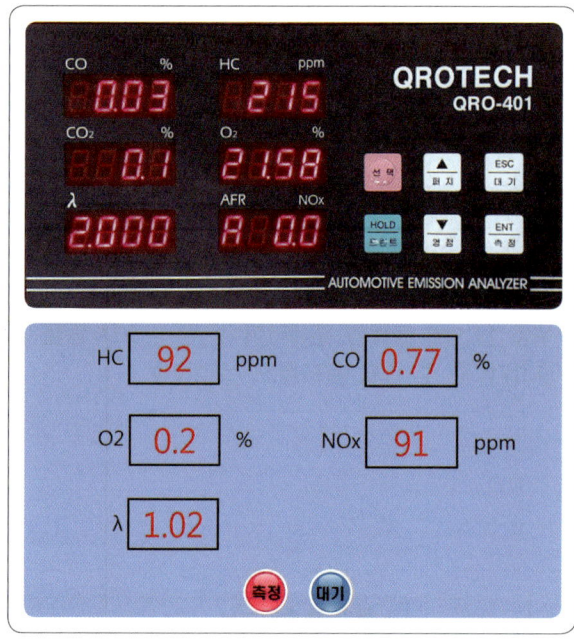

예 : 2012년식	자동차 번호 :		비 번호	시험위원 확 인	
항 목	① 측정(또는 점검)		② 판정(□에 "✓"표)		득 점
	측정값	기준값			
CO	0.7%	1.0% 이하	☑ 양 호		
HC	92ppm	120ppm 이하	□ 불 량		

● CO, HC 둘 중 하나라도 기준값을 벗어난 경우에는 불량으로 판정한다.

정비 및 조치사항

① 양호 시 : 측정값이 기준값 이하이면 양호로 판정한다.
② 불량 시 : 측정값이 기준값을 벗어난 경우에는 불량으로 판정한다.

차대(각자) 번호

차대 번호는 자동차관리법에서 그 표시를 의무화하고 있고 자동차등록번호 등의 관련 고시로 형식을 규정하고 있다. 그리고 그 형식은 국제적으로 동일하게 공유한다. 따라서 수입차라고 할지라도 차대 번호의 표시형태는 같다.

차대 번호를 구성하는 17개의 자리 수 중 3번째에서 9번째까지는 제작사 자체적으로 설정된 부호와 약속에 의한 의미를 담고 있지만 ①, ②, ⑩, ⑫~⑰번째 자리는 어느 회사든 동일하게 부여된다. ①번째는 국가를, ②번째는 제작사, ⑩번째는 제작연도, ⑫~⑰번째는 제작 일련번호를 부여하고 있다.

▲ 동승석 시트 아래(적색 부위)

▲ 운전석 센터필러 하단(적색 부위)

▲ 앞 유리 아래(적색 부위)

▲ 차대 번호 위치(방화벽 적색 부위)

현대 · 기아자동차

㉮ 차량 식별 번호판 위치 : 과거에는 차량 식별 번호판(V.I.N)은 방화벽에 있었으나 요즘에는 동승석 시트 아래나 운전석 센터필러 하단 또는 앞 유리 아래 대시포트에 표시되어 있다.

㉯ 차량식별 번호판 : 17자리로 구성되며 각 자리의 의미는 다음과 같다.

제작회사군			자동차특성군						제작 일련번호							
①	②	③	④	⑤	⑥	⑦	⑧	⑨	⑩	⑪	⑫	⑬	⑭	⑮	⑯	⑰
K	M	H	D	N	4	1	B	F	5	U	1	2	3	4	5	6

① 제작국가 K – K : 한국, J : 일본, 1 : 미국, 2 : 캐나다, 3 : 멕시코, 4~5 : 미국
② 제작회사 M – M : 현대, L : 대우, N : 기아, P : 쌍용
③ 자동차 차량 구분 H

현대	H : 승용 F : 화물(밴) J : 승합 C : 특장
기아	A : 승용 C : 화물(밴) H : 승합 E : 전 차종(유럽 수출용)

④ 차종(MODEL) D
　V : 엑센트　D : 아반떼 XD　C : 쏘나타Ⅱ　N : 그랜저　M : 뉴그랜저
　E : EF 쏘나타　H : 투스카니　E : NF 쏘나타　D : 아반떼 MD, i30　Z : 포터Ⅱ
　K : 쏘렌토　P : 스포티지　J : 투싼　B : 모닝　L : i40, K7
　F : 그랜저 HG, 그랜저 IG　M : 그랜드 카니발　S : 싼타페
⑤ 세부 차종 및 등급 N – 차종별 표기 기호가 상이함
　A, L, S : 스탠다드(STANDARD, L)　P, V : GRAND SALON(GDS)
　B, M, T : 디럭스(DELUXE, GL)　R, W : SUPER GRAND SALON(HGS)
　C, N, U : 슈퍼 디럭스(SUPER DELUXE, GLS)　1, A, S, L : 로우급(L)
　2, B, E, M, T : 미들-로우급(GL)　3, C, H, N, X : 미들급(GLS, JSL, TAX)
　4, D, V, P : 미들-하이급(HGS)　5, E, R, W, U : 하이급(TOP)
⑥ 차체/캡 형상(BODY TYPE) 4 – 4도어
　1 : 리무진　2~5 : 도어 수　6 : 쿠페　7 : 컨버터블　8 : 왜건　9 : 화물(밴)

⑦ 안전장치(Restraint system) 또는 브레이크(Brake system)
   ㉠ 제작회사군(KMC, KMF, KMJ일 경우)
      7 : 유압식 브레이크   8 : 공기식 브레이크   9 : 혼합식 브레이크
   ㉡ 제작회사군(KMH일 경우)
      0 : 운전석과 동승석 - 미적용
      1 : 운전석/동승석 - 액티브(Active) 시트벨트
      2 : 운전석/동승석 - 패시브(Passive) 시트벨트
      3 : 운전석 - 액티브 시트벨트 + 에어백
      4 : 운전석/동승석 - 액티브 시트벨트 + 에어백
         운전석/동승석 - 액티브 시트벨트 또는 패시브 시트벨트
⑧ 동력 장치(Engine Type) B - 차종별 표기 기호가 상이함
   A, 5 : 디젤 엔진 1.7(U-II)   1, B, D : 가솔린 엔진 1.6
   C : 가솔린 엔진 2.0(누우 MPI)   2, D : 가솔린 엔진 2.0
   E : 가솔린 엔진 3.0   V : 디젤 엔진, LPG 2.0
   F : 가솔린 엔진 2.4(개선 세타II-GDI)   3, T : 디젤 엔진 1.6
   3, 5 : 디젤 엔진 2.0(R)   E : 가솔린 엔진 2.4 + HEV
   B : 가솔린 엔진 2.0(개선 세타II T-GDI) 6, 2 : 가솔린 엔진 1.6(감마 T-GDI)
⑨ 운전석 위치 및 변속기 종류 F(과거에는 P : 왼쪽 운전석 R: 오른쪽 운전석)
   A : 왼쪽 운전석 수동 변속기   B : 왼쪽 운전석 자동 변속기
   C : 왼쪽 운전석 수동 변속기 + 트랜스퍼 D : 왼쪽 운전석 자동 변속기 + 트랜스퍼
   E : 왼쪽 운전석 CVT   F : 왼쪽 운전석 & 감속기
   G : 왼쪽 운전석 & DCT   H : 왼쪽 운전석 & DCT + 트랜스퍼
⑩ 생산연도 5(사용부호는 I, O, Q를 제외한 알파벳 또는 아라비아 숫자로 표기함)

연도	사용부호	연도	사용부호	연도	사용부호
2001	1	2011	B	2021	M
2002	2	2012	C	2022	N
2003	3	2013	D	2023	P
2004	4	2014	E	2024	R
2005	5	2015	F	2025	S
2006	6	2016	G	2026	T
2007	7	2017	H	2027	V
2008	8	2018	J	2028	W
2009	9	2019	K	2029	X
2010	A	2020	L	2030	Y

⑪ 생산 공장 U
   U : 울산   C : 전주   M : 인도   Z : 터키   B : 부산   P : 평택   K : 광주
   T : 서산   S : 소하리   A : 아산(현대자동차)   A : 화성(기아자동차)
⑫~⑰ 생산 일련번호 123456

엔진 3-2 인젝터 파형을 측정 및 분석

인젝터 파형 측정(Hi-DS 프리미엄)

▲ 배터리 전원선 연결 및 측정 프로브 (−)연결

▲ 인젝터 위치 확인

◀ 측정용 프로브 설치
인젝터 배선은 2개의 배선 중 다른 인젝터 배선과 비교하여 공통 색이 전원선이고, 다른 색이 제어선이므로 제어선에서 측정

▲ 로그인 취소 또는 로그인

▲ 차종 선택

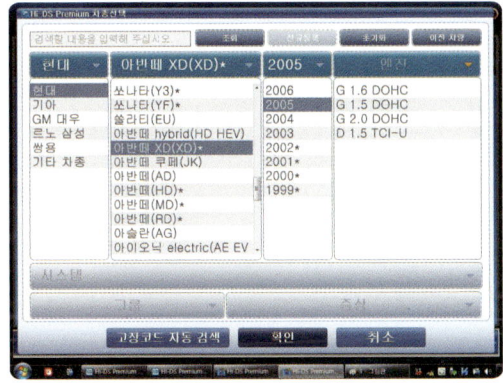
▲ 자동차회사, 차명, 연식, 배기량 선택

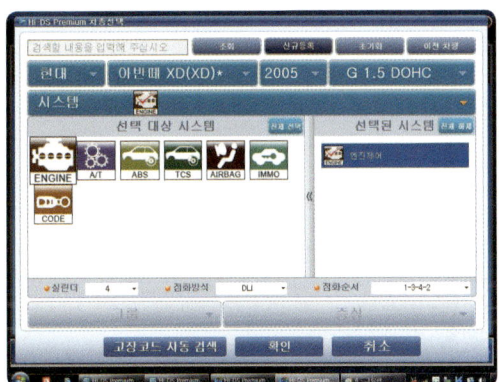
▲ 엔진제어 선택

▲ 오실로스코프 선택

▲ 화면에서 하단에 있는 채널 1번 선택,
시간 축 선택 15ms

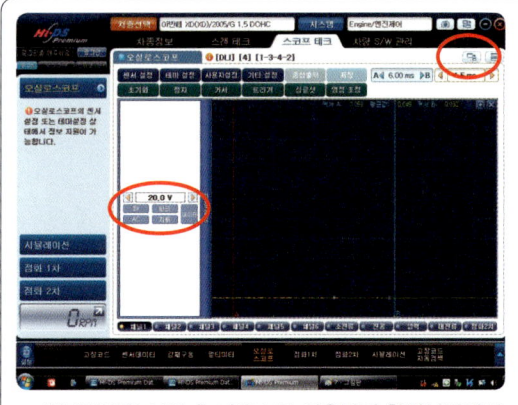

▲ 환경설정을 선택 후 마우스를 이용하여 환경설정에서 전압 100V 선택 후 화면확대 선택

▲ 오실로스코프 확대화면

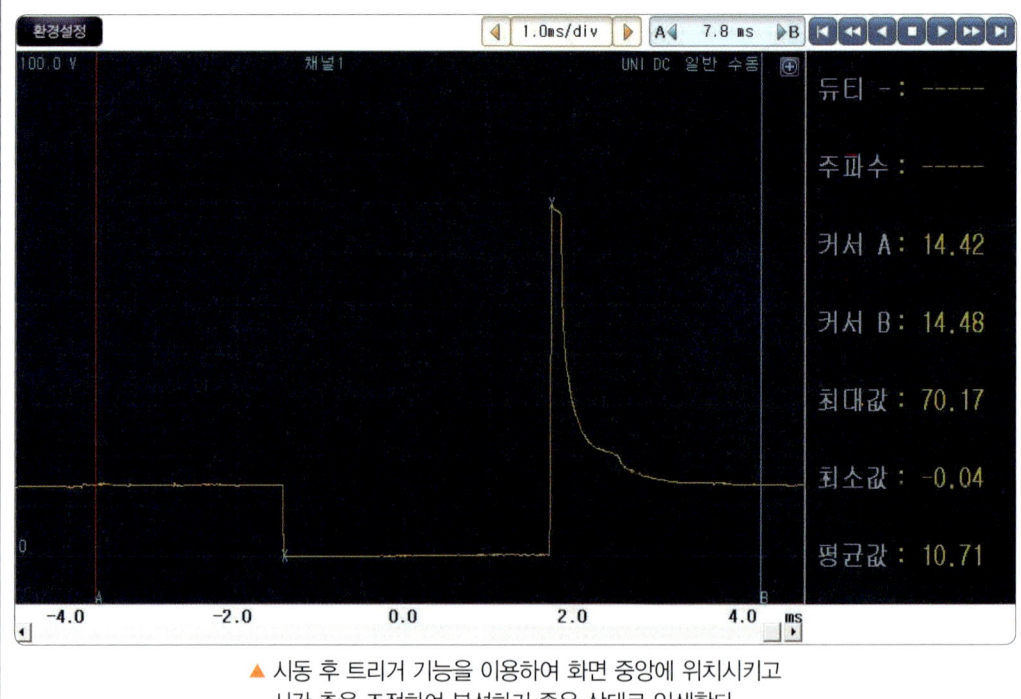

▲ 시동 후 트리거 기능을 이용하여 화면 중앙에 위치시키고 시간 축을 조정하여 분석하기 좋은 상태로 인쇄한다.

인젝터 파형 측정(GDS로 측정하기)

▲ 배터리 전원선 연결 및 측정 프로브 (–)연결

▲ 인젝터 위치 확인

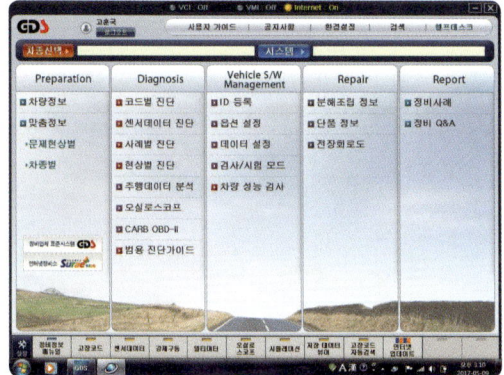

▲ 차종 선택 후 오실로스코프 선택

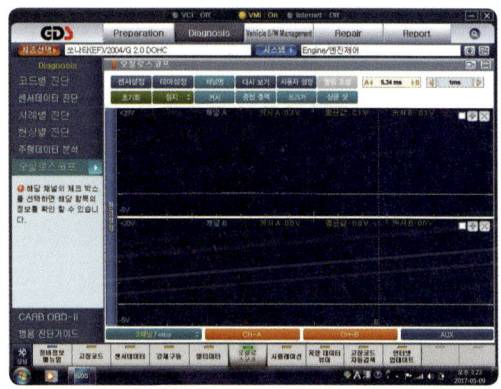

▲ 오실로스코프 화면

▲ 채널 선택, 환경설정에서 전압 100V 설정, 화면확대 선택

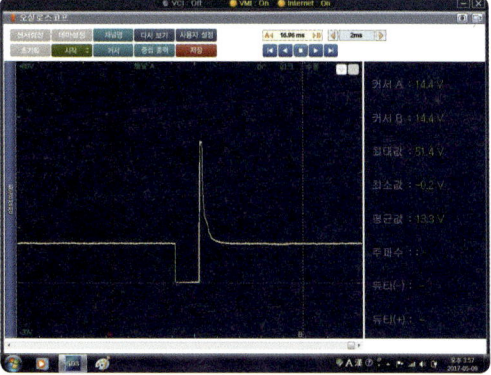

▲ 인젝터 파형

인젝터 파형 분석 및 답안지 작성

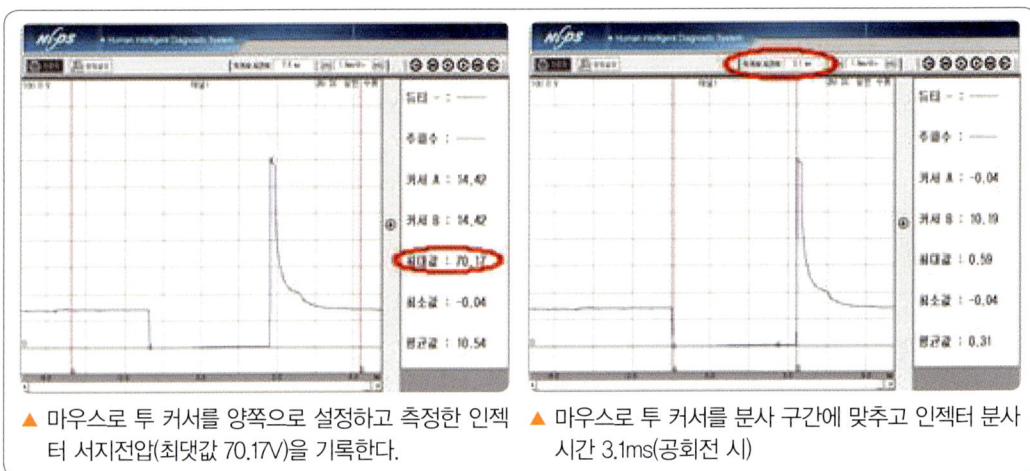

▲ 마우스로 투 커서를 양쪽으로 설정하고 측정한 인젝터 서지전압(최댓값 70.17V)을 기록한다.

▲ 마우스로 투 커서를 분사 구간에 맞추고 인젝터 분사시간 3.1ms(공회전 시)

항 목	① 측정(또는 점검)		② 판정 및 정비(또는 조치) 사항		득 점
	측정값	규정(정비한계)값	판정(□에 "✓"표)	정비 및 조치할 사항	
분사시간	3.1ms(공회전)	2~4ms(공회전)	✓ 양 호 □ 불 량	정비 및 조치사항 없음	
서지전압	70.17 V	60~80V			

엔진 번호 : / 비 번호 / 시험위원 확 인

● 측정조건 : 공회전 시 워밍업 상태

파형 측정 포인트

채널번호 확인 – 측정 프로브 접지 확인 – 전압 100V 확인 – 시간 15ms 확인

양호 | 정비 및 조치사항 없음

불량 | 분사시간 불량 시 : ECU 제어불량(각종 입력 센서 및 배터리 점검)
서지전압 불량 시 : 인젝터 저항, 전원전압, ECU 배선 및 접지 점검

엔진 3-3 공전 속도 점검 후 연료압력 측정

시험결과 기록표

항 목	① 측정(또는 점검)		② 판정 및 정비(또는 조치) 사항		득 점
	측정값	규정(정비한계)값	판정(□에 "✓"표)	정비 및 조치할 사항	
연료 압력			☑ 양 호 □ 불 량		

자동차 번호 : / 비 번호 / 시험위원 확 인

측정 방법

▲ 연료압력 조절 밸브와 진공호스

▲ 진공호스 연결 시와 진공호스 탈거 시 연료압력을 측정한다.

▲ 시동 후 공회전 시 진공호스 연결

▲ 연료압력 측정값 약 2.8kgf/cm²

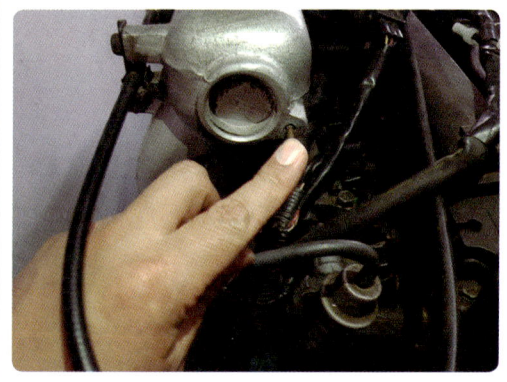
▲ 공회전 시 진공호스 탈거 후 흡기 다기관 포트를 막고 측정한다.

▲ 연료압력 측정값 약 3.6kgf/cm²

항 목	① 측정(또는 점검)		② 판정 및 정비(또는 조치) 사항		득 점
	측정값	규정(정비한계)값	판정(□에 "✓"표)	정비 및 조치할 사항	
연료 압력	2.8kgf/cm² (공회전 시)	2.6~2.9kgf/cm² (공회전 시)	☑ 양 호 □ 불 량	정비 및 조치사항 없음	

엔진 번호 : , 비 번호 : , 시험위원 확인

정비 및 조치사항

① 양호 시 : 정비 및 조치사항 없음
② 불량 시 : 연료압력 조절 밸브 교환 후 재점검이라고 기록한다.
- 연료압력 측정 게이지를 설치하여야 할 경우 연료필터 또는 연료분배 파이프의 연료라인을 탈거하여 설치한다. (연료의 누출이 있으므로 흡착포를 준비하여 대비한다.)

PCSV(증발 가스제어 장치) 점검

시험결과 기록표

항 목	① 측정(또는 점검)		② 판정 및 정비(또는 조치) 사항		득 점
	공급전압	진공유지 또는 진공해제 기록	판정(□에 "✓"표)	정비 및 조치할 사항	
퍼지 컨트롤 솔레노이드 밸브	작동 시 :		□ 양 호 □ 불 량		
	비작동 시 :				

자동차 번호 : 비 번호 : 시험위원 확인 :

측정 방법

▲ 퍼지 컨트롤 솔레노이드 밸브 비작동 시 전압 0V
(배터리 연결이 안 된 경우)

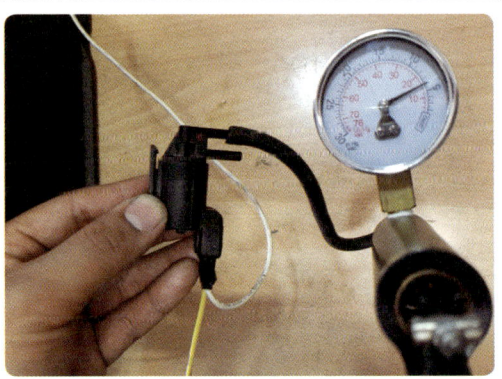

▲ 진공펌프 작동 시 진공이 유지
(퍼지 컨트롤 솔레노이드 밸브 비작동 상태)

▲ 퍼지 컨트롤 솔레노이드 밸브 작동 시 전압 12V
(배터리가 연결된 경우)

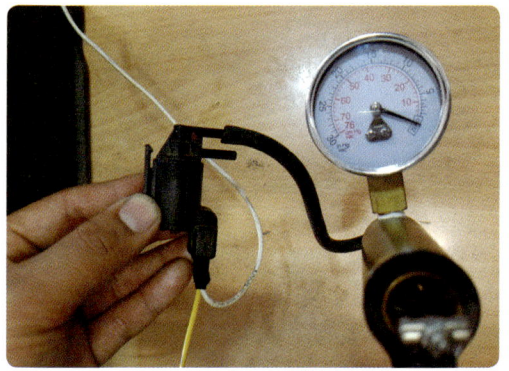
▲ 진공펌프 작동 시 진공이 해제됨.
(퍼지 컨트롤 솔레노이드 밸브 작동 상태)

항 목	① 측정(또는 점검)		② 판정 및 정비(또는 조치) 사항		득 점
	공급전압	진공유지 또는 진공해제 기록	판정(□에 "√"표)	정비 및 조치할 사항	
퍼지 컨트롤 솔레노이드 밸브	작동시 : 12V	진공해제	☑ 양 호 □ 불 량	정비 및 조치사항 없음	
	비작동시 : 0V	진공유지			

자동차 번호 :   비 번호   시험위원 확 인

참고사항 : 솔레노이드 밸브의 종류

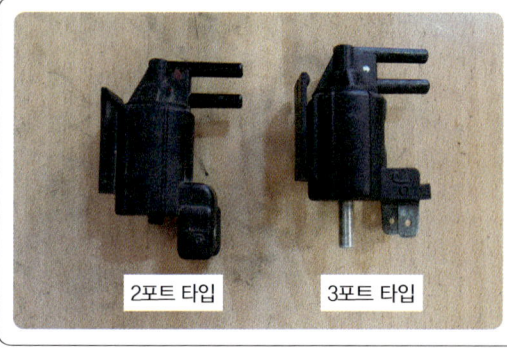
2포트 타입   3포트 타입

- 2포트 타입 구분방법 :
  비작동 시 진공유지 상태–퍼지 컨트롤 솔레노이드 밸브
  비작동 시 진공해제 상태–EGR 솔레노이드 밸브

- 3포트 타입 :
  퍼지 컨트롤 솔레노이드 밸브와 EGR 솔레노이드 밸브 겸용으로 제작된 전자밸브 비작동 시 A–B 포트 진공유지, B–C 포트 진공해제 상태임(사진 위부터 A–B–C 포트)

① 양호 시 : 정비 및 조치사항 없음
② 불량 시 : 퍼지 컨트롤 솔레노이드 밸브 교환 후 재점검이라고 기록한다.

4항 엔진 센서(액추에이터) 파형 측정 및 분석

4-1 맵 센서(급가속·감속 시) 파형 측정 및 분석

자동차 번호 :		비 번호		시험위원 확 인	
항 목	파형 상태				득 점
파형 측정	요구사항 조건에 맞는 파형을 프린트하여 아래 사항을 분석 후 뒷면에 첨부 ① 파형에 불량 요소가 있는 경우에는 반드시 표기 및 설명하여야 함. ② 파형의 주요 특징에 대하여 표기 및 설명하여야 함. ③ 분석 내용이 없을 시 채점 대상에서 제외함.				

측정 방법

▲ 배터리 전원선 연결 및 측정 프로브 (−)연결

▲ 맵 센서 위치 확인

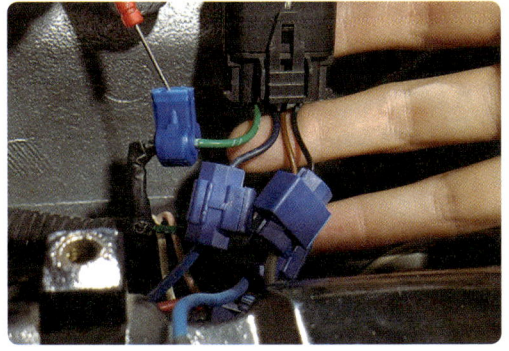

▲ 측정 프로브 연결

맵 센서 출력	센서 전원	온도 센서 출력	센서 접지

▲ 맵 센서 출력배선

▲ 로그인 취소 또는 로그인　　　　　　▲ 차종 선택

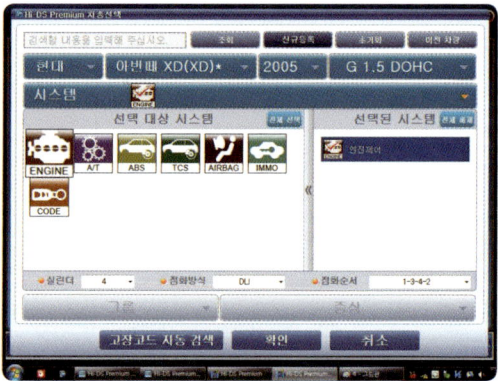

▲ 자동차회사, 차명, 연식, 배기량 선택　　▲ 엔진제어 선택

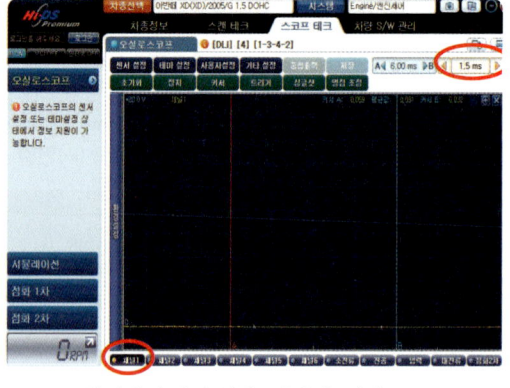

▲ 오실로스코프 선택　　　　　　▲ 화면에서 채널 선택, 시간 축 선택 300ms

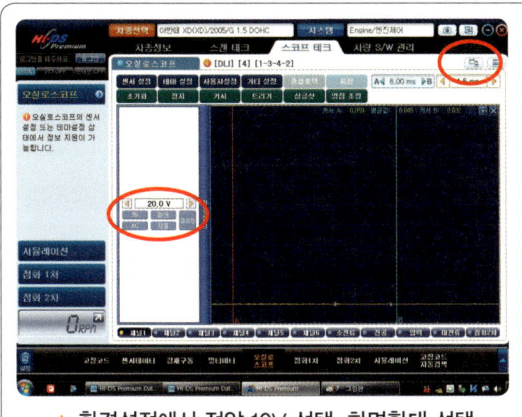
▲ 환경설정에서 전압 10V 선택, 화면확대 선택

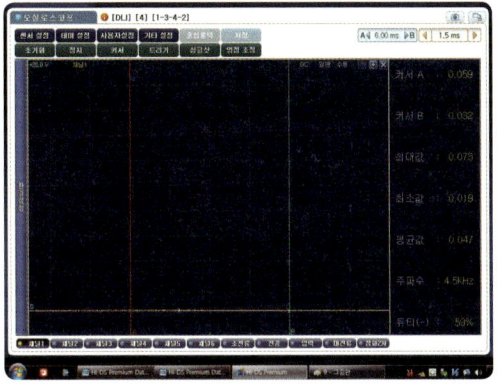
▲ 오실로스코프 확대화면

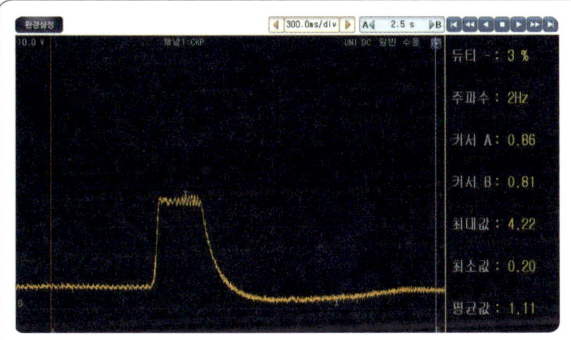
▲ 맵 센시 급가속 시 파형 측성 분석

● 분석 내용 기록사항
공회전 시 : 0.86V
급가속 구간 : 4.22V(스로틀 전개 시, 최대 가속 시)
급가속 직후 : 0.20V(스로틀 닫힘 시)
정상 파형임 양호

불량시(규정값을 벗어날 경우)
해당 분석내용을 적고 불량으로 판정
맵 센서 교환 후 재점검

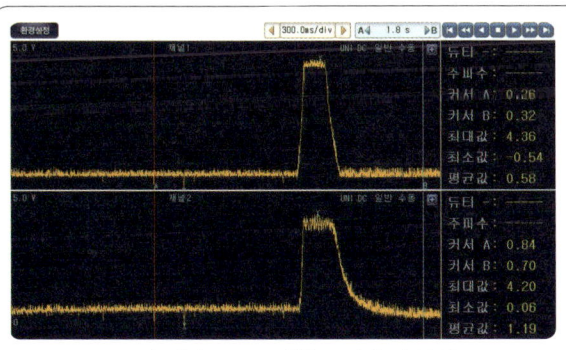
▲ 맵 센서 + TPS 파형 동시 측정 분석

● 분석내용 기록사항
공회전 시 : 0.86V
급가속 구간 : 4.22V(스로틀 전개 시, 최대 가속 시)
급가속 직후 : 0.20V(스로틀 닫힘 시)
TPS와 맵 센서 최댓값 도달시간 차이 분석(14ms 이내면 맵 센서 양호 판정), 정상 파형임 양호로 판정
불량 시(규정값을 벗어날 경우) : 해당 분석 내용을 적고 불량으로 판정, 맵 센서 교환 후 재점검

4-2 점화 파형 측정 후 기록표 기록

항 목	자동차 번호 :	비 번호		시험위원 확 인	
	파형상태				득 점
파형 측정	요구사항 조건에 맞는 파형을 프린트하여 아래 사항을 분석 후 뒷면에 첨부 ① 파형에 불량 요소가 있는 경우에는 반드시 표기 및 설명하여야 함. ② 파형의 주요 특징에 대하여 표기 및 설명하여야 함. ③ 분석 내용이 없을 시 채점 대상에서 제외함.				

● 점화방식에 따른 점화 파형 측정 방법

▲ DLI 방식 중 1코일 2실린더 점화방식
점화 1차 파형 점화 2차 파형 측정 가능

▲ 점화코일 커넥터에서 점화 1차 파형 측정
채널 1번과 2번을 사용하여 측정

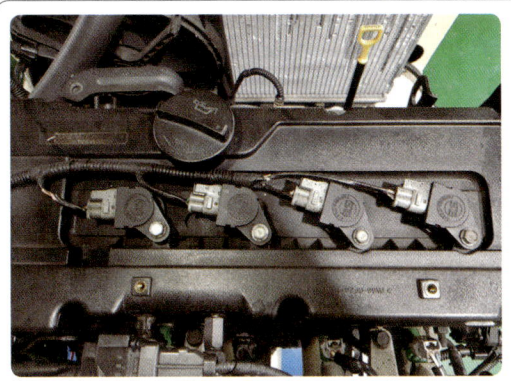
▲ DLI방식 중 1코일 1실린더 점화방식 점화 1차 파형 측정가능

▲ 오실로스코프 화면에서 설정 후 해당 실린더 점화코일 커넥터에서 점화 1차 파형 측정

1코일 2실린더 점화방식 점화 1차 파형 측정(Hi-DS 프리미엄)

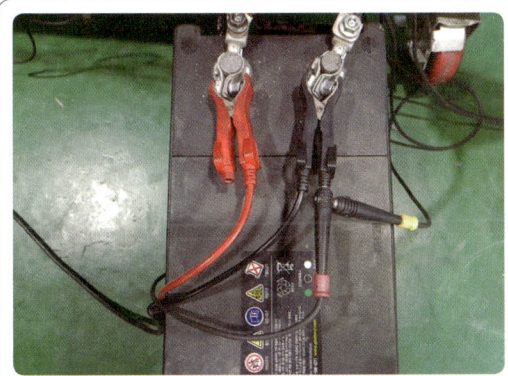
▲ 배터리 전원 연결 및 측정 프로브 (-) 배선 연결 (채널 1번과 채널 2번 접지 프로브 연결)

▲ 1번 고압 케이블에 트리거 연결 점화코일 (-) 난자에 측정용 프로브 1번과 2번 연결

▲ DLI 방식 중 1코일 2실린더 점화방식 (측정용 프로브 1번과 2번 연결)

▲ 점화 1차 파형 측정배선 연결 완료 상태

▲ 로그인 취소 또는 로그인

▲ 차종 선택

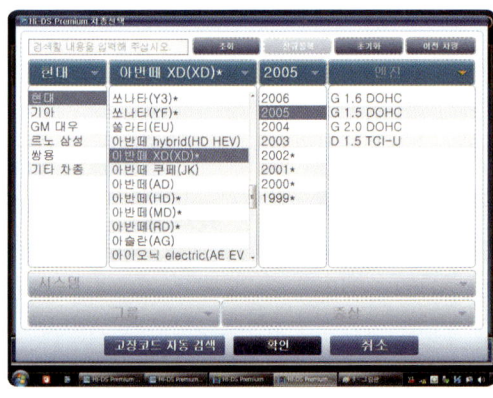
▲ 자동차회사, 차명, 연식, 배기량 선택

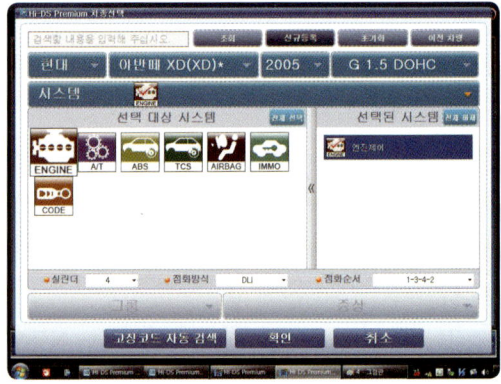
▲ 엔진제어 선택

▲ 점화 1차 선택

▲ 점화 1차 전용 설정 화면

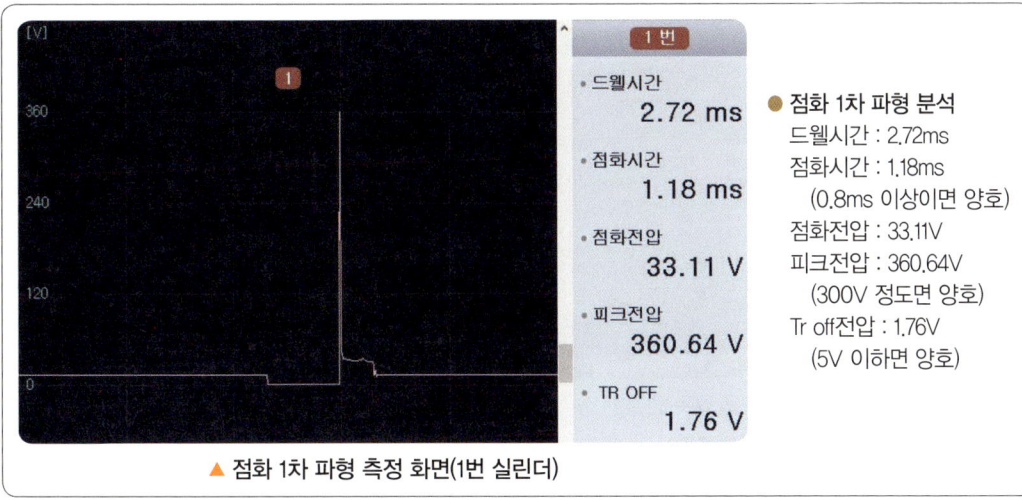

▲ 점화 1차 파형 측정 화면(1번 실린더)

● 점화 1차 파형 분석
  드웰시간 : 2.72ms
  점화시간 : 1.18ms
    (0.8ms 이상이면 양호)
  점화전압 : 33.11V
  피크전압 : 360.64V
    (300V 정도면 양호)
  Tr off전압 : 1.76V
    (5V 이하면 양호)

1코일 2실린더 점화방식 점화 2차 파형 측정(Hi-DS 프리미엄)

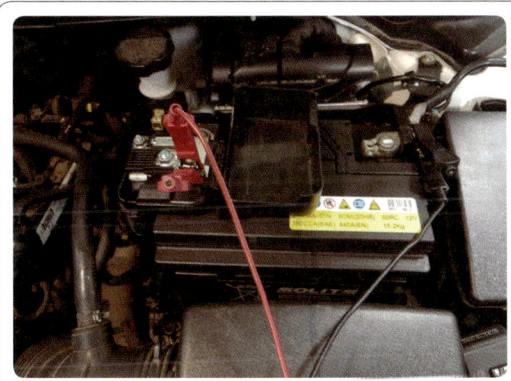

▲ 1코일 2실린더 점화방식 배터리 전원연결

▲ 1번 고압 케이블에 트리거 연결

▲ 정극성과 역극성에 주의하여 2차 전압측정 프로브 설치(고압 프로브 색상에 주의)

▲ 점화코일 측 연결상태

▲ 정극성과 역극성을 잘못 연결한 경우

▲ 점화파형이 뒤집혀 나옴(적색과 흑색 프로브를 바꾸어 재측정. 고압 프로브는 순번이 없음)

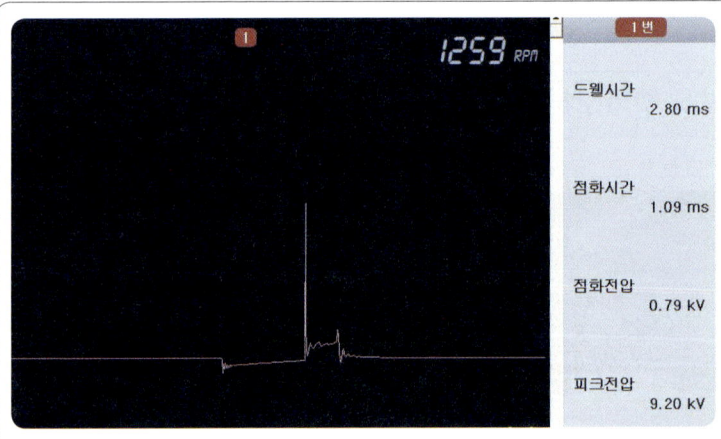

드웰시간 : 2.80ms
점화시간 : 1.09ms
 (0.8ms 이상이면 양호)
점화전압 : 0.79kV
피크전압 : 9.20kV

1코일 2실린더 점화방식 점화 2차 파형 측정(Hi-DS 프리미엄)

▲ DLI 방식 중 1코일 1실린더 점화 방식 배터리 전원 연결, 측정 프로브 (-) 연결

▲ 해당 실린더 점화코일 제어선에 측정용 프로브 연결 - 2개의 배선 중(전원선, 제어선) 제어선에서 측정(전원선은 12V 유지하며 변화가 없음)

▲ 1번 실린더 점화 파형 측정 설치 완료

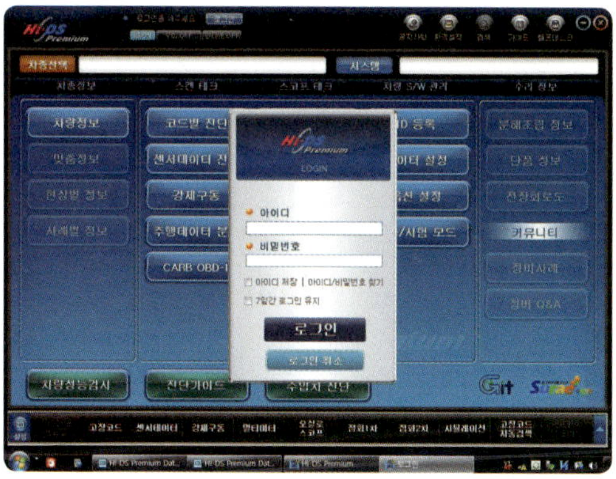

▲ 로그인 취소 또는 로그인

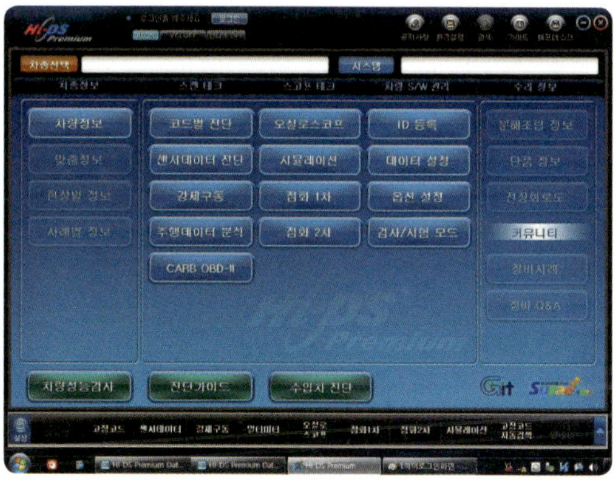

▲ 차종 선택

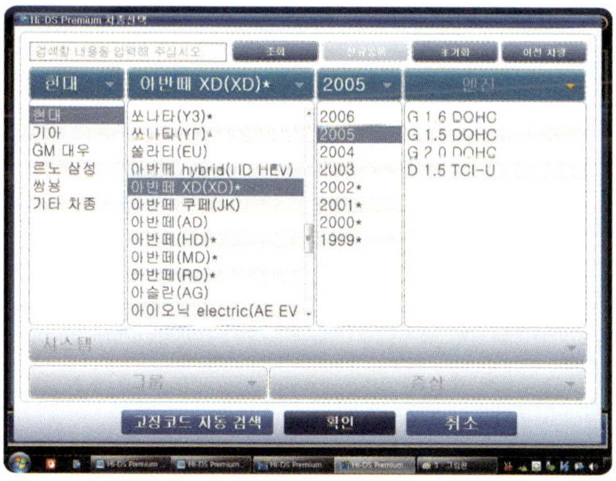

▲ 자동차회사, 차명, 연식, 배기량 선택

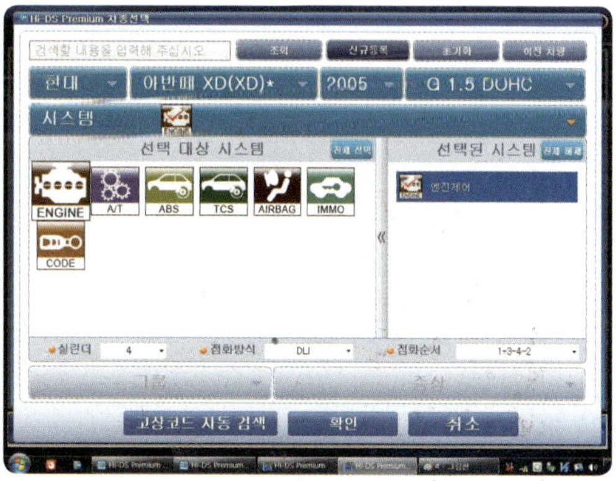

▲ 엔진제어 선택

▲ 오실로스코프 선택

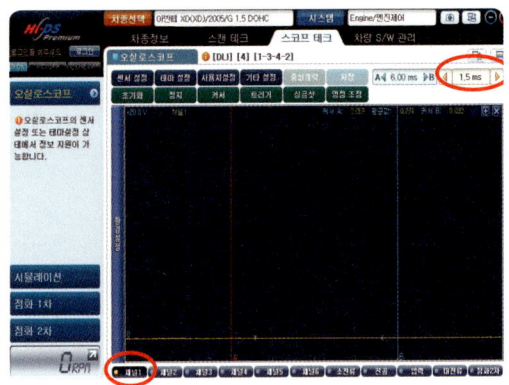
▲ 채널 선택 및 시간 축 선택

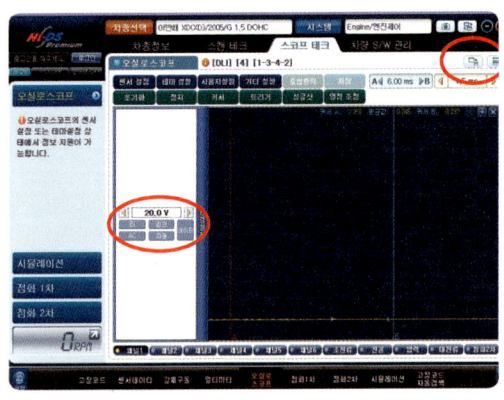
▲ 환경설정에서 전압 600V 선택, 화면확대 선택

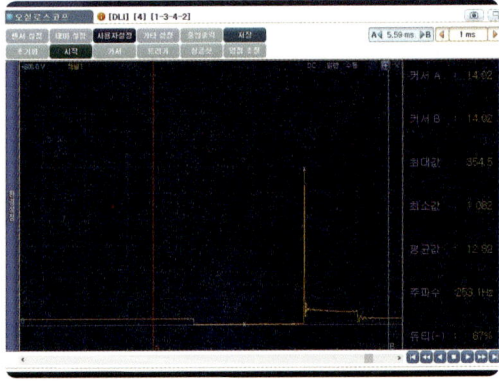
▲ 트리거 기능을 이용하여 파형을 고정
 (트리거 선택 후 파형 전압 범위에서 화면을
 클릭하면 해당 전압 파형이 고정됨)

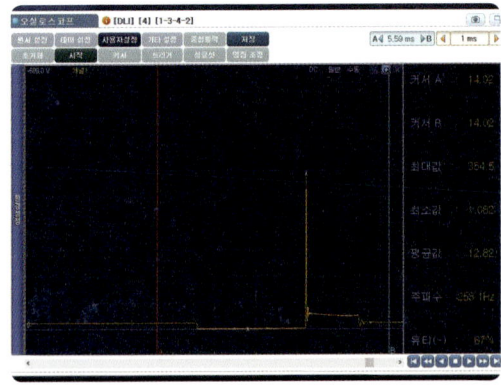
▲ 점화 1차 파형 측정 완료.
 커서를 이용하여 분석을 실시

점화 1차 파형 분석 및 답안지 작성

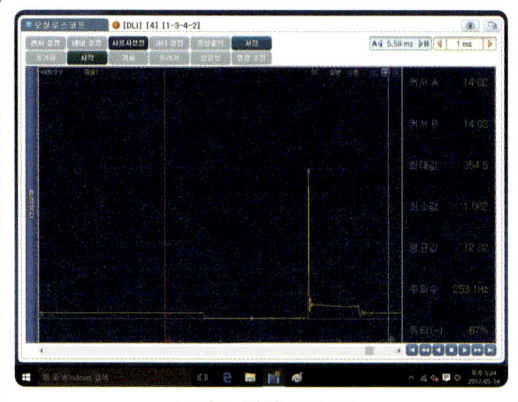

▲ 피크 전압 354.5V ▲ 드웰 시간 2.60ms

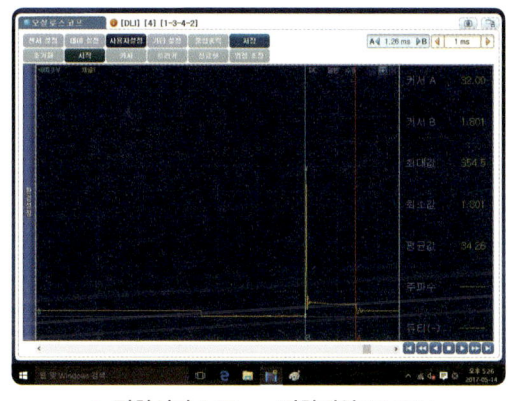
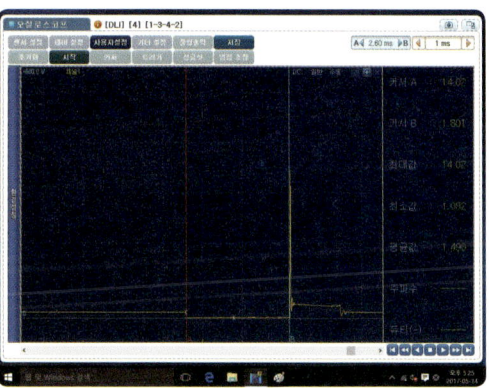

▲ 점화시간 1.26ms 점화전압 34.26V ▲ 드웰구간 전압차(TR OFF 전압) 1.80V

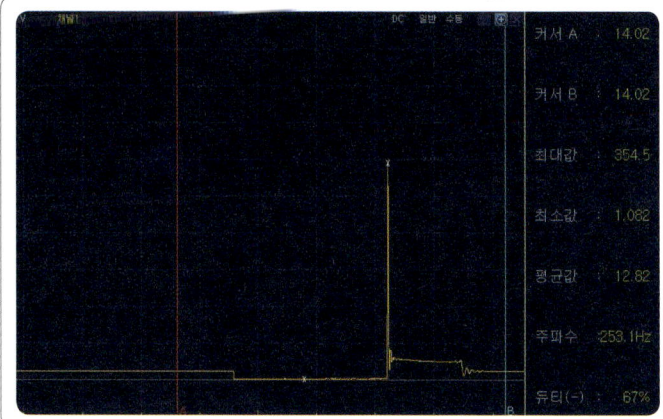

● 분석 내용 기록사항
드웰 시간 : 2.60ms
점화 시간 : 1.26ms(0.8ms 이상이면 양호)
점화 전압 : 34.26V
피크 전압 : 354.5V(300V 정도면 양호)
Tr off 전압 : 1.80V(5V 이하면 양호)
정상 파형이기 때문에 양호로 판정

불량 시(규정값을 벗어날 경우)
해당 분석내용을 적고 불량으로 판정
점화코일(또는 점화 플러그) 교환 후 재점검

항 목	자동차 번호 :	비 번호	시험위원 확 인	
	파형 상태			득 점
파형 측정	요구사항 조건에 맞는 파형을 프린트하여 아래 사항을 분석 후 뒷면에 첨부 ① 파형에 불량 요소가 있는 경우에는 반드시 표기 및 설명하여야 함. ② 파형의 주요 특징에 대하여 표기 및 설명하여야 함. ③ 분석 내용이 없을 시 채점 대상에서 제외함.			

분석 내용 기록사항

양호 | 드웰 시간 : 2.60ms
　　　　점화 시간 : 1.26ms(0.8ms 이상이면 양호)
　　　　점화 전압 : 34.26V
　　　　피크 전압 : 354.5V(300V 정도면 양호)
　　　　Tr off 전압 : 1.80V(5V 이하면 양호)
　　　　정상 파형이기 때문에 양호로 판정

불량 | 드웰 시간 : 8ms(2~6ms 정도함), ECU 제어 불량
　　　　점화 시간 : 0.8ms(0.8ms 이상이면 양호)
　　　　점화 전압 : 31.35V
　　　　피크 전압 : 280.66V(300V 정도면 양호)
　　　　Tr off 전압 : 1.46V(5V 이하면 양호)
　　　　드웰 시간 불량임, ECU 교환 후 재점검

산소 센서 파형 측정 및 분석

항 목	자동차 번호 :	비 번호		시험위원 확 인	
	파형상태				득 점
파형 측정	요구사항 조건에 맞는 파형을 프린트하여 아래 사항을 분석 후 뒷면에 첨부 ① 파형에 불량 요소가 있는 경우에는 반드시 표기 및 설명하여야 함. ② 파형의 주요 특징에 대하여 표기 및 설명하여야 함. ③ 분석 내용이 없을 시 채점 대상에서 제외함.				

측정 방법

▲ 배터리 선원선 연결 및 측정 프로브 (−) 연결

▲ 산소 센서 위치 확인

▲ 산소 센서 커넥터

▲ 측정용 프로브 설치

▲ 산소 센서 커넥터

1번 : 센서 출력
2번 : 센서 접지
3번 : 센서 히터 전원
4번 : 센서 히터 제어선

▲ 커넥터 번호 분석(회로도 참고)

▲ 로그인 취소 또는 로그인

▲ 차종 선택

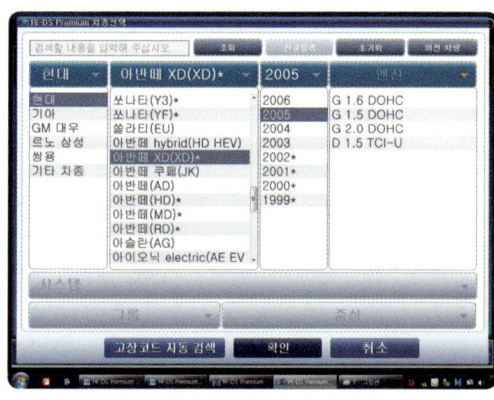

▲ 자동차회사, 차명, 연식, 배기량 선택

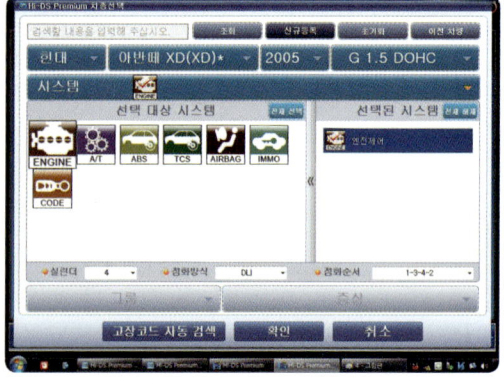

▲ 엔진제어 선택

▲ 오실로스코프 선택 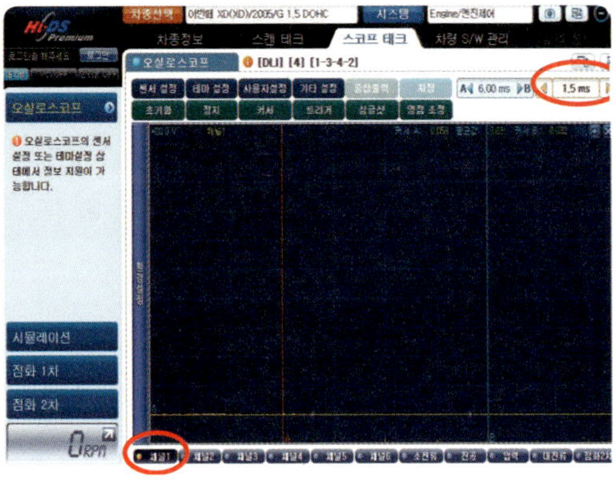
▲ 화면에서 채널 선택, 시간 축 선택 1.5S 
▲ 환경설정에서 전압 1.6V 선택, 화면확대 선택 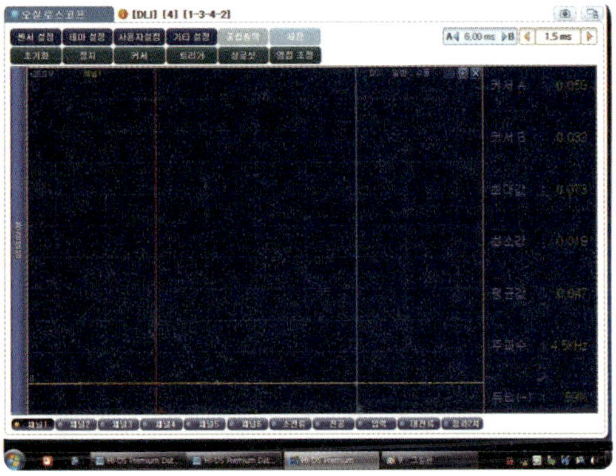
▲ 오실로스코프 확대화면

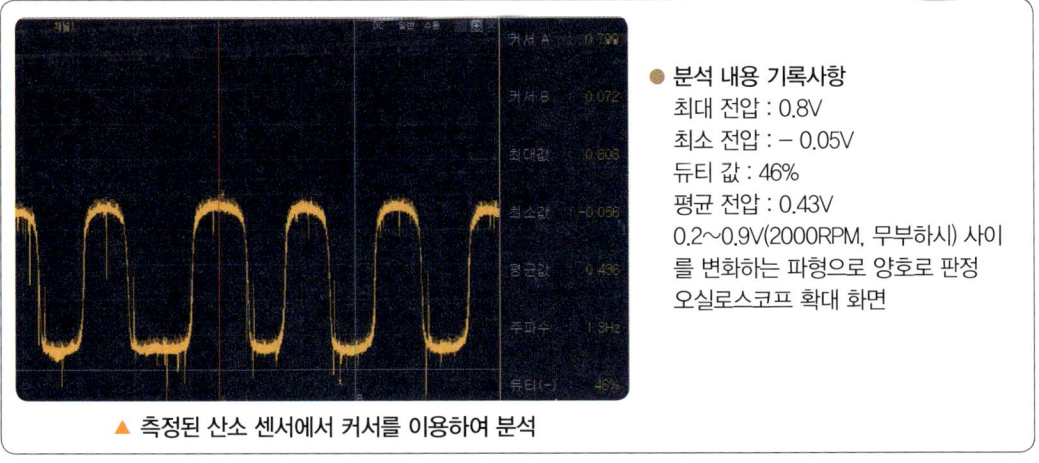

● 분석 내용 기록사항
최대 전압 : 0.8V
최소 전압 : − 0.05V
듀티 값 : 46%
평균 전압 : 0.43V
0.2~0.9V(2000RPM, 무부하시) 사이를 변화하는 파형으로 양호로 판정
오실로스코프 확대 화면

▲ 측정된 산소 센서에서 커서를 이용하여 분석

공전속도조절장치(ISA) 파형 측정 및 분석

항 목	자동차 번호 :	비 번호		시험위원 확 인		득 점
	파형 상태					
파형 측정	요구사항 조건에 맞는 파형을 프린트하여 아래 사항을 분석 후 뒷면에 첨부 ① 파형에 불량 요소가 있는 경우에는 반드시 표기 및 설명하여야 함. ② 파형의 주요 특징에 대하여 표기 및 설명하여야 함. ③ 분석 내용이 없을 시 채점 대상에서 제외함.					

측정 방법

▲ 배터리 전원선 연결 및 측정 프로브 (−) 연결

▲ 공전속도조절장치 위치 확인

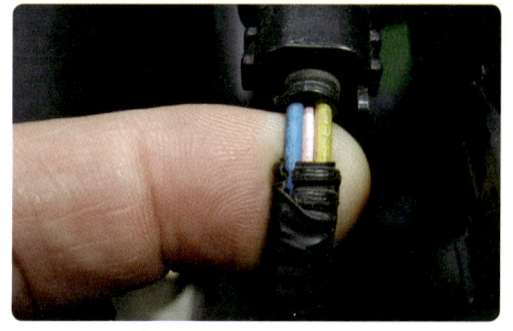

▲ 측정용 프로브 설치

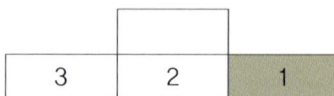

1번 : 열림 출력
2번 : 센서 전원(12V)
3번 : 닫힘 출력

▲ 공전속도 조절 밸브(ISA) 커넥터 분석
  (차종별 회로도 참고)

Point

하네스 측 커넥터 단자(①번 단자에서 측정)

커넥터 정보

단자	연결부위	기능
1	ECM C44-K(89)	ISCA 열림제어
2	메인 릴레이	전원(B+)
3	ECM C44-K(90)	ISCA 닫힘제어

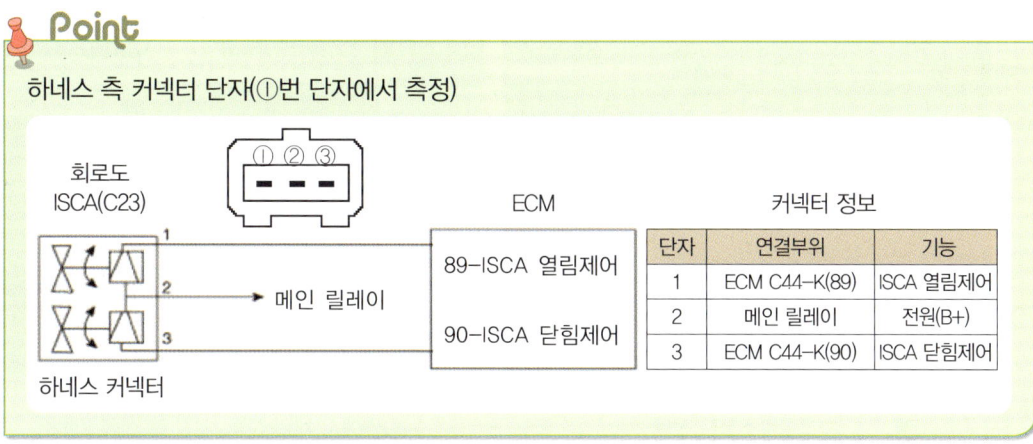

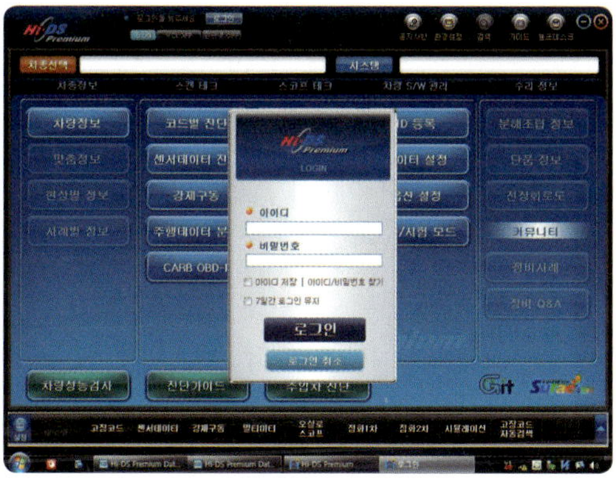

▲ 로그인 취소 또는 로그인

▲ 차종 선택

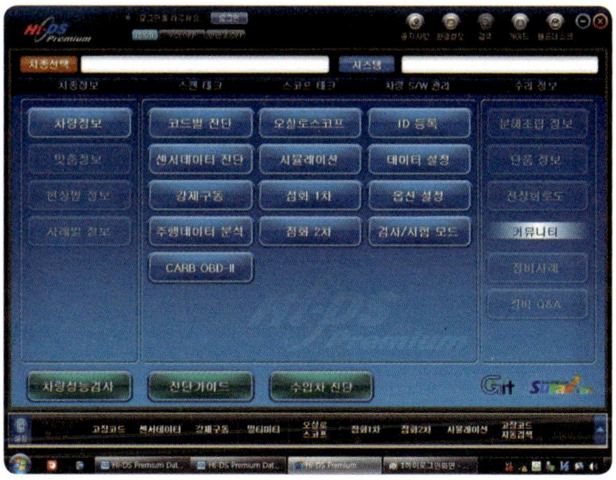

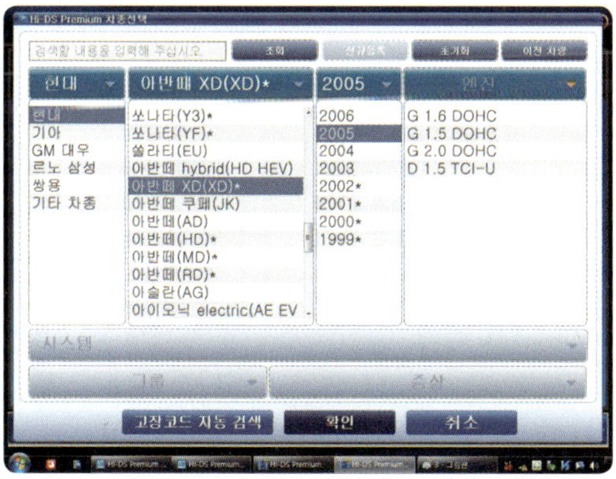

▲ 자동차회사, 차명, 연식, 배기량 선택

▲ 엔진제어 선택

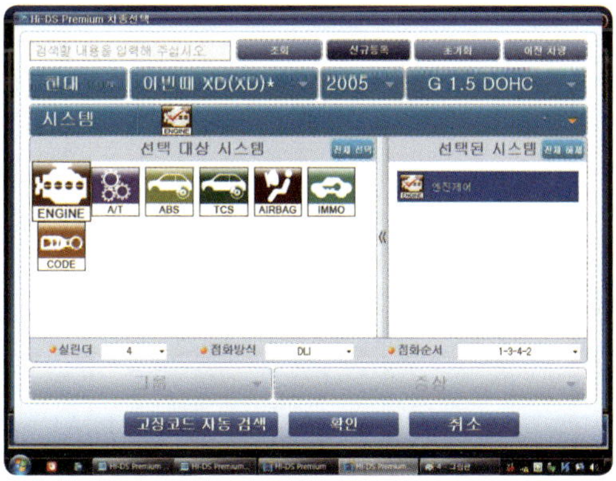

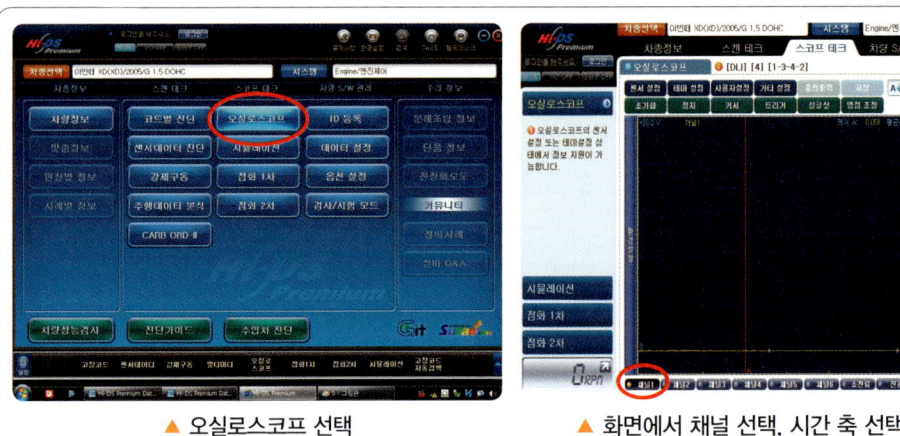

▲ 오실로스코프 선택   ▲ 화면에서 채널 선택, 시간 축 선택 15ms

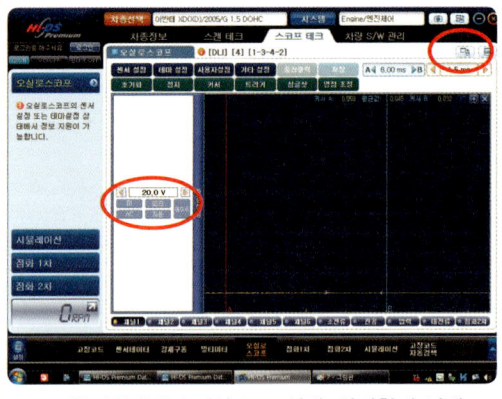

▲ 환경설정에서 전압 20V 선택, 화면확대 선택   ▲ 오실로스코프 확대화면

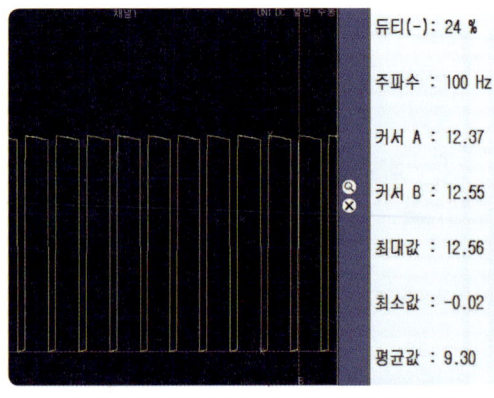
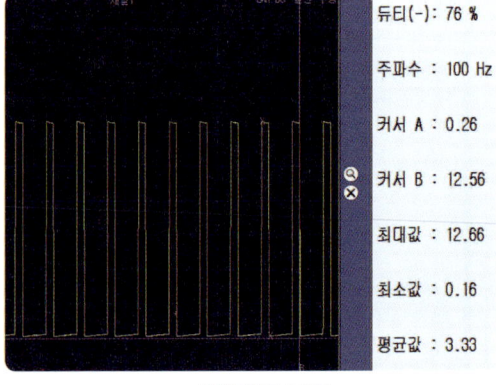

▲ 열림 신호 파형 듀티 (-) 24% 열림 작동구간   ▲ 닫힘신호 파형
 (파형의 접지 구간이 작동구간임)

항 목	파형 상태	득 점
	자동차 번호 : 비 번호 시험위원 확 인	
파형 측정	요구사항 조건에 맞는 파형을 프린트하여 아래 사항을 분석 후 뒷면에 첨부 ① 파형에 불량 요소가 있는 경우에는 반드시 표기 및 설명하여야 함. ② 파형의 주요 특징에 대하여 표기 및 설명하여야 함. ③ 분석 내용이 없을 시 채점 대상에서 제외함.	

분석 내용 기록사항

양호 | 열림 신호(채널 1번)
최대전압 : 12.56V
최소전압 : − 0.02V
파형 듀티 : (−)24% 열림 작동구간
파형의 접지 구간이 작동구간임
정상 파형이기 때문에 양호로 판정

불량 | 규정값을 벗어날 경우 해당 측정값을 기록하고 불량으로 판정

공기유량센서 파형 측정 및 분석

항 목	파형 상태	자동차 번호 :	비 번호		시험위원 확 인		득 점
파형 측정	요구사항 조건에 맞는 파형을 프린트하여 아래 사항을 분석 후 뒷면에 첨부 ① 파형에 불량 요소가 있는 경우에는 반드시 표기 및 설명하여야 함. ② 파형의 주요 특징에 대하여 표기 및 설명하여야 함. ③ 분석 내용이 없을 시 채점 대상에서 제외함.						

측정 방법

▶ 시험장에서는 맵 센서 또는 핫 필름식 파형을 주로 측정함.

▲ 배터리 전원선 연결 및 측정 프로브 (-) 연결

▲ 핫필름식 공기유량센서 위치 확인

▲ 측정용 프로브 설치

5	4	3	2	1

1번 : 공기유량센서(AFS) 출력
2번 : 센서 전원(5V)
3번 : 센서 접지
4번 : IG 전원(12V)
5번 : 센서 제어선

▲ 공기유량센서 커넥터 분석(차종별 회로도 참고)

▲ 로그인 취소 또는 로그인

▲ 차종 선택

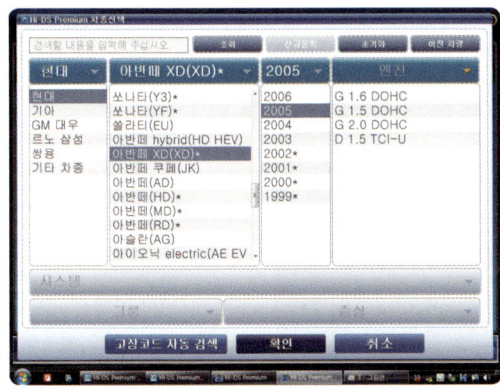
▲ 자동차회사, 차명, 연식, 배기량 선택

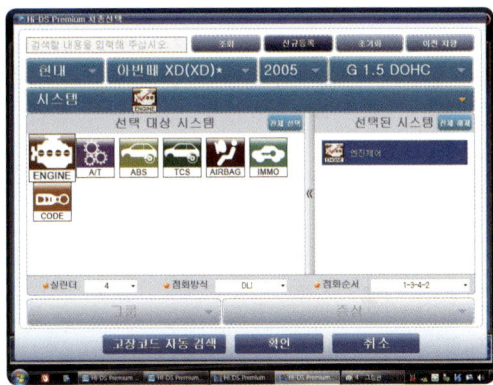
▲ 엔진제어 선택

▲ 오실로스코프 선택

▲ 화면에서 채널 선택, 시간 축 선택 150ms

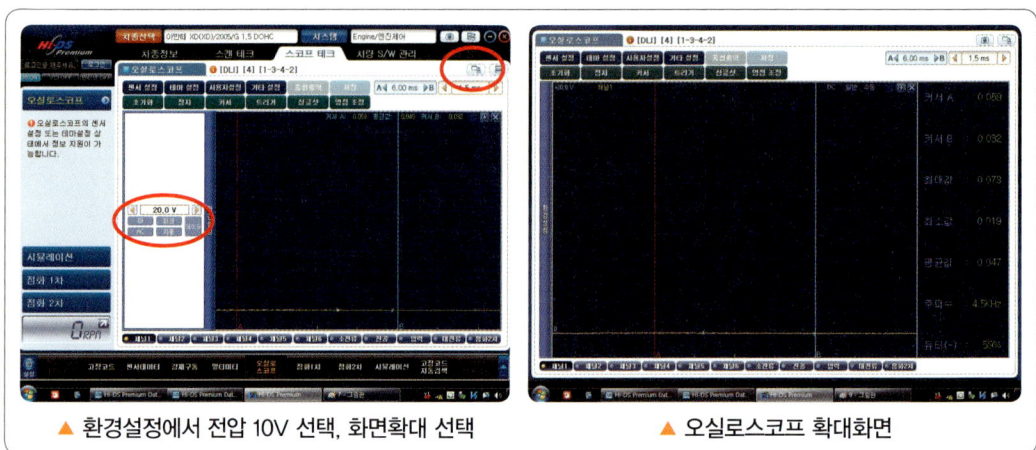

▲ 환경설정에서 전압 10V 선택, 화면확대 선택   ▲ 오실로스코프 확대화면

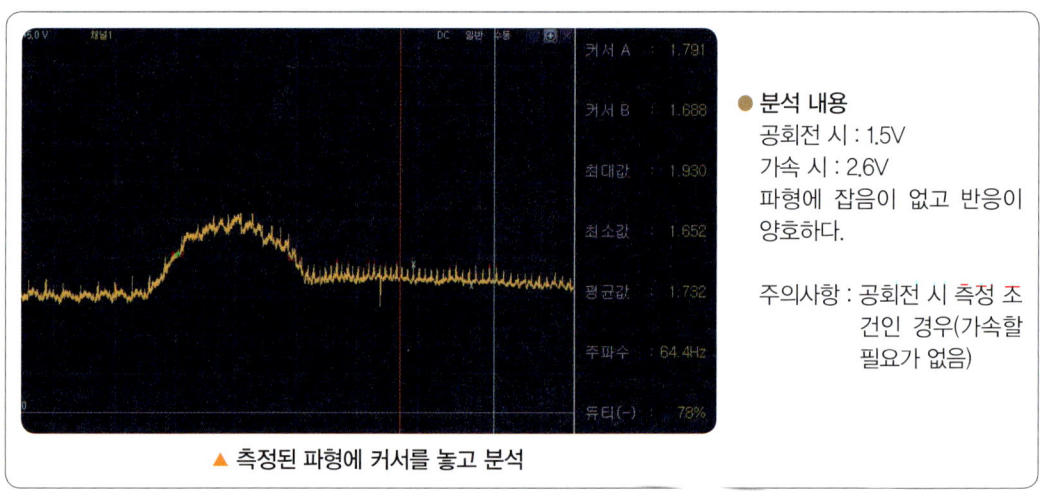

● 분석 내용
공회전 시 : 1.5V
가속 시 : 2.6V
파형에 잡음이 없고 반응이 양호하다.

주의사항 : 공회전 시 측정 조건인 경우(가속할 필요가 없음)

▲ 측정된 파형에 커서를 놓고 분석

분석 내용 기록사항

양호 | 공회전 시 : 1.5V
가속 시 : 2.6V
파형에 잡음이 없고 반응이 양호하다.
정상 파형이기 때문에 양호로 판정

불량 | 규정값을 벗어날 경우 해당 측정값을 기록하고 불량으로 판정

TDC 센서 파형 측정 및 분석

자동차 번호 :	비 번호		시험위원 확　인	
항 목	파형 상태			득 점
파형 측정	요구사항 조건에 맞는 파형을 프린트하여 아래 사항을 분석 후 뒷면에 첨부 ① 파형에 불량 요소가 있는 경우에는 반드시 표기 및 설명하여야 함. ② 파형의 주요 특징에 대하여 표기 및 설명하여야 함. ③ 분석 내용이 없을 시 채점 대상에서 제외함.			

측정 방법

▲ 배터리 선원선 연결 및 측정 프로브 (−) 연결

▲ TDC 센서 위치 확인(뉴 EF쏘나타)

▲ TDC 센서 위치 확인(아반떼)

▲ 측정 프로브 연결

▲ 로그인 취소 또는 로그인

▲ 차종 선택

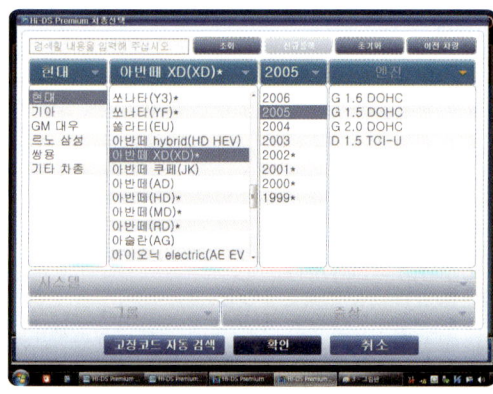
▲ 자동차회사, 차명, 연식, 배기량 선택

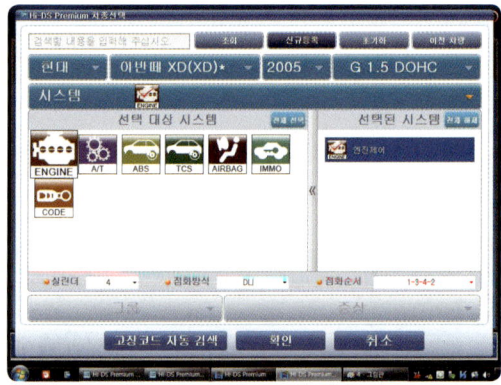
▲ 엔진제어 선택

▲ 오실로스코프 선택

▲ 화면에서 채널 선택, 시간축 선택 15ms

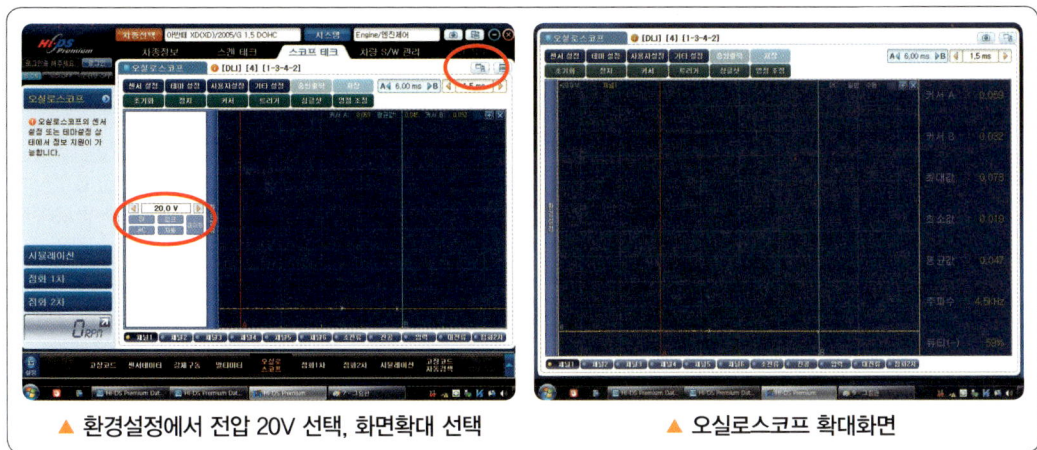

▲ 환경설정에서 전압 20V 선택, 화면확대 선택　　▲ 오실로스코프 확대화면

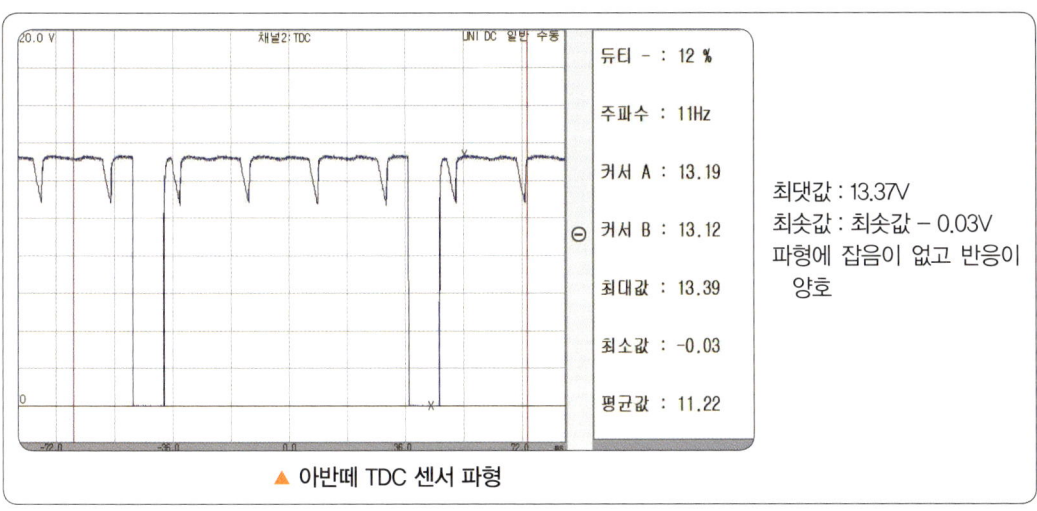

최댓값 : 13.37V
최솟값 : 최솟값 − 0.03V
파형에 잡음이 없고 반응이 양호

▲ 아반떼 TDC 센서 파형

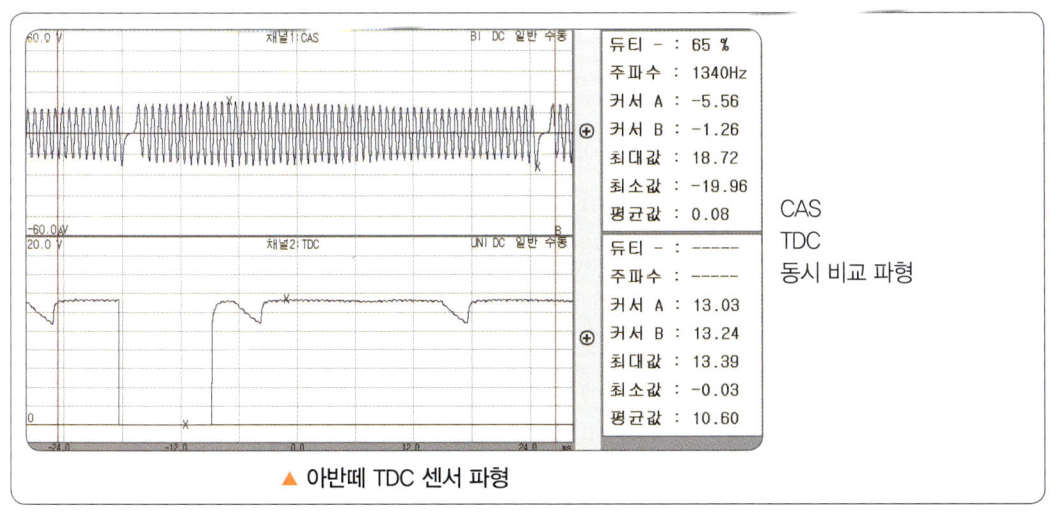

CAS
TDC
동시 비교 파형

▲ 아반떼 TDC 센서 파형

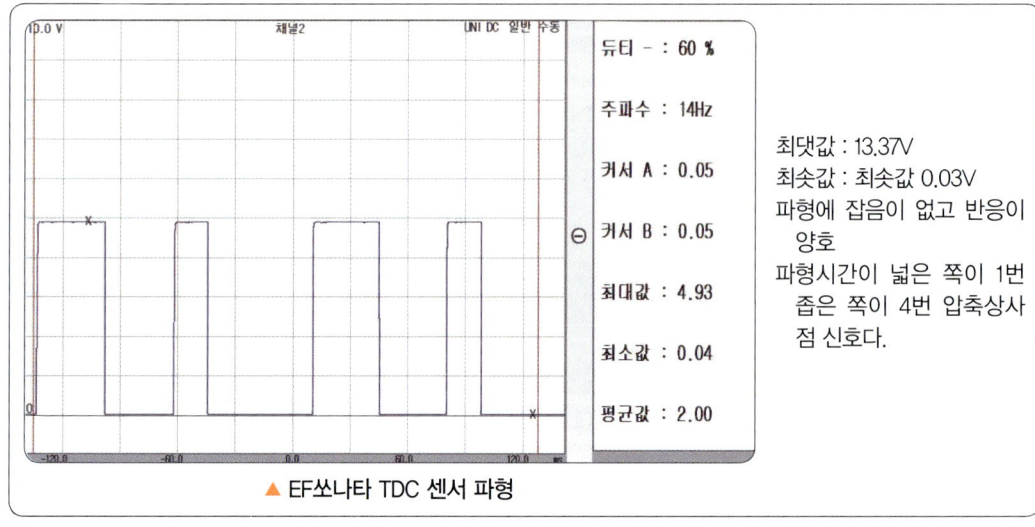

▲ EF쏘나타 TDC 센서 파형

최댓값 : 13.37V
최솟값 : 최솟값 0.03V
파형에 잡음이 없고 반응이 양호
파형시간이 넓은 쪽이 1번 좁은 쪽이 4번 압축상사점 신호다.

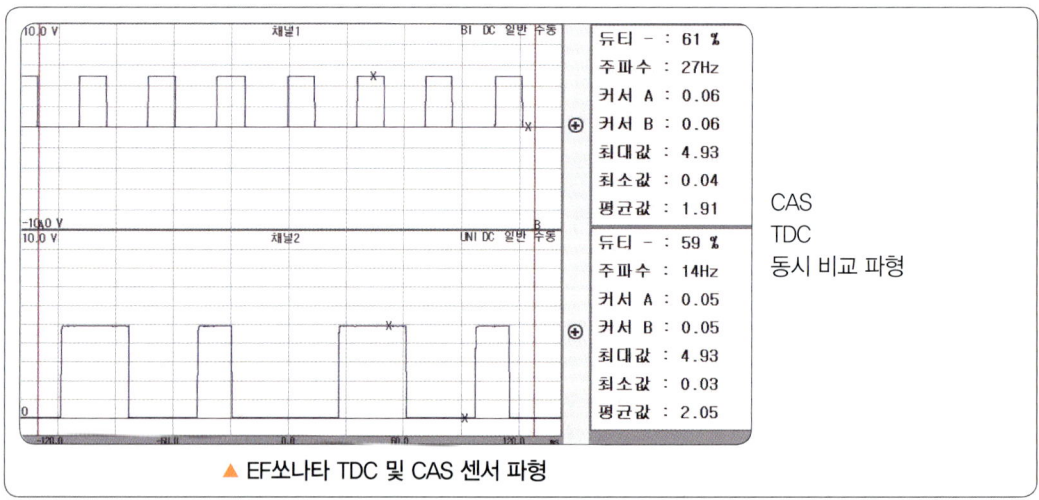

▲ EF쏘나타 TDC 및 CAS 센서 파형

CAS
TDC
동시 비교 파형

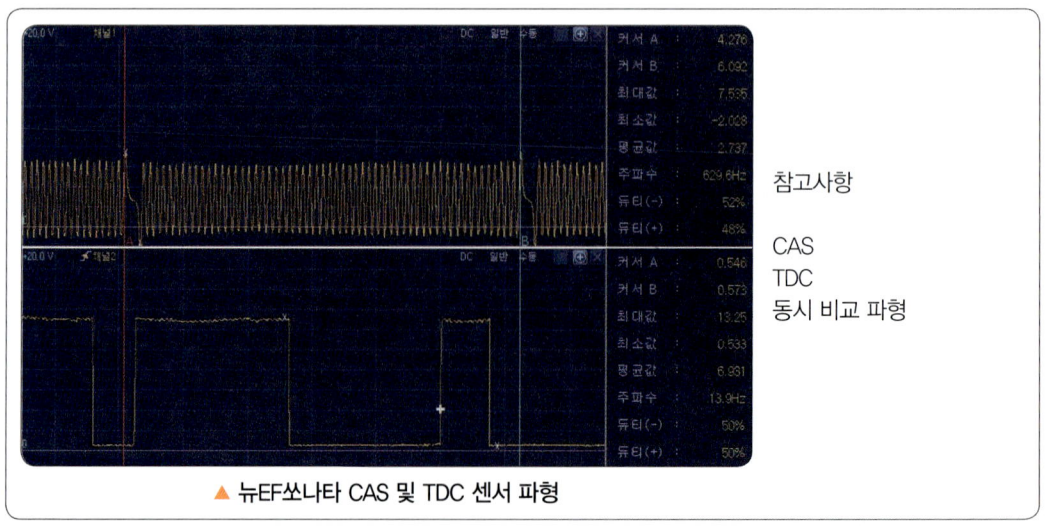

▲ 뉴EF쏘나타 CAS 및 TDC 센서 파형

참고사항

CAS
TDC
동시 비교 파형

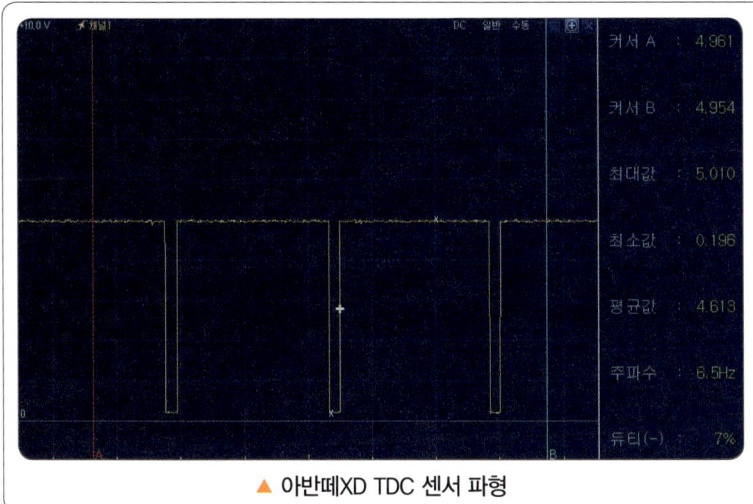

▲ 아반떼XD TDC 센서 파형

항 목	파형 상태	득 점
파형 측정	요구사항 조건에 맞는 파형을 프린트하여 아래 사항을 분석 후 뒷면에 첨부 ① 파형에 불량 요소가 있는 경우에는 반드시 표기 및 설명하여야 함. ② 파형의 주요 특징에 대하여 표기 및 설명하여야 함. ③ 분석 내용이 없을 시 채점 대상에서 제외함.	

자동차 번호 :   비 번호   시험위원 확인

분석 내용 기록사항

양호 | 최댓값 : 5.01V
　　　최솟값 : 0.19V
　　　파형에 잡음이 없고 반응이 양호

불량 | 정값을 벗어날 경우 해당 측정값을 기록하고 불량으로 판정

디젤 엔진(CRDI) 인젝터 파형 측정 및 분석

자동차 번호 :		비 번호		시험위원 확　인	
항　목	파형 상태				득 점
파형 측정	요구사항 조건에 맞는 파형을 프린트하여 아래 사항을 분석 후 뒷면에 첨부 ① 파형에 불량 요소가 있는 경우에는 반드시 표기 및 설명하여야 함. ② 파형의 주요 특징에 대하여 표기 및 설명하여야 함. ③ 분석 내용이 없을 시 채점 대상에서 제외함.				

측정 방법

▲ 배터리 전원선 연결 및 측정 프로브 (−)연결

▲ 인젝터 위치 확인(뉴스포티지)

▲ 전류계 및 측정 프로브 설치(뉴스포티지)

▲ 로그인 취소 또는 로그인

▲ 차종 선택

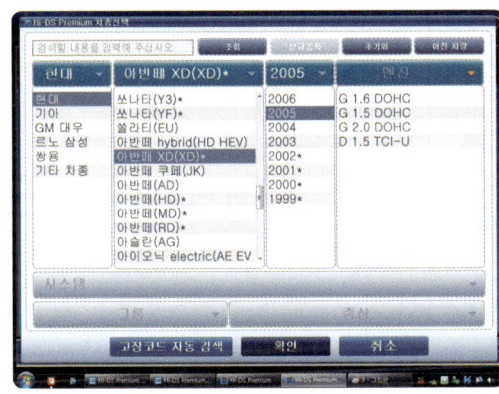
▲ 자동차회사, 차명, 연식, 배기량 선택

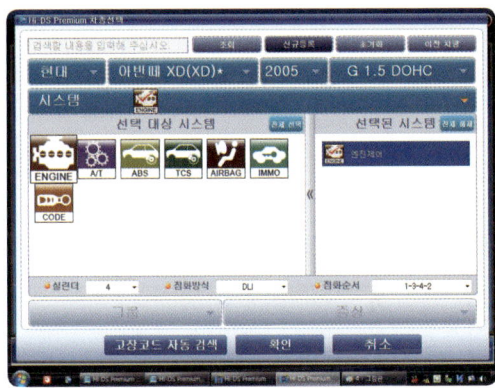
▲ 엔진제어 선택

▲ 오실로스코프 선택

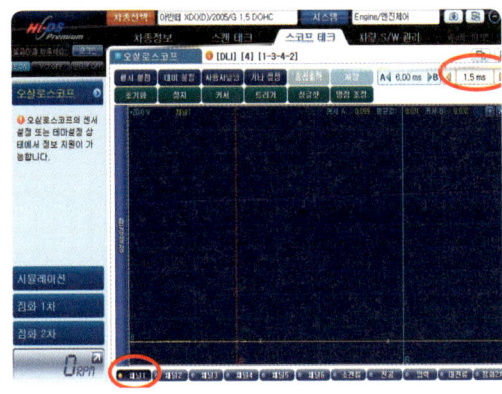
▲ 화면에서 채널 선택, 시간축 선택 15ms

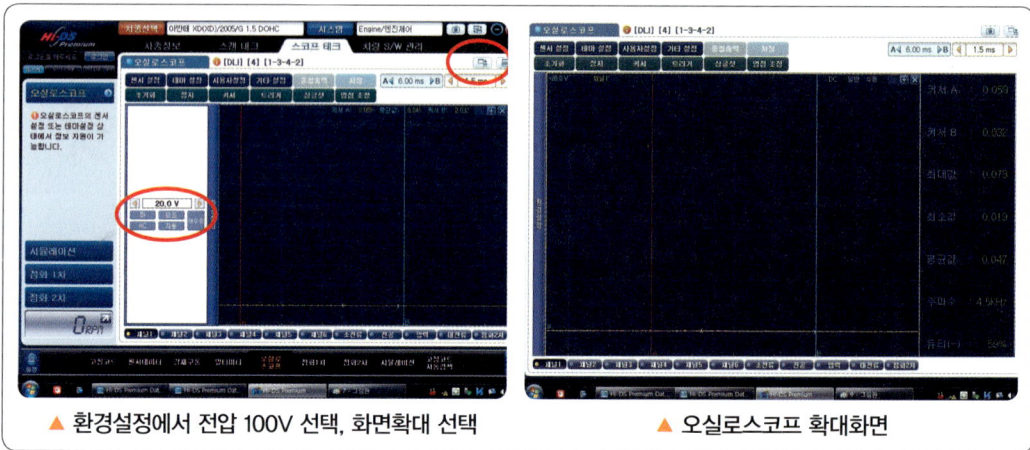

▲ 환경설정에서 전압 100V 선택, 화면확대 선택   ▲ 오실로스코프 확대화면

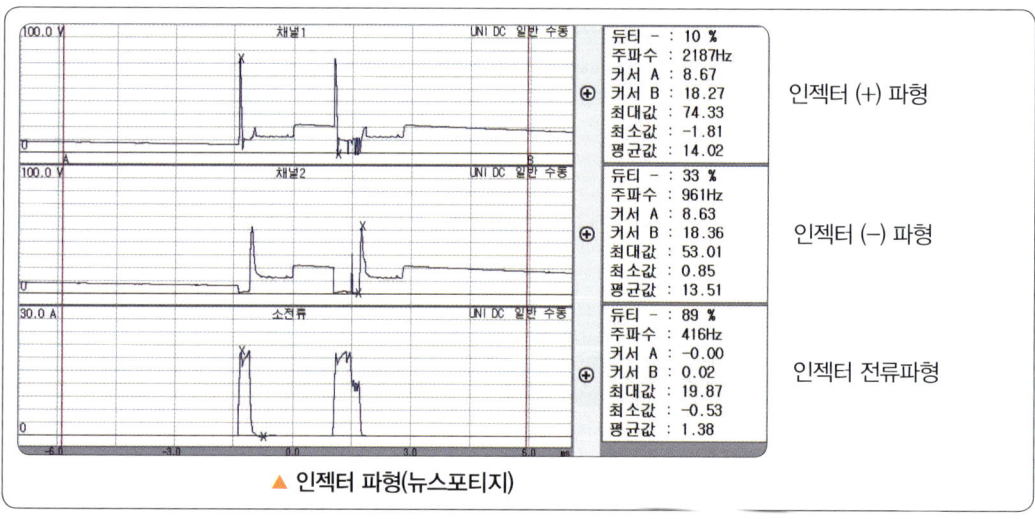

▲ 인젝터 파형(뉴스포티지)

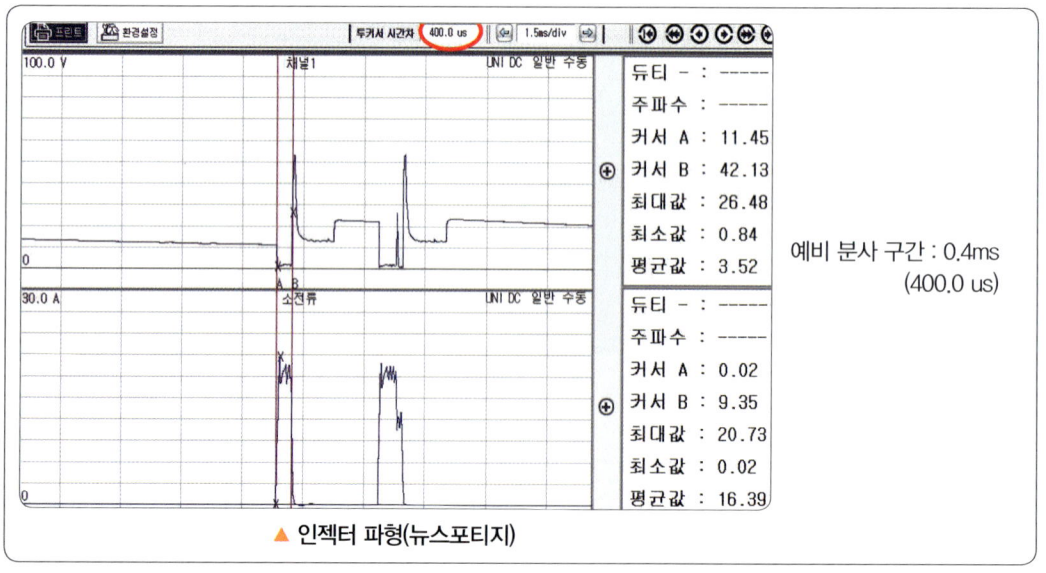

▲ 인젝터 파형(뉴스포티지)

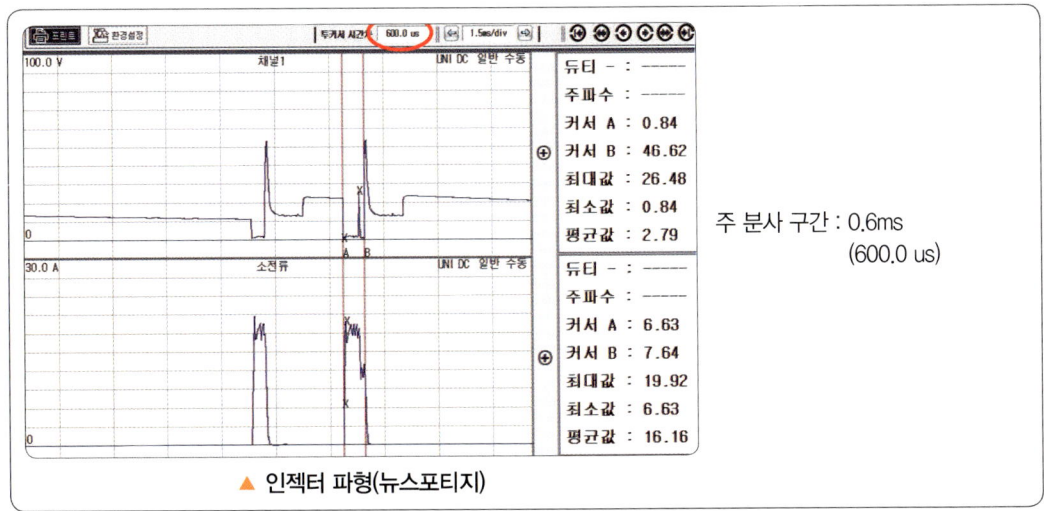

주 분사 구간 : 0.6ms
(600.0 us)

▲ 인젝터 파형(뉴스포티지)

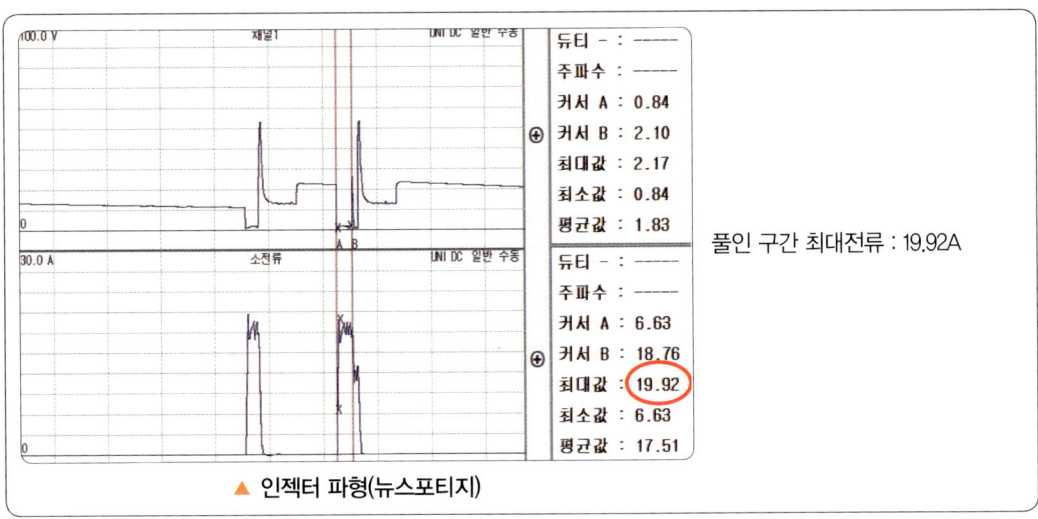

풀인 구간 최대전류 : 19.92A

▲ 인젝터 파형(뉴스포티지)

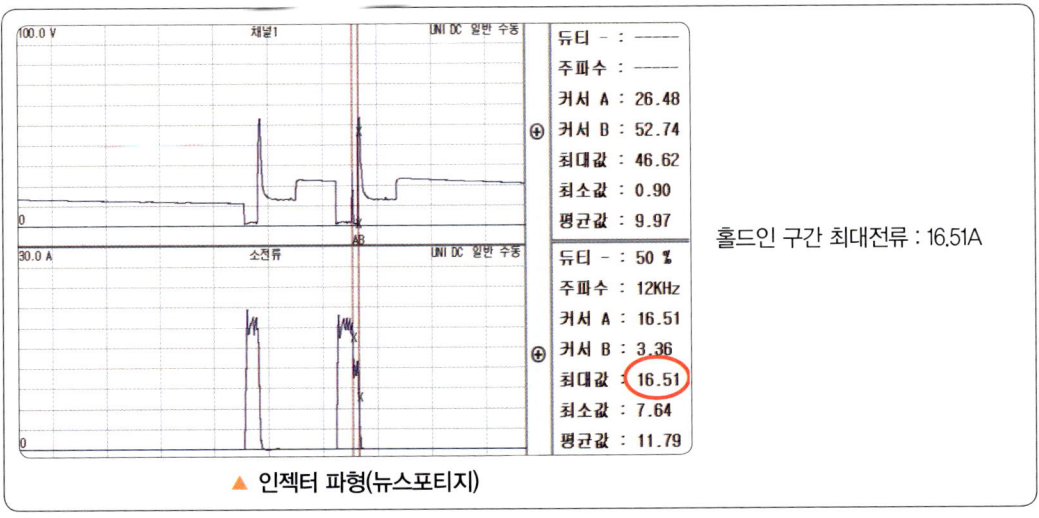

홀드인 구간 최대전류 : 16.51A

▲ 인젝터 파형(뉴스포티지)

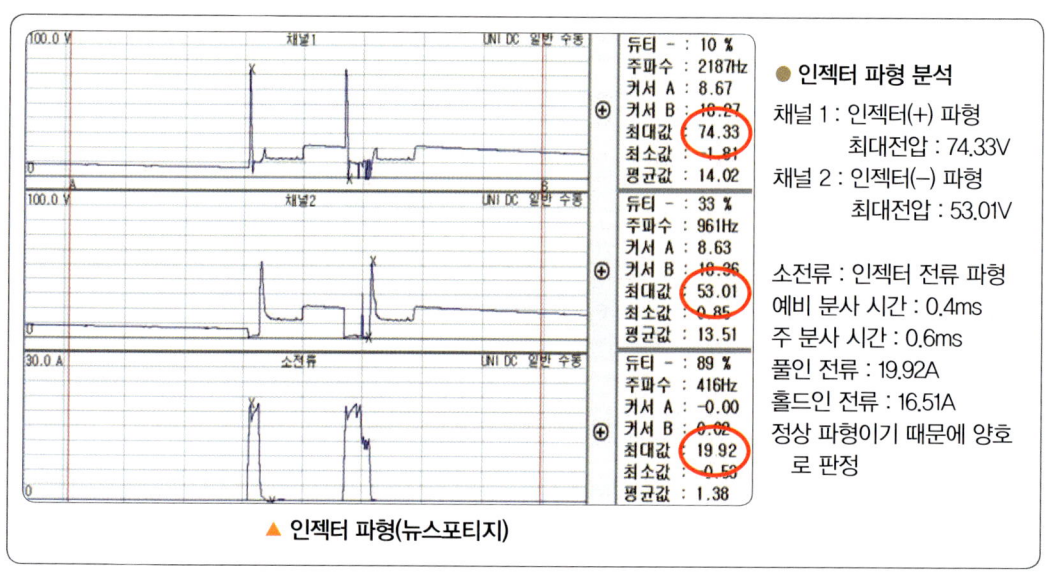

▲ 인젝터 파형(뉴스포티지)

항 목	파형 상태	득 점
파형 측정	요구사항 조건에 맞는 파형을 프린트하여 아래 사항을 분석 후 뒷면에 첨부 ① 파형에 불량 요소가 있는 경우에는 반드시 표기 및 설명하여야 함. ② 파형의 주요 특징에 대하여 표기 및 설명하여야 함. ③ 분석 내용이 없을 시 채점 대상에서 제외함.	

자동차 번호 :   비 번호   시험위원 확 인

5항-1 전자제어 디젤 엔진(CRDI) 탈부착

CRDI 인젝터 교환

교환 방법

▲ 양쪽 고압 연료 파이프 고정 너트 탈거

▲ 고압 연료 파이프 탈거

▲ 인젝터 고정 볼트 탈거

▲ 인젝터 탈거

CRDI 연료 압력 센서 교환

교환 방법

▲ 고압 연료 센서 위치 확인

▲ 고압 연료 센서 탈거

▲ 고압 연료 센서 탈거

차종에 따라 커먼레일 파이프에 설치되거나, 연료 고압 펌프에 설치된 경우도 있다.

CRDI 연료 압력 조절 밸브 교환

교환 방법

▲ 고압 연료 파이프 탈거

▲ 고압 연료 파이프 탈거

▲ 고압 연료 파이프 탈거

▲ 연료압력조절 밸브 고정 볼트 탈거

▲ 연료압력조절 밸브 탈거

▲ 연료압력조절 밸브

엔진 5-4 CRDI 고압 연료펌프 교환

교환 방법

▲ 고압 연료펌프 위치 확인

▲ 고압 연료 파이프 탈거

▲ 고압 연료 파이프 탈거

▲ 고압 연료 파이프 탈거(정면)

▲ 고압 펌프 고정 볼트 3개 탈거

▲ 고압 펌프 탈거(탈거 시 고압 펌프 안쪽의 커플링이 낙하되지 않도록 주의)

5항-2 전자제어 디젤 엔진(CRDI) 측정

엔진 5-1 CRDI 연료압력(고압) 측정

● **시험결과 기록표**

항 목	① 측정(또는 점검)		② 판정 및 정비(또는 조치) 사항		득 점
	측정값	규정(정비한계)값	판정(□에 "✓"표)	정비 및 조치할 사항	
연료압력 (고압)			□ 양 호 □ 불 량		

엔진 번호 :   비 번호   시험위원 확 인

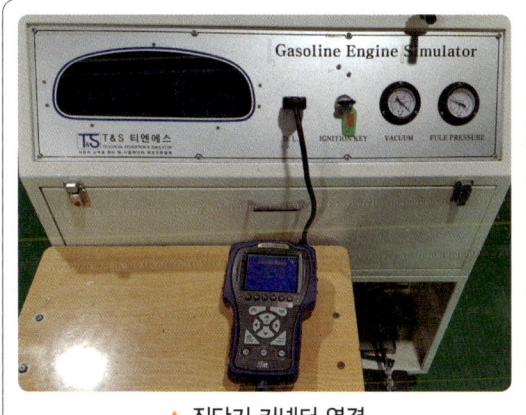
▲ 진단기 커넥터 연결

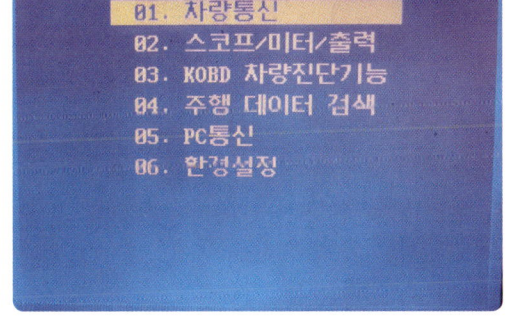
▲ 차량 통신 선택

▲ 제조사 선택

▲ 차종 선택

▲ 엔터를 누른다.

▲ 엔진제어 디젤 선택

▲ 센서 출력 선택

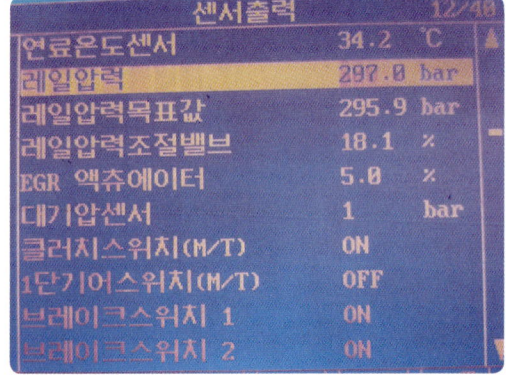

▲ 레일압력 측정값을 읽고 답안지에 기록한다.
(측정값이 고정되어 있지 않고 값이 계속 변함.)

시험결과 기록표

항목	① 측정(또는 점검)		② 판정 및 정비(또는 조치) 사항		득 점
	측정값	규정(정비한계)값	판정(□에 "✓"표)	정비 및 조치할 사항	
연료압력 (고압)	297bar	220~300bar	☑ 양 호 □ 불 량	정비 및 조치사항 없음	

자동차 번호 : / 비 번호 / 시험위원 확 인

정비 및 조치사항

① 연료압력(레일압력) 측정 시 진단기에 출력되는 값이 일정하게 나오질 않기 때문에 진단기에 출력되는 값의 최소와 최대 중간 값으로 답안지에 기록한다.
② **양호 시** : 측정값이 규정(정비한계)값 이내이면 양호로 판정하고, 정비 및 조치할 사항란에는 정비 및 조치사항 없음이라고 기록한다.
③ **불량 시** : 규정값을 벗어난 경우에는 연료압력 조절기 교환 후 재점검이라고 기록한다.

디젤 엔진 매연 측정

시험결과 기록표

자동차 번호 :						비 번호		시험위원 확 인	
① 측정(또는 점검)				② 고장 및 정비(또는 조치) 사항					득 점
차종	연식	기준값	측정값	측정	산출근거(계산) 기록		판정 (□에 "✓"표)		
				1회 : 2회 : 3회 :			□ 양 호 □ 불 량		

주의사항

① 시험장에 따라 기준대로 측정하지 않고 시험위원이 상황에 따라 약식 측정도 있으므로 측정 전 시험위원의 지시사항을 꼭 확인한다.
② 기준값을 주지 않기 때문에 수검자가 직접 자동차등록증의 차대 번호를 보고 연식에 맞는 운행 차량의 배출가스 허용 기준값을 기록하기 때문에 사전에 숙지하고 있어야 하며, 차종별 기준값은 아래의 내용을 참조한다.

디젤 매연 테스터기

① 측정 방법 : 광투과식 테스터기(큐로테크: OPA-102)

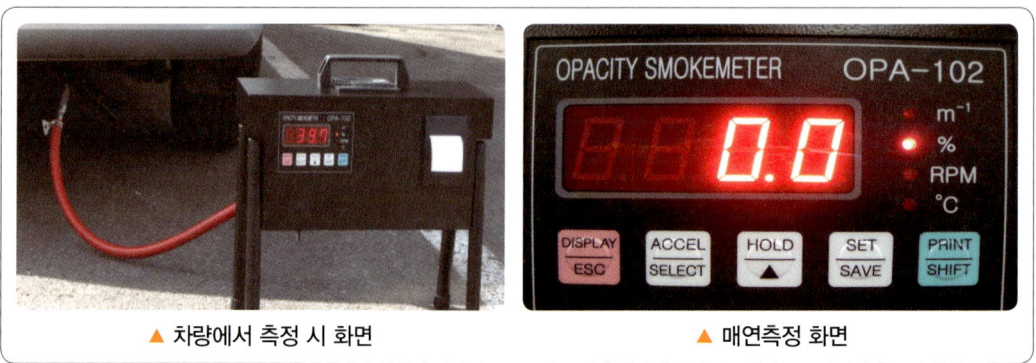

▲ 차량에서 측정 시 화면   ▲ 매연측정 화면

㉮ 워밍업
  ㉠ 측면에 있는 전원 스위치를 켜면, 모델을 표시한 후 기기 버전과 년, 월, 일, 시간을 차례로 화면에 표시한다.

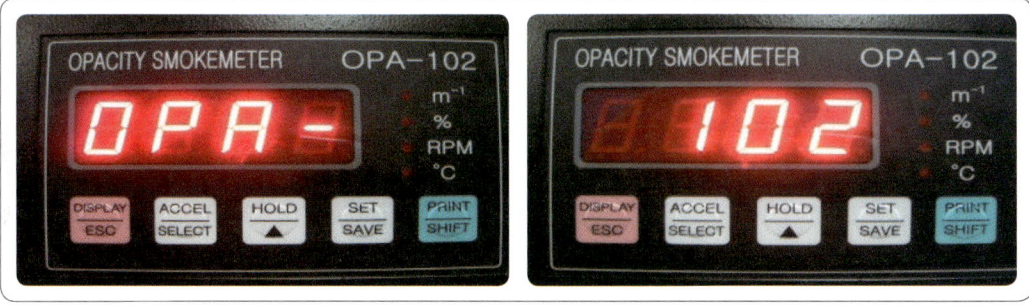

  ㉡ 표시 창이 깜박이면서 약 6분간 예열한다. (3분 후에 팬이 가동된다)

  ㉢ 워밍업이 끝나면, 자동으로 약 20초간 영점과 스팬 교정을 실시한다.

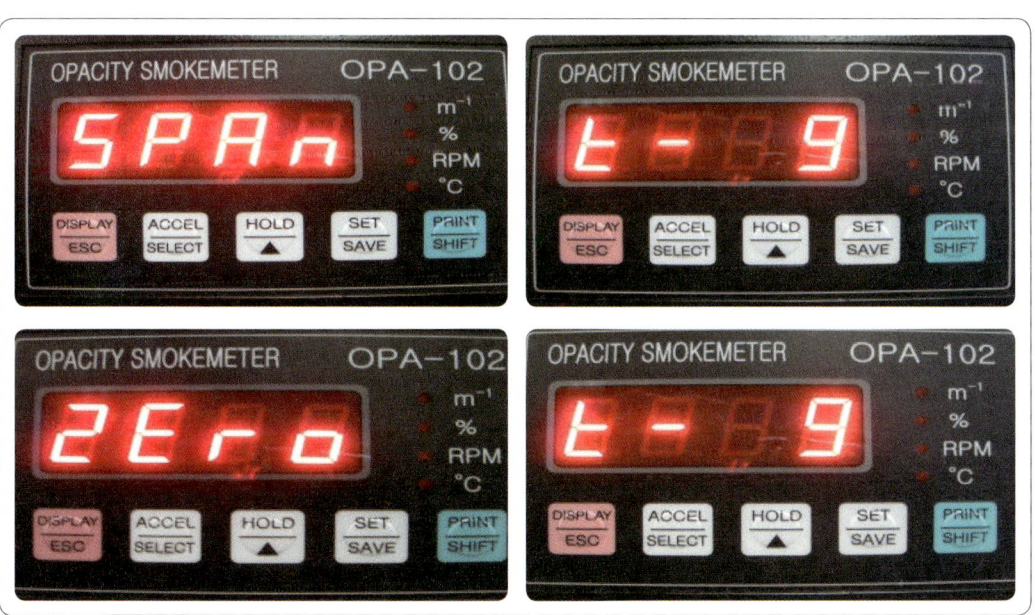

ⓓ 스팬교정이 끝나면, PASS 화면이 뜬 후 아래 화면처럼 된다. (측정이 준비된 상태)

ⓔ 리모컨은 본체의 표시부와 기능키 역할을 똑같이 수행합니다. 리모컨의 ON, OFF를 위해서 ON/OFF 키를 3초간 누른다.

> **주의**
> - 위의 과정을 수행하는 동안 프로브의 끝부분은 반드시 깨끗한 공기가 있는 곳에 놓아둔다.
> - 만일 깨끗한 대기 상태가 아니면, 영점교정에 오류가 생기며, "Err0" 메시지를 표시된다. 프로브가 놓인 상태를 확인한다.
> - "Err1"은 측정기 하단에 있는 렌즈에 묻은 매연을 닦아주면 에러 화면이 조치된다.

㉯ 측정하기(무부하 급가속 검사 모드-법규 적용)
  ㉠ 측정기의 프로브를 배기관의 벽면으로부터 5mm 이상 떨어지도록 설치하고 5cm 정도의 깊이로 삽입한다.
  ㉡ [ACCEL] KEY를 누릅니다. 화면에 "ACEL"이라는 문구가 나오면 [SET] KEY를 누른다.

ⓒ 매연 배출허용기준 값을 설정하는 표시가 나오면 [▲▼] KEY를 이용하여 기준값을 지정하고(5% 단위로 변환), [SET] KEY를 누르면 DISPLAY 화면에 "AC-1"이라는 문구와 함께 LED 4개의 불이 깜빡거린다.

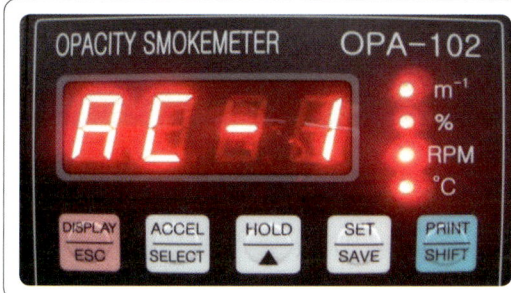 

ⓔ 이는 첫 번째 측정을 시작할 수 있다는 표시이며, 이때 [SET] KEY를 누르면 표시창의 LED 1개의 불이 깜박이고, 부저음이 울리면서 측정을 시작한다. (이때부터 측정 매연의 최고점을 갱신한다.)
  ※ [DISPLAY] KEY를 이용하여 $K(m^{-1})$ → 매연 농도(%) → rpm → ℃로 변경할 수 있다.
ⓜ 가속페달에 발을 올려놓고 원동기의 최고 회전속도에 도달힐 때까지 급속히 밟으면서 시료를 채취한다. 이때 가속페달을 밟을 때부터 놓을 때까지 걸리는 시간은 4초 이내로 한다.
ⓗ 첫 번째 측정이 끝나면 [SET] KEY를 눌러서 두 번째 측정으로 넘어간다. 화면에 "AC-2"라는 문구와 함께 LED 4개의 불이 깜빡거린다.

 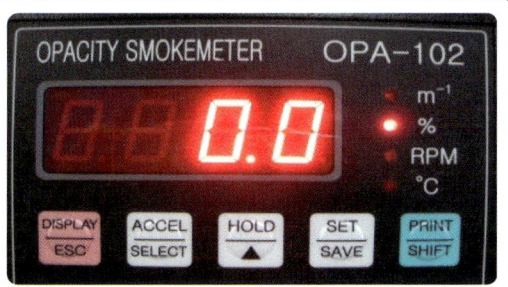

ⓐ 이는 두 번째 측정을 시작할 수 있다는 표시이며, 이때 [SET] KEY를 누르면 표시창의 LED 1개의 불이 깜박이고, 부저음이 울리면서 측정을 시작한다. (이때부터 측정 매연의 최고점을 갱신한다.)
ⓞ 가속페달에 발을 올려놓고 원동기의 최고 회전속도에 도달할 때까지 급속히 밟으면서 시료를 채취한다. 이때 가속페달을 밟을 때부터 놓을 때까지 걸리는 시간은 4초 이내로 한다.
ⓩ 두 번째 측정이 끝나면 [SET] KEY를 눌러서 세 번째 측정으로 넘어간다. 화면에 "AC-3"이라는 문구와 함께 LED 4개의 불이 깜빡거린다.

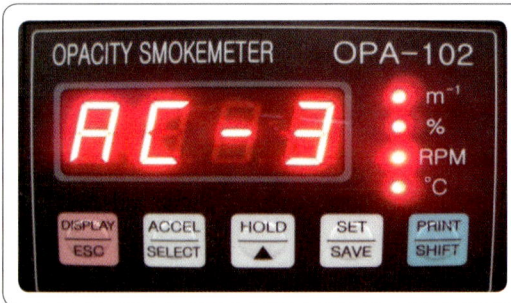

ⓩ 이는 세 번째 측정을 시작할 수 있다는 표시이며, 이때 [SET] KEY를 누르면 표시창의 LED 1개의 불이 깜박이고, 부저음이 울리면서 측정을 시작한다. (이때부터 측정 매연의 최고점을 갱신한다.)
ⓚ 가속페달에 발을 올려놓고 원동기의 최고 회전속도에 도달할 때까지 급속히 밟으면서 시료를 채취한다. 이때 가속페달을 밟을 때부터 놓을 때까지 걸리는 시간은 4초 이내로 한다.
ⓔ 3번의 측정이 끝나고 판정이 적합이면 DISPLAY 화면에 "PASS"라는 문구가 나오면서 측정은 자동으로 종료되며 [SET] KEY를 누를 때마다 화면이 바뀌면서 1, 2, 3회 측정값이 표시되며 평균값(Avrg)과 오차값(Diff)이 표시된다. [PRINT] KEY를 누르면 프린터가 출력되며 [ACCEL] KEY를 누르기 전까지는 같은 내용을 계속 프린트할 수 있다. 0점 화면으로 이동은 [ACCEL] KEY를 누르면 된다.
ⓟ 기준값은 자동차 등록증의 차대 번호를 보고 연식에 맞는 운행 차량의 배출가스 허용 기준값을 기록한 후 수검자가 3회 측정한 값은 답안지 측정란에 기록하고 3회 측정한 평균값을 측정값 란에 기록한다. 이때 측정값 중 소숫점은 생략한다. (예 반드시 답안지 기록 란의 기준값에는 해당 연식의 배출가스 허용 기준값 % 이하, 측정 1~3회 란과 측정값 란에는 측정한 값과 %를 기록한다.)

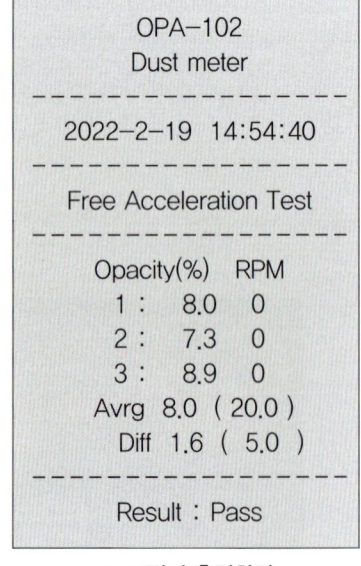

▲ 프린터 출력화면

ⓗ 산출근거는 3회 실시한 매연 평균값 계산(예 7.3+7.9+7.6/3)식을 산출근거 기록란에 기록한다.

> **참고**
>
> 이때 3회 측정한 매연 농도의 최대치와 최소치의 차가 5%를 초과하거나 최종 측정치가 배출허용 기준에 맞지 아니한 경우에는 순차적으로 1회씩 더 자동 측정하며 최대 5회까지 측정하면서 매회 측정 시마다 마지막 3회의 측정치를 산출하여 마지막 3회의 최대치와 최소치의 차가 5% 이내이고 측정치의 산술 평균값도 배출허용기준 이내이면 측정을 마치고 DISPLAY 화면에 "PASS"라는 문구가 나오면서 측정은 자동으로 종료되며, [SET] KEY를 누를 때마다 DISPLAY 화면이 바뀌면서 1, 2, 3회의 측정값이 표시되며 평균값(Avrg)과 오차값(Diff)이 표시된다. [PRINT] KEY를 누르면 프린터가 출력되며 [ACCEL] KEY를 누르기 전까지는 같은 내용을 계속 프린트할 수 있다. 만약, 5회까지 반복 측정하여도 최대치와 최소치의 차가 5%를 초과하거나 배출허용 기준에 맞지 아니한 경우에는 마지막 3회(3회, 4회, 5회)의 측정치를 산술 평균한 값을 최종 측정치로 하고 DISPLAY 화면에 "FAIL"이라는 문구가 나오면서 측정은 자동으로 종료된다. 측정이 완료되면 배기관으로부터 프로브를 제거한다.

차대(각자) 번호

차대 번호는 자동차관리법에서 그 표시를 의무화하고 있고 자동차등록번호 등의 관련 고시로 형식을 규정하고 있다. 그리고 그 형식은 국제적으로 동일하게 공유한다. 따라서 수입차라고 할지라도 차대 번호의 표시형태는 같다.

차대 번호를 구성하는 17개의 자리 수 중 3번째에서 9번째까지는 제작사 자체적으로 설정된 부호와 약속에 의한 의미를 담고 있지만 ①, ②, ⑩, ⑫~⑰번째 자리는 어느 회사건 동일하게 부여된다. ①번째는 국가를, ②번째는 제작사, ⑩번째는 제작연도, ⑫~⑰번째는 제작 일련 번호를 부여하고 있다.

▲ 동승석 시트 아래(적색 부위)

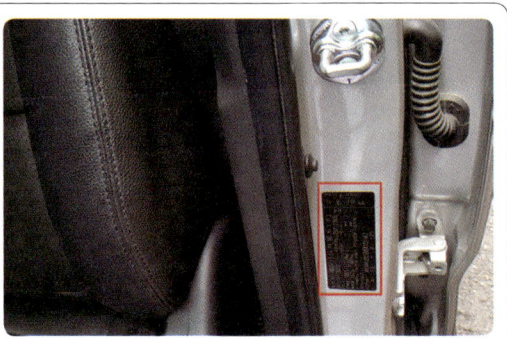
▲ 운전석 센터필러 하단(적색 부위)

▲ 앞 유리 아래(적색 부위)

▲ 차대 번호 위치(방화벽 적색 부위)

현대 · 기아자동차

㉮ 차량 식별 번호판 위치 : 과거에는 차량 식별 번호판(V.I.N)은 방화벽에 있었으나 요즘에는 동승석 시트 아래나 운전석 센터필러 하단 또는 앞 유리 아래 대시포트에서도 확인 가능하다.

㉯ 차량식별 번호판 : 17자리로 구성되며 각 자리의 의미는 다음과 같다.

제작회사군			자동차 특성군						제작 일련번호							
①	②	③	④	⑤	⑥	⑦	⑧	⑨	⑩	⑪	⑫	⑬	⑭	⑮	⑯	⑰
K	M	H	D	N	4	1	B	F	5	U	1	2	3	4	5	6

① 제작국가   K : 한국, J : 일본, 1 : 미국, 2 : 캐나다, 3 : 멕시코, 4~5 : 미국
② 제작회사   M : 현대, L : 대우, N : 기아, P : 쌍용
③ 자동차 차량 구분

현대	H : 승용 F : 화물(밴) J : 승합 C : 특장
기아	A : 승용 C : 화물(밴) H : 승합 E : 전차종(유럽 수출용)

④ D : 차종(MODEL)
   V : 엑센트   D : 아반떼XD   C : 쏘나타Ⅱ   N : 그랜저   M : 뉴그랜저
   E : EF 쏘나타   H : 투스카니   E : NF 쏘나타 D : 아반떼MD, i30 Z : 포터Ⅱ
   K : 쏘렌토   P : 스포티지   J : 투싼   B : 모닝   L : i40, K7
   F : 그랜저HG, 그랜저IG   M : 그랜드 카니발   S : 싼타페

⑤ N : 세부차종 및 등급 - 차종별 표기 기호가 상이함
   A, L, S : 스탠다드(STANDARD, L)   P, V : GRAND SALON(GDS)
   B, M, T : 디럭스(DELUXE, GL)   R, W : SUPER GRAND SALON(HGS)
   C, N, U : 슈퍼 디럭스(SUPER DELUXE, GLS) 1, A, S, L : 로우급(L)
   2, B, E, M, T : 미들-로우급(GL)   3, C, H, N, X : 미들급(GLS, JSL, TAX)
   4, D, V, P : 미들-하이급(HGS)   5, E, R, W, U : 하이급(TOP)

⑥ 4 : 차체/캡 형상(BODY TYPE) - 4도어
   1 : 리무진   2~5 : 도어 수   6 : 쿠페   7 : 컨버터블   8 : 왜건   9 : 화물(밴)

⑦ 1 : 안전장치(Restraint system) 또는 브레이크(Brake system)
　㉠ 제작회사군(KMC, KMF, KMJ일 경우)
　　　7 : 유압식 브레이크　　8 : 공기식 브레이크　　9 : 혼합식 브레이크
　㉡ 제작회사군(KMH일 경우)
　　　0 : 운전석과 동승석 - 미적용
　　　1 : 운전석/동승석 - 액티브(Active) 시트벨트
　　　2 : 운전석/동승석 - 패시브(Passive) 시트벨트
　　　3 : 운전석 - 액티브 시트벨트 + 에어백
　　　4 : 운전석/동승석 - 액티브 시트벨트 + 에어백
　　　　　조수석 - 액티브 시트벨트 또는 패시브 시트벨트
⑧ B : 동력 장치(Engine Type) - 차종별 표기 기호가 상이함
　　A, 5 : 디젤 엔진 1.7(U-II)　　　　　1, B, D : 가솔린 엔진 1.6
　　C : 가솔린 엔진 2.0(누우 MPI)　　　2, D : 가솔린 엔진 2.0
　　E : 가솔린 엔진 3.0　　　　　　　　V : 디젤 엔진, LPG 2.0
　　F : 가솔린 엔진 2.4(개선 세타II-GDI)　3, T : 디젤 엔진 1.6
　　3, 5 : 디젤 엔진 2.0(R)　　　　　　E : 가솔린 엔진 2.4 + HEV
　　B : 가솔린 엔진 2.0(개선 세타II T-GDI)　6, 2 : 가솔린 엔진 1.6(감마 T-GDI)
⑨ P : 운전석 위치 및 변속기 종류(과거에는 P : 왼쪽 운전석 R: 오른쪽 운전석)
　　A : 왼쪽 운전석 수동 변속기　　　　　B : 왼쪽 운전석 자동 변속기
　　C : 왼쪽 운전석 수동 변속기 + 트랜스퍼　D : 왼쪽 운전석 자동 변속기 + 트랜스퍼
　　E : 왼쪽 운전석 CVT　　　　　　　　F : 왼쪽 운전석 & 감속기
　　G : 왼쪽 운전석 & DCT　　　　　　　H : 왼쪽 운전석 & DCT + 트랜스퍼
⑩ 5 : 생산연도(사용부호는 I, O, Q를 제외한 알파벳 또는 아라비아 숫자로 표기한다.)

연도	사용부호	연도	사용부호	연도	사용부호
2001	1	2011	B	2021	M
2002	2	2012	C	2022	N
2003	3	2013	D	2023	P
2004	4	2014	E	2024	R
2005	5	2015	F	2025	S
2006	6	2016	G	2026	T
2007	7	2017	H	2027	V
2008	8	2018	J	2028	W
2009	9	2019	K	2029	X
2010	A	2020	L	2030	Y

⑪ U : 생산 공장
　　U : 울산　C : 전주　M : 인도　Z : 터키　B : 부산　P : 평택　K ; 광주
　　T : 서산　S : 소하리　A : 아산(현대자동차)　A : 화성(기아자동차)
⑫~⑰ 123456 : 생산 일련번호

자동차등록증

제   호   최초등록일   년   월   일

① 자동차등록번호	62 누 1020	② 차 종	중형 승용	③ 용도	자가용
④ 차 명	쏘렌토	⑤ 형식 및 연식	XMF75BA-S-E5		
⑥ 차대 번호	KNAKU815BCA386786	⑦ 원동기 형식	D4HA		
⑧ 사용 본거지	서울특별시 용산구 백범로 45길 15(효창동)				

소유자	⑨ 성명(명칭)	홍 길 동	⑩ 주민(사업자) 등록번호	790302-1234567
	⑪ 주 소	서울특별시 용산구 백범로 45길 15(효창동)		

자동차관리법 제8조의 규정에 의하여 위와 같이 등록하였음을 증명합니다.

년   월   일

서울특별시 용산구청장

자동차등록증

제 호		최초등록일 년 월 일		
① 자동차등록번호	62 누 1020	② 차 종	소형 화물	③ 용도 자가용
④ 차 명	포터 II	⑤ 형식 및 연식	HR-J3SSG2GJKLM6-1	
⑥ 차대 번호	KMFZAN7HP5U786786	⑦ 원동기 형식	D4BH	
⑧ 사용 본거지	서울특별시 용산구 백범로 45길 15(효창동)			
소유자 ⑨ 성명(명칭)	홍 길 동	⑩ 주민(사업자) 등록번호	790302-1234567	
소유자 ⑪ 주 소	서울특별시 용산구 백범로 45길 15(효창동)			

자동차관리법 제8조의 규정에 의하여 위와 같이 등록하였음을 증명합니다.

년   월   일

서울특별시 용산구청장

배출가스 허용 기준값

차 종		제작일자		매연 (광투과식)	비 고
경자동차 및 승용자동차		1995년 12월 31일까지		60% 이하	1993년 이후에 제작된 자동차 중 과급기(turbo charger)나 중간 냉각기(inter cooler)를 부착한 경유사용 자동차의 배출허용기준은 무부하 급가속 검사방법의 매연 항목에 대한 배출허용기준에 5%를 더한 농도를 적용한다.
		1996년 1월 1일부터 2000년 12월 31일까지		55% 이하	
		2001년 1월 1일부터 2003년 12월 31일까지		45% 이하	
		2004년 1월 1일부터 2007년 12월 31일까지		40% 이하	
		2008년 1월 1일부터 2016년 8월 31일까지		20% 이하	
		2016년 9월 1일 이후		10% 이하	
승합· 화물· 특수 자동차	소형	1995년 12월 31일 이전		60% 이하	
		1996년 1월 1일부터 2000년 12월 31일까지		55% 이하	
		2001년 1월 1일부터 2003년 12월 31일까지		45% 이하	
		2004년 1월 1일부터 2007년 12월 31일까지		40% 이하	
		2008년 1월 1일 이후		20% 이하	
	중형· 대형	1992년 12월 31일 이전		60% 이하	
		1993년 1월 1일부터 1995년 12월 31일까지		55% 이하	
		1996년 1월 1일부터 1997년 12월 31일까지		45% 이하	
		1998년 1월 1일부터 2000년 12월 31일까지	시내버스	40% 이하	
			시내버스 외	45% 이하	
		2001년 1월 1일부터 2004년 9월 30일까지		45% 이하	
		2004년 10월 1일부터 2007년 12월 31일까지		40% 이하	
		2008년 1월 1일부터 2016년 8월 31일까지		20% 이하	
		2016년 9월 1일 이후		10% 이하	

매연 측정값

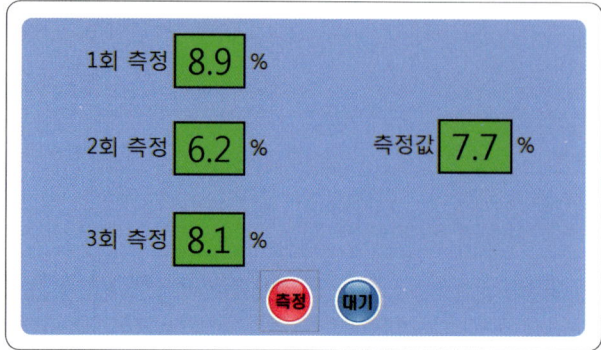

자동차 번호 :				비 번호		시험위원 확 인	
① 측정(또는 점검)				② 판정			득 점
차종	연식	기준값	측정값	측정	산출근거(계산) 기록	판정 (□에 "✓"표)	
중형 승용	2012	20% 이하	7%	1회 : 8.9% 2회 : 6.2% 3회 : 8.1%	$\dfrac{8.9+6.2+8.1}{3}$ $=7.7\%$	☑ 양 호 □ 불 량	

- 시험위원이 제시한 자동차등록증(또는 차대 번호)을 활용하여 차종 및 연식을 적용합니다.
- 매연 농도를 산술 평균하여 소숫점 이하는 버린 값으로 기입합니다.
- 산출근거에는 단위를 기록하지 않아도 됩니다.
- 측정 및 판정은 무부하 조건으로 합니다.

자동차 번호 :				비 번호		시험위원 확 인	
① 측정(또는 점검)				② 판정			득 점
차종	연식	기준값	측정값	측정	산출근거(계산) 기록	판정 (□에 "✓"표)	
중형 승용	2005	40% 이하	28%	1회 : 28% 2회 : 27% 3회 : 31%	$\dfrac{28+27+31}{3}$ $=28.67\%$	☑ 양 호 □ 불 량	

- 시험위원이 제시한 자동차등록증(또는 차대 번호)을 활용하여 차종 및 연식을 적용합니다.
- 매연 농도를 산술 평균하여 소숫점 이하는 버린 값으로 기입합니다.
- 산출근거에는 단위를 기록하지 않아도 됩니다.
- 측정 및 판정은 무부하 조건으로 합니다.

연료 리턴량(백리크) 측정

시험결과 기록표

자동차 번호 :

비 번호		시험위원 확 인	

항 목	① 측정(또는 점검)							② 판정 및 정비(또는 조치) 사항		득 점
	측정값						규정(정비한계)값	판정(□에 "✓"표)	정비 및 조치 할 사항	
인젝터 리턴 량 (백 리크)	1	2	3	4	5	6		□ 양 호 □ 불 량		

측정 방법

▲ 오버플로우 라인 고정핀 제거   ▲ 오버플로우 라인 제거

▲ 백리크 측정기 인젝터에 연결하기   ▲ 고정핀 장착

▲ 연료 리턴라인 연료차단

▲ 백리크 테스터기 장착 상태

▲ 시동 후 1~2분간 공회전 엔진 가속(3000rpm) 30초간 유지

▲ 시동 OFF 후 실린더별 백리크량 측정

자동차 번호 :							비 번호		시험위원 확 인	
항 목	① 측정(또는 점검)						② 판정 및 정비(또는 조치) 사항			득 점
	측정값						규정(정비한계)값	판정(□에 "√"표)	정비 및 조치 할 사항	
인젝터 리턴 량 (백 리크)	1	2	3	4	5	6	±4%	□ 양 호 ✓ 불 량	2번과 4번 인젝터 교환 후 재점검	
	45 cc	40 cc	42 cc	47 cc						

● 평균값 = $\frac{45+40+42+47}{4}$ = 43.5cc

● 규정값 구하는 식 : 43.5(평균값)×0.96(4%) = 41.76cc, 43.5(평균값)×1.04(4%) = 45.24cc

● 규정값 범위는 41.76~45.24cc이므로 2번 실린더와 4번 실린더가 불량이므로 해당 실린더 인젝터 교환 후 재점검이라고 기록한다.

Industrial Engineer Motor Vehicles Maintenance

섀 시

자동차정비산업기사 작업형

1항 관련 부품 탈·부착 작업 및 작동상태 확인
2항 부품 교환 후 측정 및 조정
3항 제동장치 부품 교환
4항 제동력 측정
5항 전자제어 섀시장치 점검 측정

1항 관련 부품 탈·부착 작업 및 작동상태 확인

1-1 전륜 코일 스프링 탈거

● 교환 방법

▲ 스프링 탈착기에 장착. 약간의 장력이 생길 때까지 스프링 압축. 상단에 있는 셀프 록킹 너트를 1~2회 풀어준다.

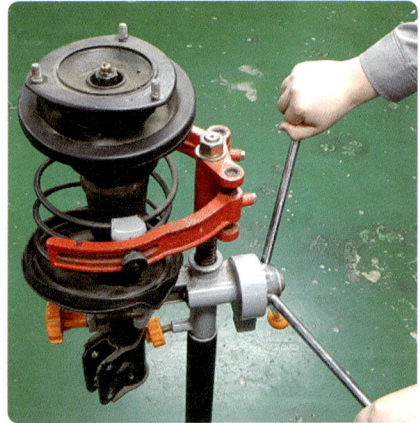

▲ 코일 스프링이 스프링 시트에서 떨어질 때까지 압축시킨다.

인슐레이터

스프링 시트

▲ 압축이 완료된 셀프 록킹 너트를 풀어낸 다음 스트럿 인슐레이터를 탈거한 후 스프링 시트를 탈거한다.

▲ 코일 스프링을 탈거한다.

▲ 분해 부품 정리 상태

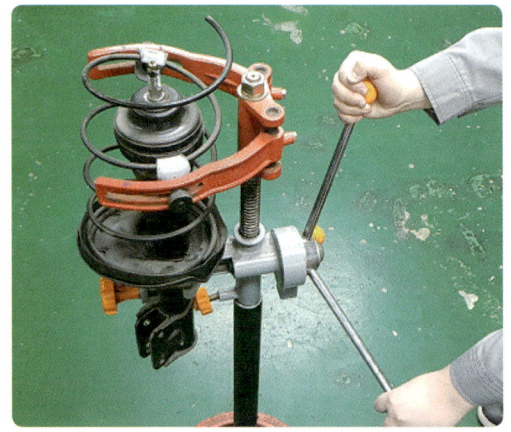
▲ 코일 스프링을 중앙에 위치하도록 하고 압축한다.

▲ 스프링 시트를 장착 시 장착 위치 점(한쪽 면이 깎여 있음)에 주의하면서 작업한다.

▲ 스트럿 인슐레이터를 장착하고 셀프 록킹 너트를 조립한다.

등속 조인트 부트 교환

교환 방법

▲ 등속 조인트 정리 상태

▲ 부트 밴드를 탈거한다.

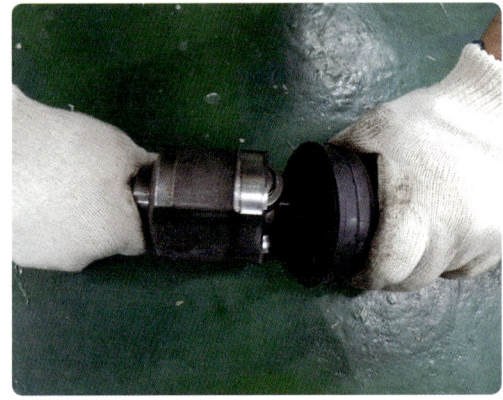

▲ 변속기 쪽 등속 조인트 부트를 뒤로 밀고 외측 레이스를 탈거한다.

▲ 스냅 링을 탈거한다.

▲ 이너 레이스 탈거 시 장착 방향을 표시해 준다.

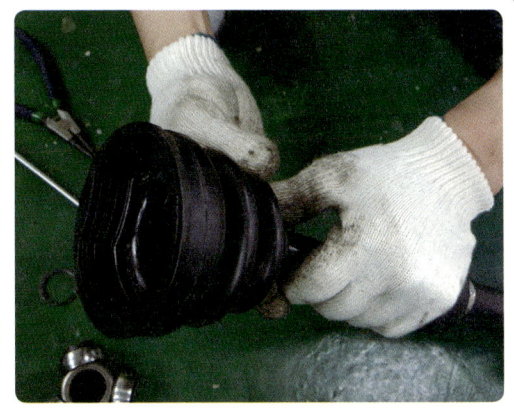
▲ 변속기 쪽 부트를 탈거한다.

▲ 바퀴 쪽 부트를 탈거한다.

▲ 등속 조인트 분해 후 정리 상태

▲ 변속기 쪽 스플라인에 테입을 감아 부트 장착 시 손상을 방지한다.

▲ 바퀴 쪽 부트와 변속기 쪽 부트를 순서대로 조립한다.

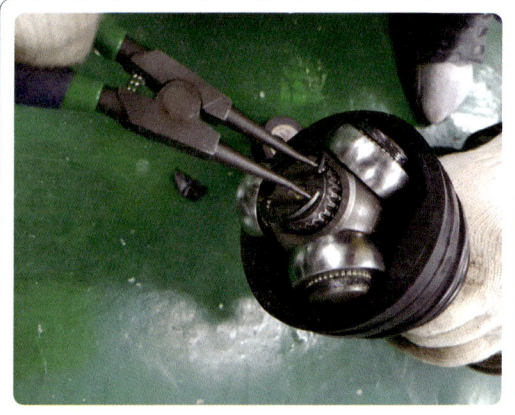
▲ 이너 레이스를 장착하고(방향에 주의) 스냅 링을 장착한다.

▲ 외부 레이스를 장착한다.

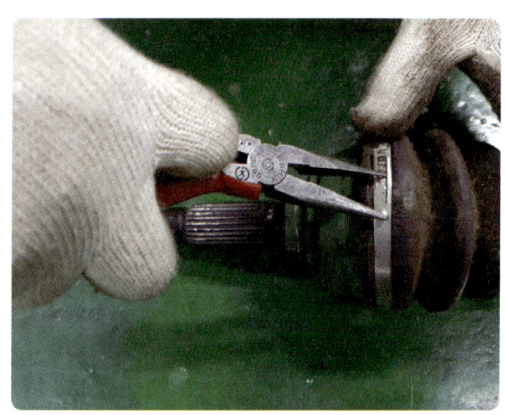
▲ 부트 밴드를 조립한다.

▲ 등속 조인트 조립 완성

클러치 마스터 실린더 교환

교환 방법

▲ 클러치 마스터 실린더 위치를 확인한다.

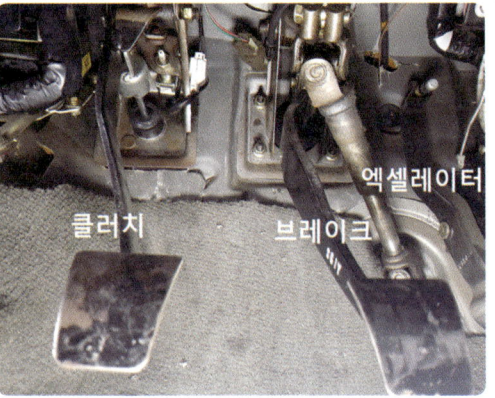

▲ 운전석 클러치 위치를 확인한다.

▲ 스프링 핀과 푸시로드 고정핀을 탈거한다.

▲ 유압 라인을 제거한다.

▲ 클러치 마스터 실린더 고정 너트를 탈거한다.

▲ 클러치 마스터 실린더를 탈거한다.

▲ 클러치 마스터 실린더

● 조립 후에는 클러치 공기빼기 작업을 실시한다.

▲ 클러치 마스터 실린더 오일탱크에 오일을 보충한다.

▲ 클러치를 2회 정도 밟아 압력을 만들고 클러치 릴리스 실린더의 공기빼기 나사를 돌려 공기를 뺀다.

공기빼기 작업

① 2인이 1조로 공기빼기 작업을 실시한다.
② 클러치 마스터 실린더에 오일을 보충한다.
③ 클러치 릴리스 실린더가 변속기 아래에 장착되어 있는 경우에는 리프트를 이용하여 자동차를 들어 올린다.
④ 클러치 릴리스 실린더에서 블리더 캡을 탈거한다.
⑤ 블리더 스크루에 투명 호스를 연결하고 반대쪽은 용기에 넣는다.
⑥ 보조자가 클러치 페달을 여러 차례 천천히 작동시켜 압력이 가해지면 클러치 페달을 밟은 상태를 유지시킨다.
⑦ 보조자가 클러치 페달을 밟고 있는 상태에서 블리더 스크루를 잠시 풀어 공기를 제거한 뒤 재빨리 다시 조인다.
⑧ 클러치 마스터 실린더에 오일을 보충하고 ⑥~⑧항을 반복하여 클러치 오일에서 공기의 거품이 없어질 때까지 반복하여 실시한다.

A/T 변속 조절 S/V, 밸브 보디, 오일펌프 교환

● 자동 변속기 밸브 보디 탈거

▲ 오일 팬을 탈거한다.

▲ 오일 필터

▲ 오일 필터를 탈거한다.

▲ 밸브 보디를 탈거한다. (10mm 볼트만 탈거)

▲ 밸브 보디를 탈거한다.

▲ 밸브 보디를 탈거한다.

▲ 솔레노이드 밸브 위치

PCSV　　: 유압 제어 솔레노이드 밸브
DCCSV　: 댐퍼클러치 솔레노이드 밸브
SCSV-A　: 변속 제어 솔레노이드 밸브
SCSV-B　: 변속 제어 솔레노이드 밸브

▲ 해당 솔레노이드 뒷면의 8mm 볼트를 풀어 솔레노이드를 탈거한다.

▲ 조립 완성

오일펌프 탈거

▲ 외측 컨버터 하우징 고정 볼트를 탈거한다.

▲ 내측 컨버터 하우징 고정 볼트를 탈거한다.

▲ 컨버터 하우징을 탈거 홈에 (-) 드라이버를 대고 하우징을 들어 올린다.

▲ 컨버터 하우징을 탈거한다.

▲ 오일펌프 고정 볼트를 탈거한다.

▲ 홈에 (-) 드라이버를 대고 오일 펌프를 들어 올린다.

▲ 오일펌프 탈거

자동 변속기 밸브 보디 탈거

▲ 오일 팬을 탈거한다.

▲ 밸브 보디에서 히니스 커넥터를 탈거한다.

▲ 밸브 보디 고정 볼트 탈거(볼트가 섞이지 않도록 주의)

▲ 밸브 보디, 개스킷, 스틸 볼 탈거

샤시 1-5 클러치 어셈블리 교환

교환 방법

▲ 클러치 어셈블리 작업 시 특수공구를 사용한다.

▲ 특수 공구를 삽입하여 클러치 어셈블리 탈거 시 클러치 디스크의 이탈을 방지한다.

▲ 장착 위치를 표시해 두면 조립 시 도움이 된다.

▲ 장착 볼트를 탈거한다.

▲ 클러치 어셈블리를 탈거한다.

▲ 클러치 디스크를 탈거한다.

▲ 클러치 어셈블리 탈거

● 시험위원의 확인 후 조립한다

▲ 클러치 디스크를 정 위치한 후 특수 공구로 고정한다.

▲ 특수 공구로 고정한다.

▲ 클러치 커버를 표시 위치에 맞추어 장착한다.

▲ 고정 볼트를 조여 장착한다.

1-6 파워 스티어링 오일펌프 및 벨트 교환 후 공기빼기 작업

● 파워 스티어링 탈거

▲ 파워 스티어링 벨트 텐션 조정 볼트를 이완한다.

▲ 오일펌프 풀리 후면 하단의 고정 볼트를 이완한다.

▲ 파워 스티어링 벨트를 탈거한다.

▲ 파워 스티어링 오일펌프 고정 볼트를 탈거한다.

▲ 파워 스티어링 오일펌프 후면 하단에 있는 고정 볼트를 탈거한다.

▲ 파워 스티어링 오일펌프를 탈거한다.

파워 스티어링 조립

▲ 파워 스티어링 벨트를 조립한다.

▲ 대 드라이버를 이용하여 파워 스티어링 오일펌프의 장력을 맞추고 고정 볼트를 조인다.

공기빼기 작업

① 시동이 걸리지 않게 점화 케이블을 분리한다.
② 크랭킹하지 않은 상태에서 핸들을 좌, 우측으로 완전히 5~6회 정도 회전시켜 파이프 내 오일을 채운다. (이때 공기가 약간 빠진다)
③ 기동 전동기를 주기적으로 15초~20초 정도 작동시키면서 핸들을 좌, 우측으로 완전히 5~6회 정도 회전시킨다.
　㉮ 공기빼기 작업 중 오일 탱크에 오일이 부족하지 않게 오일을 공급한다.
　㉯ 차량이 공회전 상태에서 공기빼기 작업을 하면 공기가 오일 내에서 분해되므로 크랭킹하면서 작업을 행해야 한다.
④ 점화 케이블을 연결하여 엔진을 시동하여 공회전시킨다.
⑤ 오일 리저버에 공기 방울이 없어질 때까지 핸들을 좌, 우측으로 돌린다.
⑥ 오일이 탁하지 않은가와 오일 수준이 규정치 내에 있는지 확인한다.

섀시 1-7 전륜 허브 너클 교환

교환 방법

▲ 휠 너트를 완전히 풀고 타이어를 탈거한다.

▲ 허브 너트를 탈거한다.

▲ 브레이크 캘리퍼 캐리어 고정 볼트를 탈거한다.

▲ 캘리퍼 어셈블리를 쇽업소버 스프링에 와이어로 묶어 고정한다.

▲ 디스크 고정 나사를 탈거한다.

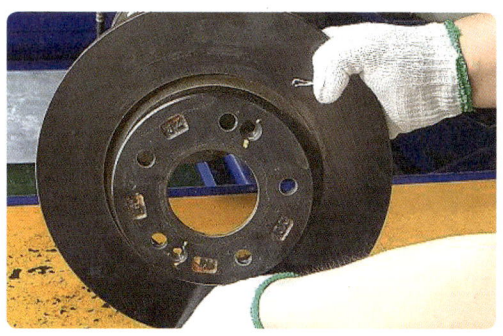
▲ 디스크를 탈거한다.

▲ 타이로드 엔드 로크 너트를 이완한다.

▲ 타이로드 엔드 볼 조인트에 있는 분할 핀을 탈거한 다음 너트를 탈거한다.

▲ 특수 공구를 사용하여 너클에서 타이로드 엔드 볼 조인트를 탈거한다.

▲ 타이로드 엔드 탈거한다.

▲ 너클에서 휠 스피드 센서 고정 볼트를 풀고, 휠 스피드 센서를 탈거한다.

▲ 로어 암 볼 조인트 고정 너트를 탈거한다.

▲ 특수 공구를 사용하여 너클에서 로어 암 볼 조인트를 탈거한다.

▲ 프런트 드라이브 샤프트가 너클 어셈블리로부터 탈거되지 않으면 특수 공구를 사용하여 너클에서 이완시킨다.

▲ 쇽업소버 고정 볼트(하)를 탈거한다.

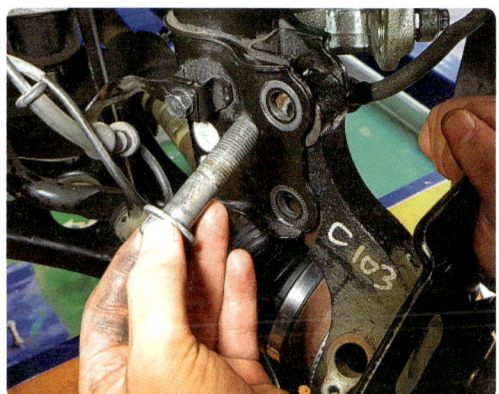
▲ 쇽업소버 고정 볼트(상)를 탈거한다.

▲ 프런트 드라이브 샤프트를 너클 어셈블리로부터 탈거한다.

▲ 스트럿 어셈블리에서 너클 어셈블리를 탈거한다.

▲ 탈거된 너클 어셈블리에서 스냅 링을 탈거한다.
(대부분의 시험장은 여기까지 작업)

▲ 유압 프레스 넣고 분해한다.

▲ 분해된 부품을 정리한 후 시험위원에게 확인한다.

종감속 장치 사이드 기어 조정심 및 스페이서 교환

교환 방법

일치 표시

▲ 사이드 베어링 캡에 좌·우가 바뀌지 않도록 표시한다.

▲ 사이드 베어링 고정캡을 탈거한다.

▲ 차동 기어 케이스를 들어낸다.

▲ 링 기어 고정 볼트를 풀고 링 기어를 탈거한다.

▲ 분해된 부품을 링 기어와 함께 정렬한다.

▲ 차동 피니언 축 고정핀을 핀 펀치로 제거한다.

▲ 차동 기어 고정축을 탈거한다.

▲ 피니언 기어를 90° 돌려서 피니언 기어와 사이드 기어 와셔 및 스러스트 스페이서를 탈거한다.

차동 기어 케이스   사이드 기어   피니언 기어   피니언 축   고정핀   링 기어

▲ 분해된 부품을 정렬한 후 시험위원에게 확인받는다.

2항 부품 교환 후 측정 및 조정

링 기어의 백래시 및 런아웃 측정

시험결과 기록표

항 목	① 측정(또는 점검)		② 판정 및 정비(또는 조치) 사항		득 점
	측정값	규정(정비한계)값	판정(□에 "✓"표)	정비 및 조치할 사항	
백래시			□ 양 호 □ 불 량		
런아웃					

자동차 번호 :   비 번호   시험위원 확인

백래시 측정 방법

① 측정하고자 하는 부위에 이물질 등을 깨끗이 제거한 후에 다이얼 게이지 스핀들을 링 기어 바깥 끝단에 직각으로 설치한다.
② 구동 피니언 기어를 다이얼 게이지가 장착된 면의 반대 방향으로 밀어서 이동시킨 후 게이지 "0"점을 잡는다. (다이얼 게이지 반대쪽으로 이동시킨다.)
③ 구동피니언 기어가 못 움직이게 고정시킨 후 링기어를 게이지 쪽으로 가볍게 움직여 백래시를 측정한다.

▲ 백래시 측정

▲ 0점 조정 　　　　　　　　▲ 백래시 측정값(0.13mm)

런아웃 측정 방법

▲ 링 기어 뒷면에 다이얼 게이지를 설치한다.

▲ 시작점을 표시하고 영점을 맞춘다.

▲ 링 기어를 1회전하여 최댓값을 측정한다.

▲ 런아웃 측정값 0.04mm

참고사항

항 목	① 측정(또는 점검)		② 판정 및 정비(또는 조치) 사항		득 점
	측정값	규정(정비한계)값	판정(□에 "✓"표)	정비 및 조치할 사항	
백래시	0.13mm	0.11~0.16mm	✓ 양 호 □ 불 량	정비 및 조치사항 없음	
런아웃	0.04mm	0.15mm 이하			

자동차 번호 : 비 번호   시험위원 확 인

정비 및 조치사항

① 백래시 측정값이 규정값 이하 시 : 조정 스크루를 풀어서 조정 후 재점검(재진단)이라고 기록한다.
② 백래시 측정값이 규정값 이상 시 : 조정 스크루를 조여서 조정 후 재점검(재진단)이라고 기록한다.
③ 런아웃이 불량 시 : 링 기어 교환 후 재점검(재진단)이라고 기록한다.

최소 회전 반경 측정

● 시험결과 기록표

항 목	① 측정(또는 점검)		기준값 (최소 회전 반경)	② 산출근거 및 판정		득 점
	측정값			산출근거	판정 (□에 "✓"표)	
회전 방향 (□에 "✓"표) □ 좌 □ 우	r				□ 양 호 □ 불 량	
	측거					
	최대 조향시 각도	좌 (바퀴)				
		우 (바퀴)				
	최소 회전 반경					

자동차 번호 :　　　비 번호　　　시험위원 확 인

● 측정 방법

① 측정할 차량의 앞, 뒷바퀴에 턴테이블을 설치한다.
② 줄자를 사용하여 앞바퀴 중심과 뒷바퀴 중심간의 축거(m)를 측정한다.
③ 바퀴의 접지면 중심과 킹핀과의 거리(r)는 시험위원이 임의의 값을 제시한다.
④ 최대 조향각 표기는 최 외측 바퀴를 표시하며, 그때 턴테이블 각도를 기록한다.
　㉮ 회전 방향이 우측일 경우 ⇨ 좌측 바퀴 최대 회전 각도(조향각)를 측정한다.
　㉯ 회전 방향이 좌측일 경우 ⇨ 우측 바퀴 최대 회전 각도(조향각)를 측정한다.

▲ 차량 바퀴에 턴테이블을 설치(4개)

▲ 0점 조정

▲ 우회전 시 바깥쪽 앞바퀴 조향각(좌측)

▲ 바깥쪽 최대 조향각(최대 회전 각도)

⑤ 바퀴를 직진 상태로 원위치시켜 놓는다.
⑥ 기준값 : 12m 이하
⑦ 공식 : 최소 회전 반경(R) = $\dfrac{L}{\sin\alpha} + r$

L : 축거(m)
R : 최소 회전 반경
$\sin\alpha$: 바깥쪽 앞바퀴의 조향각
r : 바퀴 접지면 중심과 킹핀 중심과의 거리(m)

차종별 축간거리 및 조향각 기준값(mm)

차 종	축거(mm)	조향각 내측	조향각 외측	회전 반경(mm)	차 종	축거(mm)	조향각 내측	조향각 외측	회전 반경(mm)
엘란트라	2,500	37°	30°30′	5,100	쏘나타Ⅲ	2,700	39°67′	32°21′	5,100
EF 쏘나타	2,700	39.70°±2°	32.40°±2°	5,000	아반떼	2,550	39°17′	39°27′	5,100
그랜저	2,745	37°	30°30′	5,700	아반떼 XD	2,610	40.1°±2°	32°45′	4,550

답안지 작성 예 : 우회전 조향 시

● **우회전 조향 시 최소 회전 반경은?**
- 축거 2.5m
- 좌측 바퀴 최대 조향각 30°=0.5
- 우측 바퀴 최대 조향각 31°
- 킹핀 옵셋 거리(r) : 시험위원이 수검자에게 임의로 값이 주어준다. (예 20cm)

항 목	① 측정(또는 점검)		기준값 (최소 회전 반경)	② 산출근거 및 판정		득 점
	측정값			산출근거	판정 (□에 "√"표)	
회전 방향 (□에 "√"표) □ 좌 ☑ 우	r	0.2m	12m 이하	$\dfrac{2.5}{0.5}+0.2$ $=5.2\text{m}$	☑ 양 호 □ 불 량	
	측거	2.5m				
	최대 조향시 각도	좌(바퀴)	30°			
		우(바퀴)	31°			
	최소 회전 반경	5.2m				

● 판정 : 기준값 이내의 측정값은 양호로 판정하며, 기준값을 초과한 경우에는 불량으로 판정한다.
● 회전 방향 및 바퀴의 접지면 중심과 킹핀과의 거리(r)는 시험위원이 제시합니다.
● 자동차검사기준 및 방법에 의하여 기록·판정합니다.
● 산출근거에는 단위를 기록하지 않아도 됩니다.

섀시 2-3 휠 얼라인먼트 측정(캐스터 각, 캠버 각, 셋백, 토우 점검)

● **시험결과 기록표**

자동차 번호 :

항 목	① 측정(또는 점검)		② 판정 및 정비(또는 조치) 사항		득 점
	측정값	규정(정비한계)값	판정(□에 "√"표)	정비 및 조치할 사항	
캐스터 각			☐ 양 호 ☐ 불 량		
캠버 각					
셋 백					
토 우					

● 시험장에서는 위의 항목 중 2개를 측정하는 문제가 출제된다.

● **수동 캠버 캐스터 게이지 측정 방법**

① 턴테이블의 0점이 맞았는지 핸들 조향을 통해 핸들 직진 상태에서 확인한다.
② 측정 전 타이어 공기압, 바퀴 수평, 현가장치 이상 유무, 각 부 체결상태 이상 유무
③ 바퀴의 허브 이물질 제거 후 캠버 캐스터 게이지를 허브에 장착한다.
④ 캠버 측정 : 직진 상태(0°) → 기준 수평포 0점(중앙) 확인 → 캠버 눈금을 판독한다.
⑤ 좌측에 있는 기포가 캠버 각이며, 측정값은 +2.4°이다.

  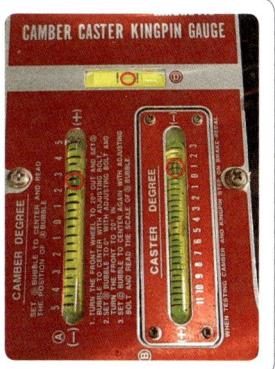

⑥ 캐스터 측정 : 바퀴 직진 상태 → 밖으로 20° 회전(좌회전) → 기준 수평포 0점 확인, 캐스터 0점 조정 → 바퀴 직진으로 회전 → 직진 상태에서 안쪽으로 20° 회전(우회전, 총 40°움직임) → 기준 수평포 0점 조정 → 눈금 판독
⑦ 캐스터 측정값은 +2°이다.

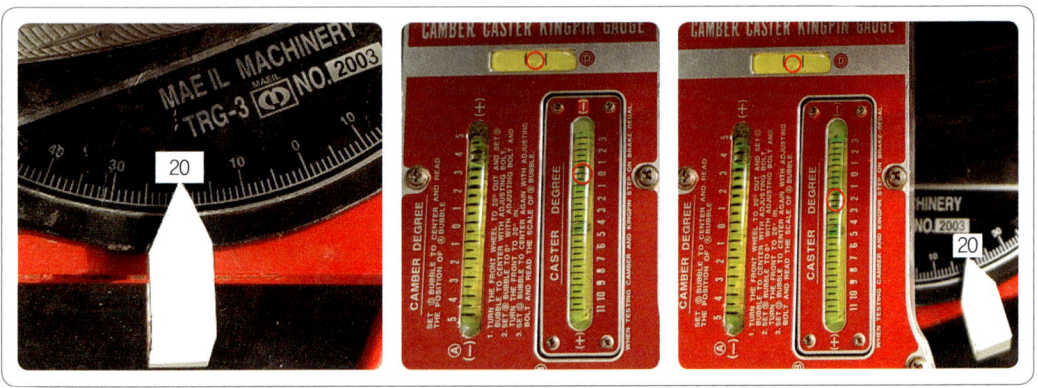

주의사항

① 캠버 캐스터 게이지는 한글 표기=영문 표기=일어 표기 모두 동일한 위치에 있다. 캐스터와 킹핀은 0점 조정이 가능하며 캠버는 불가능하다.
② 캠버 캐스터 게이지 눈금은 캠버, 캐스터는 정(+), 부(-)로 구별, 킹핀은 우측, 좌측으로 구별된다. 각도 1°=60′(예 정 1° 30′ 등으로 표기한다.)

> **참고**
> ● 킹핀 측정 : 직진 상태 → 밖으로 20° 회전 → 기준 수평포 0점 확인 → 좌·우 구별 킹핀 0점 확인 → 직진 → 눈금을 판독한다.

휠 얼라인먼트 측정 방법(헤스본 HA-700)

1. 캐스터, 캠버, 토우 측정 방법
① PC의 전원을 켜면 초기 화면이 뜬다. (F1: 작업을 시작함, F2: 작업을 종료하고 PC의 전원을 OFF한다.)
② 작업화면(F1: 작업을 시작함, F2: 현재까지 작업된 데이터를 검색함, F3: 환경 설정 화면으로 이동함, F4: 초기 화면으로 이동함)

③ F1을 눌러서 차량선택, 즉 제조회사와 모델을 선택한다. (영문차의 경우 단축키로 이동이 가능하다. 예를 들어 BMW 같은 경우 'B'를-입력하면 해당 회사로 이동한다. F2: 제원 확인, F3: 고객 자료 검색)

④ 고객에 대한 정보를 입력하고 다음(F6)을 눌러서 진행한다. (차량선택: K5 HEV)

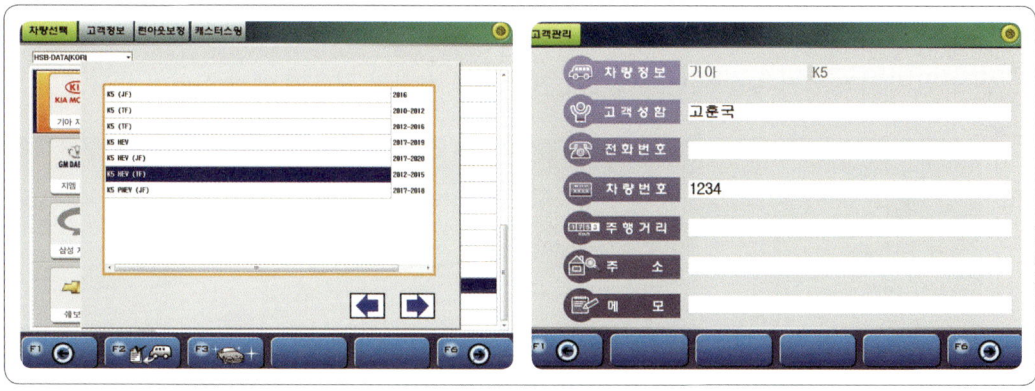

⑤ 보조 리프트를 상승시키고 휠에 센서 4개(전륜 2개, 후륜 2개)를 장착하고 안전고리를 연결한다.

⑥ 얼라인먼트 본체에 있는 2개 선을 전륜 좌측에 1개, 우측에 1개를 연결한 다음 전륜 좌측에서 후륜 좌측으로 연결하고, 전륜 우측에서 후륜 우측으로 센서 선을 연결한다.

⑦ 본체에서 전륜 좌우로 연결하고 센서 4개와 센서 선을 연결한 상태이다.

⑧ 센서 선이 정상적으로 연결이 안 되면 에러 화면이 뜬다.
⑨ 앞뒤 센서가 일직 선상이 아니거나 빛이 가려진 상황일 경우에 에러 화면이 뜬다.

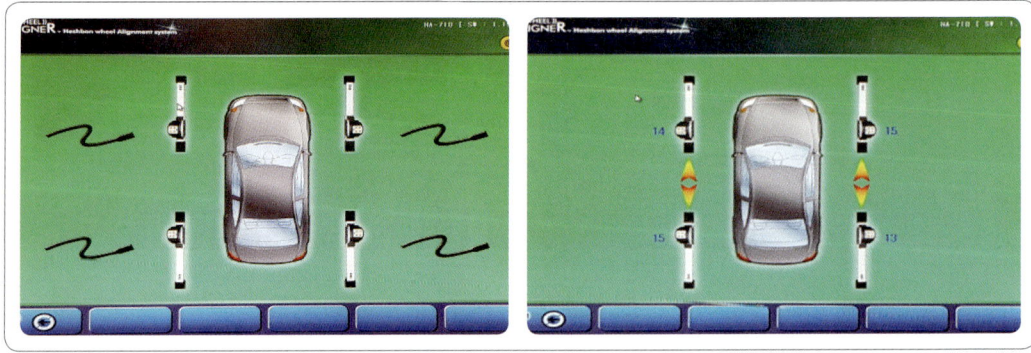

⑩ 런아웃 보정(센서 선 4개를 연결하면 적색 화살표 4개가 뜬다)
⑪ 휠을 잡고 180°(반 바퀴) 돌린다.

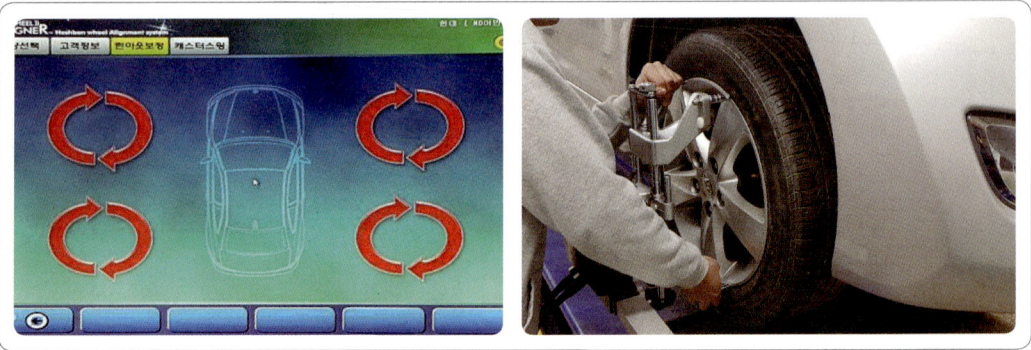

⑫ 센서를 좌우로 돌려서 수평이 맞으면(녹색 점등) 센서의 OK 버튼을 누른다.
⑬ 휠을 다시 180° 돌려서 수평이 맞으면 센서의 락을 바퀴 4개에 동일하게 건다. (전륜인 경우 앞바퀴를 제일 마지막에 락을 한다.)

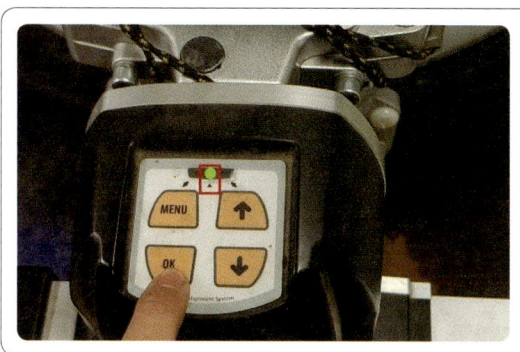 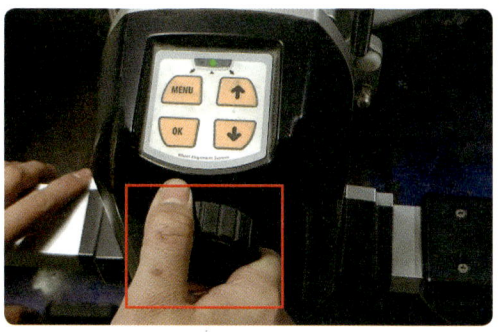

⑬ 런아웃이 완료되었을 때, 적색 화살표가 녹색으로 변환된다.
⑭ 360°(1회전) 런아웃이 완료되면, 해당 휠이 전부 녹색으로 바뀐다.

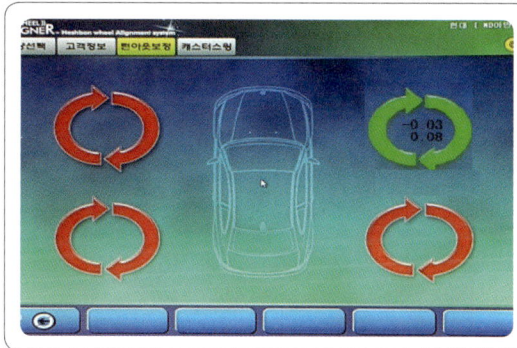 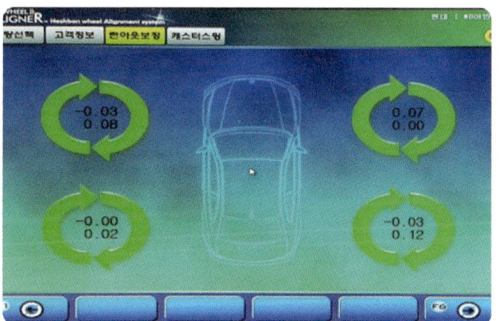

⑮ F6을 눌러 캐스터 스윙으로 넘어간다.
⑯ 시동을 켜고 브레이크 고정대를 장착한다.

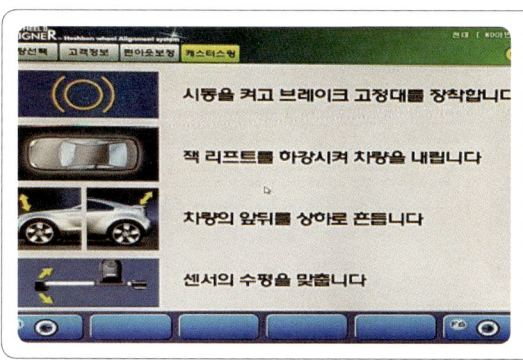 

⑰ 턴테이블을 좌우로 설치하고 고정핀 2개를 탈거한다.
⑱ 리프트를 하강시켜 차량을 내린 후 센서 수평을 위해 차량의 앞뒤를 상하로 흔들어준다.

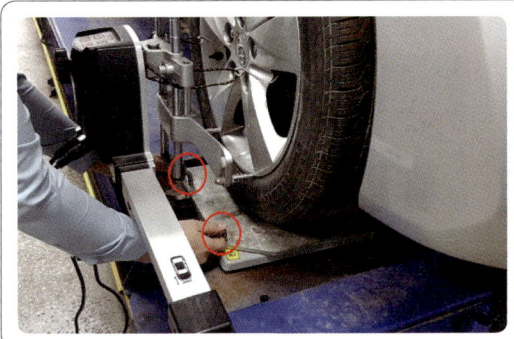

⑲ F6을 눌러 직진 조향으로 넘어간다.
⑳ 바퀴를 잡고 좌측으로 돌려서 수평을 맞추고, 우측으로 돌려서 수평을 맞추면 자동으로 OK 화면이 뜨고 다음 작업(좌 스윙)으로 넘어간다.

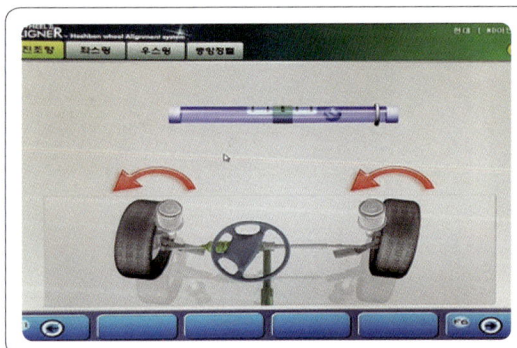

㉑ 바퀴를 잡고 좌측으로 돌려서 수평을 맞추고, 우측으로 돌려서 수평을 맞추면 자동으로 OK 화면이 뜨고 다음 작업(우 스윙)으로 넘어간다.
㉒ 바퀴를 잡고 좌측으로 돌려서 수평을 맞추고, 우측으로 돌려서 수평을 맞추면 자동으로 OK 화면이 뜨고 다음 작업(중앙 정렬)으로 넘어간다.

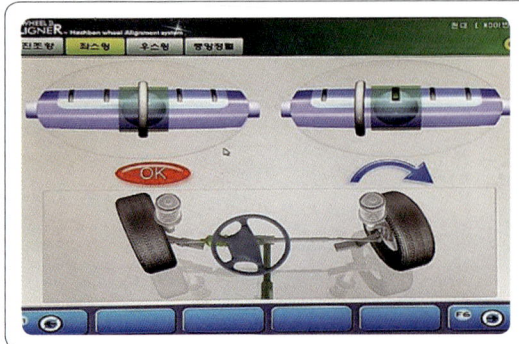
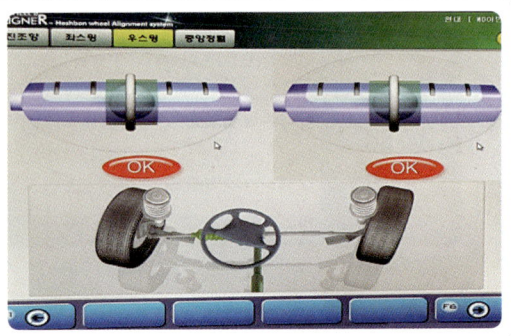

㉓ 바퀴를 잡고 수평을 맞추면 STOP이란 화면이 나온다. 잠시 기다리고 있으면 자동으로 OK 화면이 뜨고 측정값이 출력된다.

㉔ 측정결과(측정값)가 출력된다.

	좌측전륜					우측전륜		
토 우	−0.2mm	+1.4mm	+2.2mm	셋 백	−0.8mm	−0.2mm	+0.2mm	+2.2mm
캐스터	+3.44°	+4.34°	+4.44°	총토우	−1.5mm	+3.44°	+4.11°	+4.44°
캠 버	−1.00°	−0.13°	+0.00°			−1.00°	−0.91°	+0.00°
킹 핀	+12.20°	+12.79°	+13.20°			+12.20°	+12.64°	+13.20°
인클루드각		+12.66°					+11.72°	
	좌측후륜					우측후륜		
토 우	−0.1mm	+1.2mm	+2.3mm	총토우	+1.6mm	−0.1mm	+0.4mm	+2.3mm
캠 버	−1.50°	−0.75°	−0.50°	쓰러스트	+0.4°	−1.50°	−1.11°	−0.50°
	규정값	측정값	규정값	셋 백	−0.6mm	규정값	측정값	규정값

참고사항

- 측정값이 녹색인 경우는 정상이며, 적색은 불량이다.
- 예) 앞 좌측 측정 셋백은 전륜 측정

항목	① 측정(또는 점검)		② 판정 및 정비(또는 조치) 사항		득 점
	측정값	규정(정비한계)값	판정(□에 "✓"표)	정비 및 조치할 사항	
캐스터 각	+4.34°	+3.44°~+4.44°	☑ 양 호 □ 불 량	정비 및 조치사항 없음	
캠버 각	−0.13°	−1.00°~+0.00°			
셋 백	−0.8mm	0mm~6mm			
토 우	+1.4mm	−0.2mm~+2.2mm			

자동차 번호 : 비 번호 : 시험위원 확인 :

- 시험장에서는 위의 항목 중 2개를 측정하는 문제가 출제된다.

정비 및 조치사항

① 양호 시 : 정비 및 조치사항 없음이라고 기록한다.
② 불량 시 : 캐스터, 캠버, 셋백 불량 시 스트럿 어셈블리 교환이나 로어 암 교환 후 재점검(재진단)이라고 기록한다. (현재 승용차종의 맥퍼슨 타입은 캠버와 캐스터 조정 불가) 토우 불량 시 타이로드를 돌려 조정 후 재점검이라고 기록한다.

2. 토우 조정 방법

① 핸들의 중앙(직진 상태)을 맞춘다.
② 핸들 고정대를 장착한다.

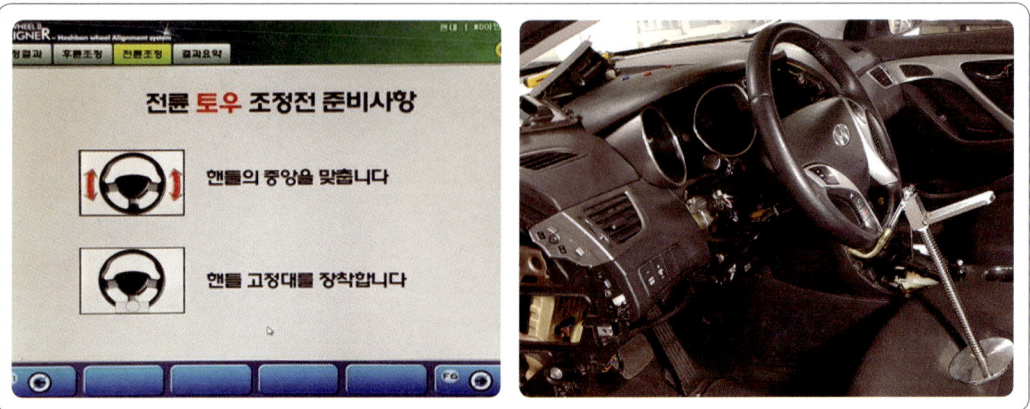

③ 타이로드 엔드 로크 너트를 이완시킨다.
④ 조정 순서는 뒷바퀴 → 앞바퀴 순으로 진행하며, 타이로드를 돌려서 토우를 조정한다.

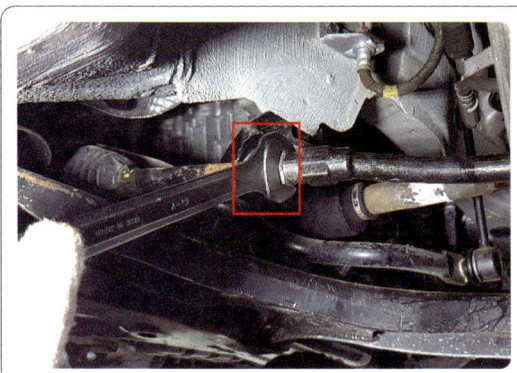
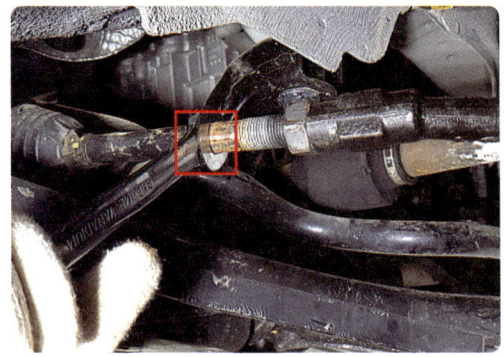

⑤ 조정 시에는 타이로드 엔드 부분의 로크 너트를 이완 후 모니터 화면을 보면서 규정값으로 조정한다.
⑥ 규정값으로 조정한 화면이다.

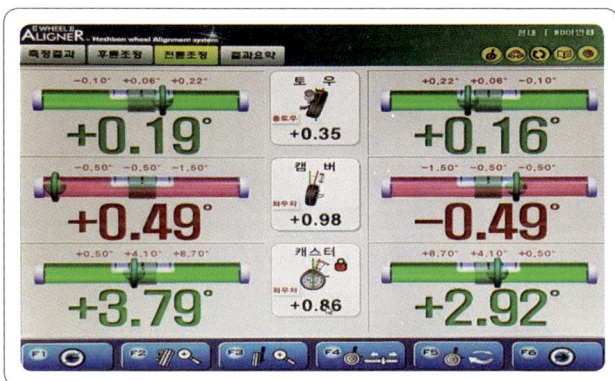

캐스터 및 캠버 규정값

차종	캐스터	캠버	차종	캐스터	캠버
싼타페(CM)	4.5°±0.5°	−0.5°±0.5°	EF 쏘나타	2.7°±1°	0°±0.5°
아반떼	2.35°±0.5°	0.25°±0.75°	NF 쏘나타	4.83°±1°	0°±0.5°
아반떼 XD	2.82°±0.5°	0°±0.5°	그랜저 TG	4.83°±0.75°	0°±0.5°
아반떼 HD	4.32°±0.5°	−0.6°±0.5°	그랜저 HG	4.38°±0.5°	−0.5°±0.5°
그랜저 XG	2.7°±1°	0°±0.5°	아베오	4.0°±0.75°	−0.3°±0.7°

3. 토우 측정(수동게이지 사용)

측정 방법

① 측정 전 준비 상태 확인
   ㉮ 공차상태에서 4바퀴 수평을 유지한다.
   ㉯ 4바퀴 타이어 공기압 규정 및 차륜 부 지지상태(각 체결 부 볼트 및 너트 등)가 정상인지를 확인한다.
② 앞바퀴 좌, 우 타이어 중심선에 마킹을 한다.
③ 토인 바 게이지 "0"점 상태를 확인한다.
④ 앞바퀴 뒤에서 중심선간에 토인 바 게이지를 "0"점 상태에서 세팅한다.
⑤ 세팅 된 토인 바 게이지를 그대로 앞바퀴 앞부분으로 마킹 표시된 위치로 이동시켜 게이지의 딤블을 움직여 마킹 부위에 일치시킨 후 딤블의 눈금을 읽고 판독한다.

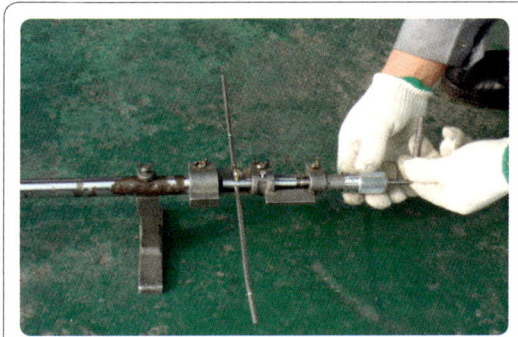
▲ 측정 전 딤블의 "0" 조정상태를 확인한다.

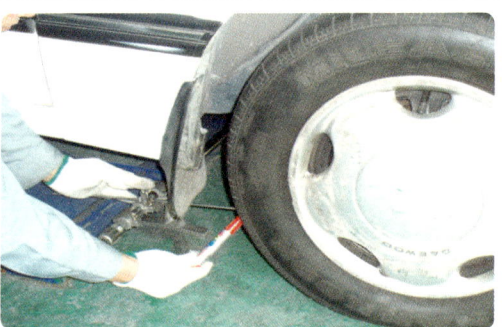
▲ 타이어의 뒷부분에서 게이지 수평으로 세팅한다.

참고사항 : 딤블 눈금은 짝수만 읽음

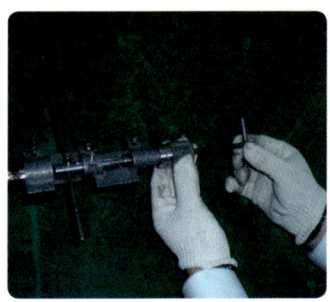
ⓐ 토인바 게이지 "0"점 확인 및 조정

ⓑ 앞 좌·우 타이어 뒤에서 윤거에 맞춰 토인바 게이지 "0"점 상태에서 길이 조정

ⓒ 앞 좌·우 타이어 앞쪽으로 토인 바 게이지 이동 후 딤블 조정을 통해 토우값 측정

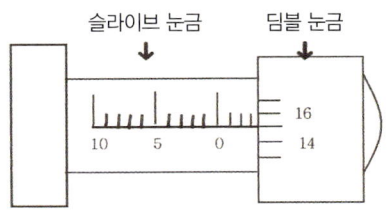
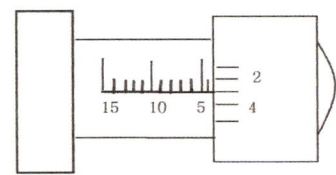

ⓐ 슬리이브 치수 : 2mm(보이는 짝수)
ⓑ 딤블 치수 : 1.5mm(일직선 눈금)
ⓒ 측정값 : "0" 보이면 토아웃 상태임.
  토아웃 : 보이는 짝수 + 딤블
  슬리브 + 딤블 = 2.0 + 1.5 = −3.5mm

ⓐ 슬리이브 치수 : 4mm(보이는 짝수)
ⓑ 딤블 치수 : 0.3mm(일직선 눈금)
ⓒ 측정값 : "0" 안 보이면 토인 상태임.
  토인 : 보이는 짝수 − 딤블
  슬리브 − 딤블 = 4 − 0.3 = 3.7mm

주의사항

① 시험장에서 제시되는 규정값 중에서 "+3~−3"과 같이 주어지는 경우에는 토인을 (+), 토아웃을 (−)으로 답안지 측정값 란에 반드시 표기해야 한다.

● 최근 시험장에서는 휠 얼라인먼트기를 사용하여 측정하는 경우가 많음.

예 헤스본 휠 얼라인먼트 모니터 화면

앞바퀴 규정값 : 좌·우 각각 토인 3mm(토인일 경우 + 기호, 토아웃일 경우 − 기호)
앞바퀴 측정값 : 좌측(토아웃 − 3.5mm), 우측(토인 3.7mm)

예 앞 좌측 측정 셋백은 전륜 측정

자동차 번호 :   비 번호   시험위원 확인

항 목	① 측정(또는 점검)		② 판정 및 정비(또는 조치) 사항		특 섬
	측정값	규정(정비한계)값	판정(□에 "✓"표)	정비 및 조치할 사항	
캐스터 각	+4.34°	+3.44°~+4.44°	□ 양 호 ✓ 불 량	양쪽 타이로드를 돌려서 조정 후 재점검	
캠버 각	−0.13°	−1.00°~+0.00°			
셋 백	−0.8mm	0mm~6mm			
토 우	−3.5mm	−3mm~+3mm			

정비 및 조치사항

① 양호 시 : 정비 및 조치사항 없음이라고 기록한다.
② 불량 시 : 양쪽의 타이로드를 돌려서 조정 후 재점검(재진단)이라고 기록한다.

클러치 페달 자유 간극 측정

시험결과 기록표

항 목	① 측정(또는 점검)		② 판정 및 정비(또는 조치) 사항		득 점
	측정값	규정(정비한계)값	판정(□에 "✓"표)	정비 및 조치할 사항	
클러치 페달 유격			□ 양 호 □ 불 량		

자동차 번호 : 비 번호 시험위원 확 인

측정 방법

① 클러치 페달 유격 점검은 페달에 곧은자(직각자)를 토우 보드(바닥)와 클러치 페달의 패드 윗면에 직각이 되도록 설치한 후 클러치 페달을 손으로 가볍게 눌러 저항을 느낄 때까지의 이동 거리(자유 간극)를 측정한다.

바닥 면에 곧은 자를 클러치 페달 옆에 직각으로 세운 뒤 페달 높이에 선을 긋어 표시한다. (155mm)
▲ 클러치 페달 높이 표시(적색선)

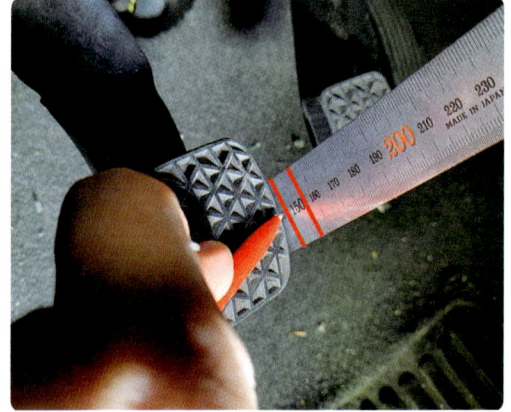

클러치 페달을 손으로 눌러 저항을 느낄 때까지 누른 뒤 페달 높이에 선을 긋어 표시한다. (138mm)
▲ 클러치 페달 유격측정(적색 윗선과 아랫선 사이)

참고사항 : 차량별 기준값(mm)

차 종	페달 높이	페달 유격 (자유 간극)	작동 거리	차 종	페달 높이	페달 유격 (자유 간극)	작동 거리
베르나	182.87	6~13	145	아반떼	190.1	6~13	145
i30	176	6~13	140±3	아반떼 XD	166.9	6~13	145
쏘나타Ⅱ	176	6~13	122.5	아반떼 HD	182.8	6~13	140±3
EF 쏘나타	180.5	6~13	150	그랜저 XG	180.5	6~13	150
K5, YF 쏘나타	216	6~13	145±3	아베오	155	8~15	134±3

항 목	① 측정(또는 점검)		② 판정 및 정비(또는 조치) 사항		득 점
	측정값	규정(정비한계)값	판정(□에 "√"표)	정비 및 조치할 사항	
클러치 페달 유격	17mm	8~15mm	□ 양 호 ☑ 불 량	푸시로드 길이로 유격 조정 후 재점검	

자동차 번호 :   비 번호   시험위원 확 인

정비 및 조치사항

① 양호 시 : 정비 및 조치사항 없음이라고 기록한다.
② 불량 시 : 푸시로드 길이로 유격 조정 후 재점검이라고 기록한다.

브레이크 페달 자유 간극과 브레이크 페달 높이 측정

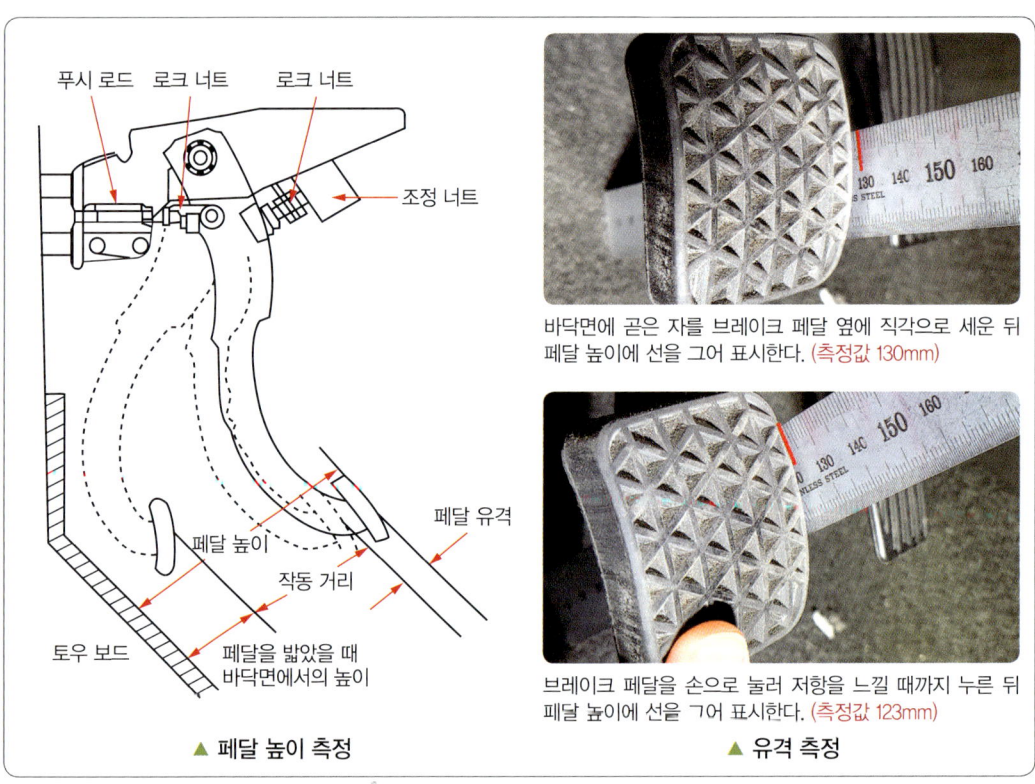

▲ 페달 높이 측정 　　　　　▲ 유격 측정

측정 방법

① 실내에 출고 시 장착된 사일런스 매트를 제외한 별도의 매트는 제거한다.
② 곧은 자(직각자)를 브레이크 페달 옆에 대고 페달 높이를 측정한다.
③ 이 상태에서 손가락으로 가볍게 페달에 힘을 주어 저항이 느껴질 때까지 움직인 거리가 페달 유격이다. (마스터 실린더의 1차 피스톤 컵이 1차 포트 구멍을 막을 때까지의 거리를 페달 유격 또는 자유 간극이라 한다.)
④ 시동을 걸고 브레이크 페달을 65kgf 이상의 힘으로 누른다. 보통 시험장에서는 발 또는 손을 사용하여 힘껏 누른 상태에서 브레이크 페달과 바닥 사이의 간격을 측정(작동 거리)한다.
⑤ 페달 높이에서 유격을 빼고, 페달이 움직인 거리를 빼면 브레이크 페달 작동 거리가 나온다.
　작동 거리=(페달 높이−브레이크 유격)−페달을 밟았을 때 바닥면에서의 높이

> **주의**
> - 브레이크 페달 유격 점검은 페달에 곧은 자(직각자)를 토우 보드(바닥)와 브레이크 페달의 패드 윗면에 직각이 되도록 설치한 후 브레이크 페달을 손으로 가볍게 눌러 저항을 느낄 때까지의 이동 거리(자유 간극)를 측정한다.

차량별 규정값

차 종	페달 높이	페달 유격 (자유 간극)	차 종	페달 높이	페달 유격 (자유 간극)
쏘나타 Ⅲ	177	4~10	아반떼 XD	170	3~8
EF 쏘나타	176	3~8	아반떼 HD	174.3	3~8
NF 쏘나타	184.5	3~8	그랜저 XG	176±0.3	3~8
아베오	130±3	3~10	트랙스	135±0.5	4~10

- 시험장에서 브레이크 페달 높이의 측정값이 규정값처럼 나올 수가 없기 때문에 시험위원이 페달 높이 측정값 오차범위를 어느 정도 준다.

항 목	① 측정(또는 점검)		② 판정 및 정비(또는 조치) 사항		득 점
	측정값	규정(정비한계)값	판정(□에 "√"표)	정비 및 조치할 사항	
브레이크 페달 높이	130mm	130±3mm	☑ 양 호 □ 불 량	정비 및 조치사항 없음	
브레이크 페달 유격	7mm	3~10mm			

비 번호: / 시험위원 확인:

정비 및 조치사항

① 양호 시 : 정비 및 조치사항 없음이라고 기록한다.
② 불량 시 : 푸시로드의 길이로 유격 조정 후 재점검(재진단)이라고 기록한다.

3항 제동장치 부품 교환

섀시 3-1 ABS 브레이크 패드 교환 후 작동 점검

1. ABS 브레이크 패드 탈거

▲ 휠 너트를 완전히 풀고 타이어를 탈거한다.

▲ 캘리퍼 하단에 있는 고정 볼트를 탈거한다.

▲ 캘리퍼 보디를 들어 올려 움직이지 못하도록 와이어로 고정하거나 손으로 잡는다.

▲ 브레이크 패드를 탈거한 후 시험위원에게 확인을 받는다.

2. ABS 브레이크 패드 조립
① 조립은 탈거의 역순으로 분리된 부품을 조립한다.
② 신품으로 조립 시 캘리퍼의 피스톤을 특수 공구를 사용하여 안으로 밀어 넣어야만 브레이크 패드가 조립된다.

타이로드 엔드 교환

1. 타이로드 엔드 탈거

▲ 타이로드 엔드 고정 너트를 이완시킨다.

▲ 타이로드 엔드 볼 조인트에 있는 분할 핀을 탈거한 다음 너트를 탈거한다.

▲ 특수 공구를 사용하여 너클에서 타이로드 엔드 볼 조인트를 탈거한다.

▲ 타이로드 엔드를 탈거한 후 시험위원에게 확인을 받는다.

2. 타이로드 엔드 조립

① 조립은 탈거의 역순으로 분리된 부품을 조립한다.

캐리퍼 교환 후 작동 점검

1. 브레이크 캐리퍼 탈거

▲ 휠 너트를 완전히 풀고 타이어를 탈거한다.

▲ 브레이크 호스 중간 부분에 바이스 플라이어로 브레이크액이 새지 않도록 물려준다.

▲ 캐리퍼 어셈블리에서 브레이크 호스 연결 볼트를 풀고 호스를 탈거한다.

▲ 캐리퍼 고정 볼트(상, 하) 2개를 탈거한다.

▲ 캘리퍼를 탈거 후 시험위원에게 확인받는다.

▲ 브레이크 패드를 탈거한다. 조립 후에는 공기빼기 작업을 실시한다.

2. 브레이크 캘리퍼 조립
① 조립은 탈거의 역순으로 분리된 부품을 조립한다.
② 신품으로 조립 시 캘리퍼의 피스톤을 특수 공구를 사용하여 안으로 밀어 넣어야만 브레이크 패드가 조립이 된다.

3. 공기빼기 작업
① 브레이크액이 흐르는 것을 방지하기 위해 마스터 실린더 밑에 천이나 깔개를 깔고 작업한다.
② 마스터 실린더 리저버 탱크 'MAX' 라인까지 브레이크액을 채운다.
③ 보조자는 브레이크 부스터 내의 잔압을 제거하기 위해, 시동을 끄고 브레이크 페달을 수 차례 반복하여 펌핑한 다음 페달을 밟은 상태를 유지한다.
④ 보조자가 브레이크 페달을 밟고 있는 상태에서 블리더 스크루에 투명호스를 연결한 다음 블리드 스크루를 잠시 풀어 공기를 제거한 뒤 재빨리 다시 조인다.
⑤ 기포가 완전히 제거될 때까지 위 절차를 반복한다.
⑥ 공기빼기 작업은 동반석 리어 우측에서 제일 먼저 시작한다.
⑦ 다음으로 운전석 프런트 좌측에서 공기빼기 작업을 실시한다.

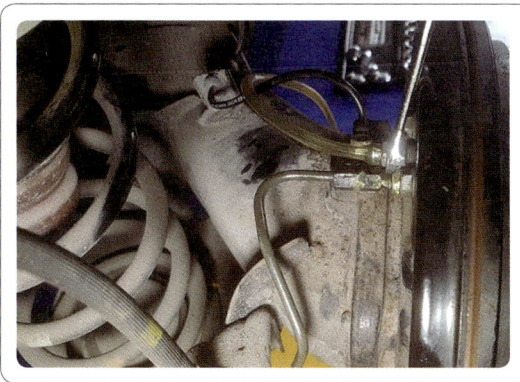

⑧ 다음으로 운전석 리어 좌측에서 공기빼기 작업을 실시한다.
⑨ 마지막으로 동반석 프런트 우측 순서로 공기빼기 작업을 실시한다.

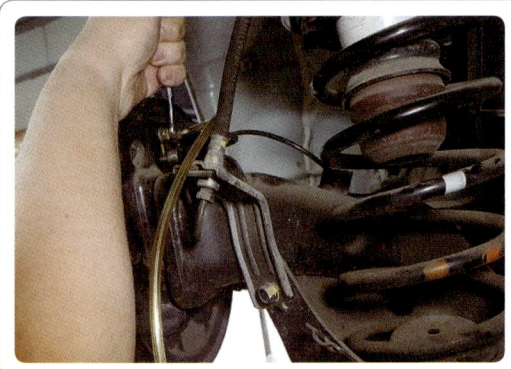

⑩ 공기빼기 작업이 완료되면 리저버 표면에 표시된 'MAX' 라인까지 브레이크액을 채운다.

브레이크 라이닝 슈 교환 후 작동 점검

1. 브레이크 라이닝 탈거 작업(드럼식)

▲ 타이어 탈착 후 허브 고정 너트를 탈거한다. 드럼과 허브 베어링을 분리한다.

▲ 자동 조정 스프링을 탈거한다.

▲ 자동 조정레버를 탈거한다.

▲ 실린더 엔드 슈 스프링(스프링 장력이 크기 때문에 왼손을 같이 사용해서 탈거)을 탈거한다.

▲ 조정 스트러트 길이를 최대한 줄여서 탈거한다.

▲ 리턴 스프링을 탈거한다.

▲ 컵 와셔 및 슈 홀드 다운 스프링을 탈거한다.

▲ 전진 라이닝 어셈블리를 탈거한다.

▲ 와셔 및 슈 홀드 다운 스프링을 탈거한다.

▲ 후진 라이닝 어셈블리와 주차 케이블을 탈거한다.

▲ 휠 실린더를 고정 볼트를 탈거한다.

▲ 휠 실린더를 탈거 후 시험위원의 확인을 받는다.

2. 브레이크 라이닝 조립(드럼식)

① 조립은 탈거의 역순으로 분리된 부품을 조립한다.

▲ 조립이 완료되면 자동 조정레버를 들어 올린 후 조정 스트러트를 ⊖드라이버로 간극을 조정한다.

▲ 최종 조립 완료

주의사항

① 드럼식 제동장치의 탈거 시에는 드럼 탈거 후, 간극 조정 스트러트를 통해 간극을 최소한으로 줄인 후 리턴 스프링을 분리하면 손쉽게 작업이 가능하다.
② 드럼 및 고정 볼트, 허브 베어링 등의 이상 유무를 정확하게 점검 및 확인 후 핸드 브레이크 레버 조작을 통해 총 행정의 60~70% 내 주차 브레이킹 조작이 되게 조정 스트러트를 ⊖ 드라이버로 조정한다.
③ 허브 베어링을 탈거하는 방식은 조립 시 허브 베어링의 이상 유무(그리스 주입) 및 허브 너트의 규정 토크를 준수하여 체결한다.

휠 실린더 교환 및 브레이크 허브 베어링 작동 점검

▲ 허브 고정 너트를 탈거 후 드럼과 허브 베어링을 분리한다.

▲ 라이닝 슈를 탈거한다.
(섀시 3-4 브레이크 라이닝 작업 참고)

▲ 브레이크 유압라인과 고정 볼트를 탈거한다.

▲ 휠 실린더 탈거 상태

● **공기빼기 작업** ➡ [섀시 3-3 캘리퍼 교환 후 작동 점검하기] 참고

3-6 브레이크 마스터 실린더 교환 후 작동상태 점검

1. 브레이크 마스터 실린더 탈거

▲ 배터리를 탈거한다.

▲ ECM 커넥터 레버 2개를 양 옆에서 가운데로 모은 다음 위로 들어 올려 커넥터를 탈거한다.

▲ ECM 고정 볼트 3개를 탈거한 후 ECM을 탈거한다.

▲ 브레이크액 레벨 센서 커넥터를 탈거한다.

▲ 플레어 너트를 풀고 마스터 실린더에서 튜브를 탈거한다.

▲ 마스터 실린더 고정 너트를 탈거한다.

▲ 마스터 실린더를 탈거한 후 시험위원에게 확인을 받는다.

2. 브레이크 마스터 실린더 조립

① 조립은 탈거의 역순으로 분리된 부품을 조립한다.

● **공기빼기 작업** ➡ [섀시 3-3 캘리퍼 교환 후 작동 점검하기] 참고

주차 브레이크 레버 교환 작업

1. 주차 브레이크 레버 탈거

▲ 리무버를 이용하여 기어 부츠를 분리한다.

▲ 기어 노브를 위로 잡아당겨 탈거한다.

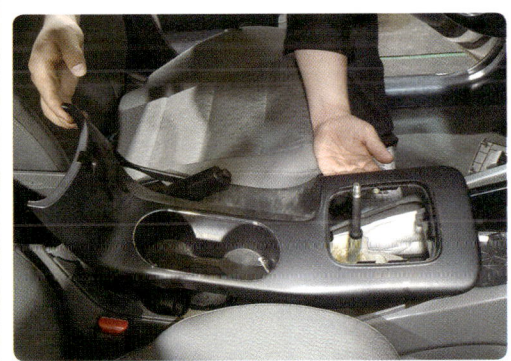

▲ 리무버를 이용하여 콘솔 어퍼 커버를 탈거 후 잠금핀을 눌러 커넥터를 분리한다.

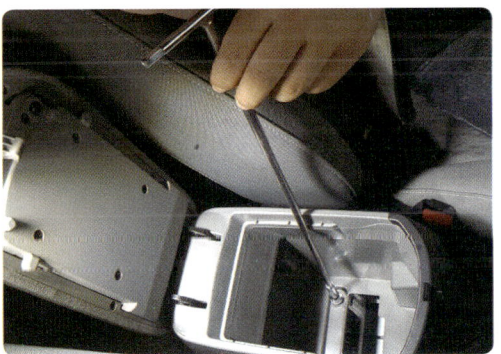

▲ 플로어 콘솔 어셈블리 장착 볼트를 탈거한다.

▲ 플로어 콘솔 어셈블리 장착 볼트를 탈거한다.

▲ 콘솔 사이드 커버 장착 스크루를 탈거한다.

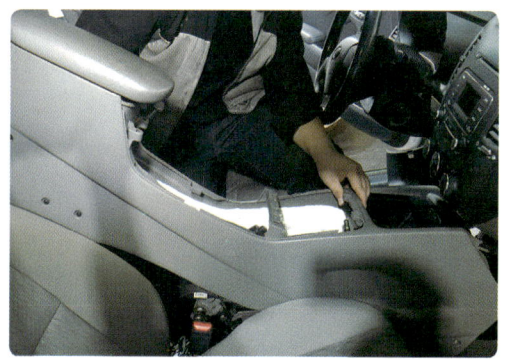
▲ 플로어 콘솔 어셈블리를 탈거한다.

▲ 잠금 핀을 눌러 커넥터를 탈거한다.

▲ 주차 브레이크 스위치 커넥터를 탈거한다.

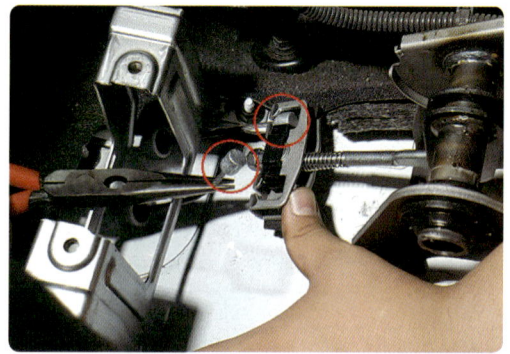
▲ 케이블 리테이너를 탈거하고 주차 브레이크 케이블을 탈거한다.

▲ 주차 브레이크 레버 장착 볼트를 탈거한다.

▲ 주차 브레이크 레버 어셈블리를 탈거한다.

2. 주차 브레이크 레버 조립
① 조립은 탈거의 역순으로 분리된 부품을 조립한다.

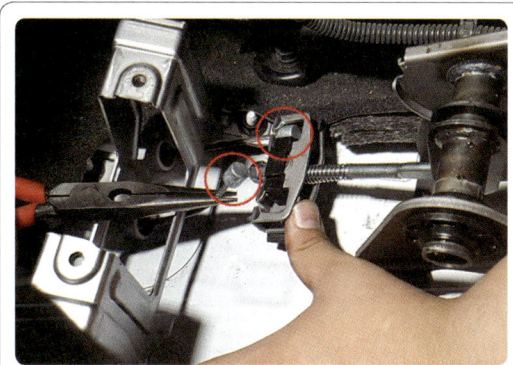
▲ 주차 브레이크 케이블을 조립한다.

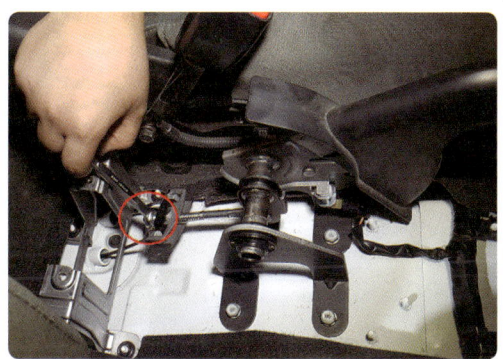
▲ 주차 브레이크 케이블 어저스터 조정너트를 이용하여 브레이크 레버 행정을 조정한다.
예 6~8클릭(20kgf의 힘으로 당겼을 때)

② 주차 브레이크 레버를 완전히 풀고, 뒷바퀴가 돌 때 주차 브레이크가 끌리지 않는지 점검한다. 필요시 재조정한다.
③ 주차 브레이크 레버가 완선히 당겨질 때 주차 브레이크가 완전히 잠겨야 한다.

4항 제동력 측정

제동력 측정 후 기록표 작성

시험결과 기록표

자동차 번호 :				비 번호		시험위원 확인	
① 측정(또는 점검)				② 판정 및 정비(또는 조치) 사항			득 점
항 목	구분	측정값	기준값 (□에 "✓"표)	산출근거		판정 (□에 "✓"표)	
제동력 위치 (□에 "✓"표) □ 앞 □ 뒤	좌		□ 앞 □ 뒤 축 중의	편차		□ 양 호 □ 불 량	
	우		제동력 편차	합			
			제동력 합				

- 측정 위치는 시험 위원이 지정하는 위치의 □에 "✓"표시합니다.
- 자동차검사기준 및 방법에 의하여 기록·판정합니다.
- 측정값의 단위는 시험장비 기준으로 기록합니다.
- 산출근거에는 단위를 기록하지 않아도 됩니다.

측정 전 유의사항

① 타이어 공기압을 포함한 측정 전 준비 상태를 확인한다.
② 해당 축중은 보통 시험위원이 제시하여 준다.
③ 수검자가 필요시 차량에 탑승한 관리원에게 브레이크 작동/해제 등의 신호를 지시한다.
④ 브레이크 페달 조작력에 따른 제동력 값이 차이 날수 있으므로 측정 시 주의한다.
⑤ 측정값 란에는 해당 제동력 값과 단위(kgf)를 기록한다.
⑥ 기준값에서 편차는 "8% 이내", 앞 합은 "50% 이상", 뒤 합은 "20% 이상"이라고 쓴다.
⑦ 산출근거에는 측정한 값을 기준으로 편차와 합의 계산식을 기록한다.

차종별 축중값

차 종	전축중	후축중	차 종	전축중	후축중
K3(1.6)	955kgf	710kgf	EF 쏘나타(2.0)	1020kgf	790kgf
포르테하이브리드(1.6)	880kgf	745kgf	그랜저 HG(3.3)	1095kgf	865kgf
아반떼MD(1.6)	845kgf	670kgf	투싼(2.0)	1065kgf	810kgf
쏘렌토R(2.0)	1185kgf	1075kgf	트랙스(1.4)	1065kgf	995kgf
K5(2.0)	950kgf	825kgf	스포티지(2.0)	1085kgf	820kgf

측정 방법 1

① 차량을 서서히 진입시켜 측정 바퀴가 리프트 중앙에 오도록 한다.
② 변속기를 중립에 위치시키고, 엔진은 공회전 상태를 유지한다.

③ 본체 우측 측면 하단에 있는 전원 스위치를 ON 시킨다. 제동력 초기 화면이 뜬다.
④ 본체 우측에 있는 AXLE LOAD 버튼을 누른 다음 축중값을 입력한다. (예 955kg)

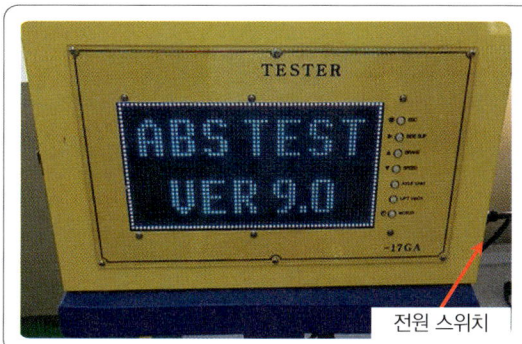

전원 스위치

⑤ 축중값 입력이 끝나면 ESC 버튼을 눌러서 빠져나온다.
⑥ BRAKE 버튼을 눌러서 제동력 측정을 시작한다. 이때 롤러가 자동으로 돌아간다.

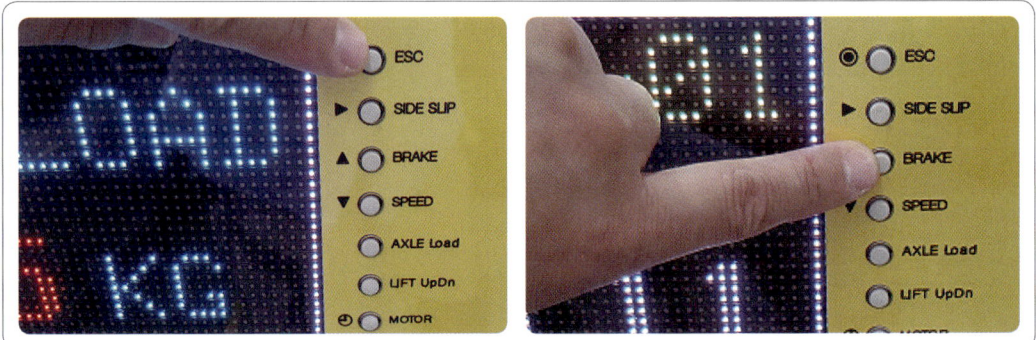

⑦ 롤러가 돌아갈 때 운전자는 브레이크 페달을 서서히 최대로 밟는다. 주차 브레이크일 경우에는 클릭 수를 증가시키며 레버를 잡아당긴다.
⑧ 측정값이 나오면 ESC 버튼을 눌러서 빠져나온다.

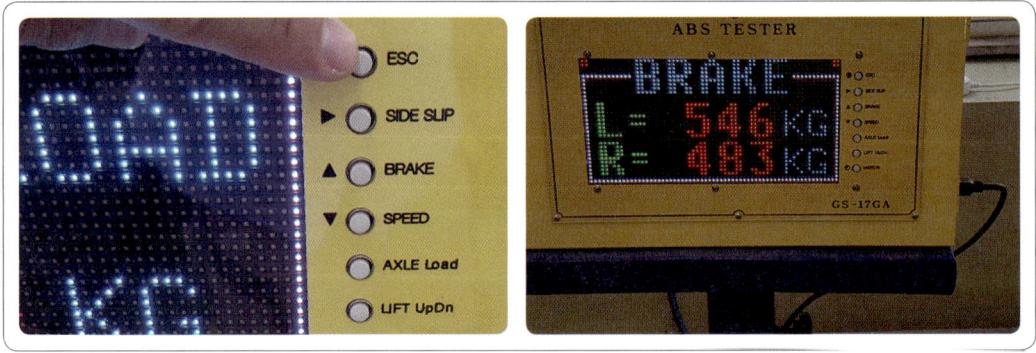

⑨ 계기판의 값을 좌, 우로 구분하여 판독하고 기록한다.

측정 방법 2

① 초기 화면에서 해당 축중(전륜 또는 후륜)을 선택하고 우측 하단에 있는 상시 판정을 눌러서 최대 판정으로 바꾼 후 측정을 선택한다. 이때 해당 축중값은 미리 설정되어 있어 수검자가 입력할 필요가 없다.

② 측정을 선택하면 화면에 측정된 제동력이 뜬다. 이 값을 보고 답안지에 있는 측정값 좌·우에 제동력 값을 기록한 후 제동력 편차와 합을 산출한다. 측정이 끝나면 리셋을 선택한다.

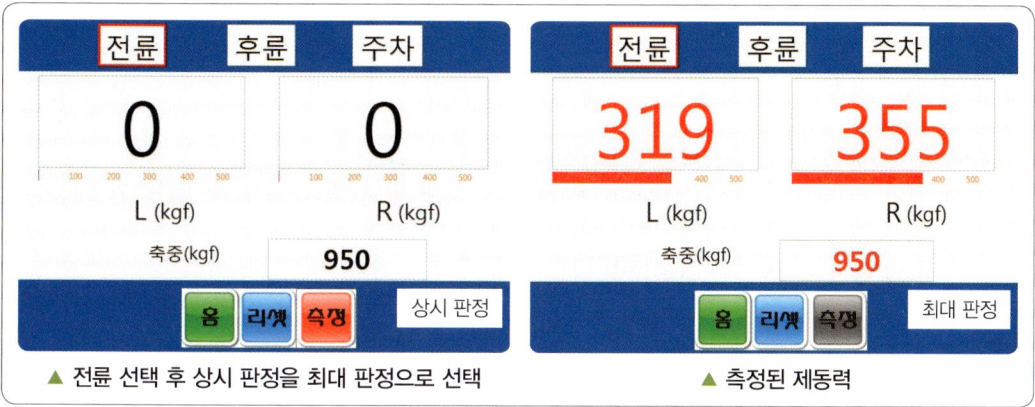

▲ 전륜 선택 후 상시 판정을 최대 판정으로 선택 　　▲ 측정된 제동력

➡ 제동력 편차 $= \dfrac{\text{큰 제동력} - \text{작은 제동력}}{\text{해당 축중}} \times 100 = \dfrac{355-319}{950} \times 100 = 3.7\%$

➡ 제동력 합 $= \dfrac{\text{좌측 제동력} + \text{우측 제동력}}{\text{해당 축중}} \times 100 = \dfrac{355+319}{950} \times 100 = 70.9\%$

● 판정 : 편차 및 합이 모두 기준값 내에 있어야만 양호로 판정한다.
　　　　 편차 및 합 둘 중 하나라도 기준값을 벗어나면 불량으로 판정한다.
● 기준 : 앞 – 축중이 50% 이상, 뒤 – 축중의 20% 이상, 좌우 편차 – 축중의 8% 이내

자동차 번호 :						비 번호		시험위원 확 인	
① 측정(또는 점검)					② 판정 및 정비(또는 조치) 사항				득 점
항 목	구분	측정값	기준값 (□에 "✓"표)		산출근거			판정 (□에 "✓"표)	
제동력 위치 (□에 "✓"표)	좌	319kgf	✓ 앞 □ 뒤	축 중의	편차	$\dfrac{355-319}{950} \times 100$ $= 3.7\%$		✓ 양 호 □ 불 량	
✓ 앞 □ 뒤	우	355kgf	제동력 편차	8% 이내	합	$\dfrac{355+319}{950} \times 100$ $= 70.9\%$			
			제동력 합	50% 이상					

5항 전자제어 섀시장치 점검 측정

섀시 5-1 자동변속기 센서 및 액추에이터 점검 후 기록표 작성

🟢 측정방법

① 자기진단 항목으로 접속되지 않는 경우
  ㉮ 점화 스위치가 "ON" 상태인지 확인하고, 실내 및 엔진 룸부에 자동변속기 계통의 퓨즈가 제대로 장착되어 있는지 확인한다.
  ㉯ 만일 퓨즈가 없거나, 단선되어 있는 경우는 그 자체가 불량 요소이다.
② 자기진단 항목으로 접속하여 고장항목이 나온 경우 고장항목을 답안지에 있는 이상부위란에 기록한 후 해당 고장항목을 찾아 내용 및 상태를 점검하여 기록한다. (커넥터 탈거나 센서가 단선되었는지를 확인한다.)

🟢 자기진단 순서

▲ 차량 통신 선택　　▲ 현대자동차 선택　　▲ EF 쏘나타 선택

▲ 자동변속 선택　　▲ 배기량 선택　　▲ 자기진단 선택

▲ 고장코드 내용　　　▲ 솔레노이드 밸브 커넥터 탈거

① 자기진단기 화면에 "DCC 솔레노이드 – 접지/단선"이라고 고장 항목이 뜨면 답안지 이상부위에는 "DCC 솔레노이드"만 쓴다. 내용 및 상태에도 "접지/단선"이라고 쓰지 말고 "커넥터 탈거"라고 쓴다.
② 솔레노이드 밸브 커넥터 탈거 시 고장 항목이 5개가 뜨는 경우가 있다. (시험위원에게 질문하여 1개만 답안지에 기록하도록 한다.)

자동차 번호 :		비 번호		시험위원 확 인	
항 목	① 측정(또는 점검)		② 판정 및 정비(또는 조치) 사항		득 점
	이상 부위	내용 및 상태	판정(□에 "✓"표)	정비 및 조치할 사항	
변속기 자기진단	DCC 솔레노이드	커넥터 탈거	□ 양 호 ✓ 불 량	커넥터 연결 / 기억 소거 후 재점검	
	변속레버 스위치	커넥터 탈거			

자동차 번호 :		비 번호		시험위원 확 인	
항 목	① 측정(또는 점검)		② 판정 및 정비(또는 조치) 사항		득 점
	이상 부위	내용 및 상태	판정(□에 "✓"표)	정비 및 조치할 사항	
변속기 자기진단	DCC 솔레노이드	커넥터 탈거	□ 양 호 ✓ 불 량	커넥터 연결 / 기억 소거 후 재점검	
	OD 솔레노이드	과거 기억 미소거		기억 소거 후 재점검	

정비 및 조치사항

① 커넥터 탈거 시 : 커넥터 연결 / 기억 소거 후 재점검(재진단)이라고 기록한다.
② 커넥터 연결 시 : 과거 기억 미소거(소거불량) / 기억 소거 후 재점검(재진단)이라고 기록한다.

진단기(스캐너)로 전자제어제동장치 (ABS) 점검

측정 방법

① 자기진단 항목으로 진단되지 않는 경우
  ㉮ 점화 스위치가 "ON"상태인지 확인하고, 실내 및 엔진 룸부에 ABS 계통의 퓨즈가 제대로 장착되어 있는지 확인한다.
② 자기진단 항목으로 진단하였으나 고장 항목이 없는 경우
  ㉮ 시험위원에게 고장요소를 직접 찾아야 하는지를 문의한다. 만약 시험위원이 측정한 내용대로 기록하라고 하면 이상 부위는 "없음", 내용 및 상태는 정상으로 한다.
③ 자기진단 항목으로 진단하여 고장이 나온 경우는 서비스 데이터 및 직접 확인 점검 후 규정값과 측정값 등을 참조하여 상태를 판단한 후 정비 및 조치사항을 기록한다.

자기진단 순서

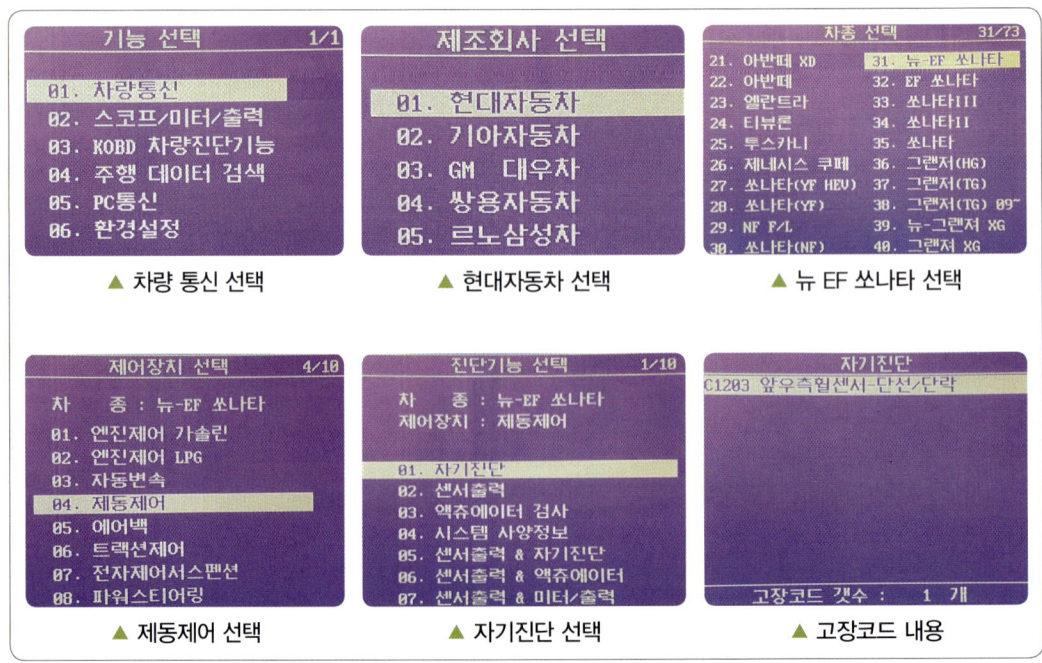

▲ 맵 센서 급가속 시 파형 측정 분석

- 자기진단기 화면에 "앞 우측 휠 센서 – 단선/단락" 이라고 고장항목이 뜨면 답안지 이상 부위에는 "앞 우측 휠 센서" 만 쓴다. 내용 및 상태에도 단선/단락을 쓰지 말 것(오답 처리함)
- 휠 센서(휠 스피드 센서)

항 목	① 측정(또는 점검)		② 판정 및 정비(또는 조치) 사항		득 점
	이상부위	내용 및 상태	판정(□에 "✓"표)	정비 및 조치할 사항	
ABS 자기진단	앞 우측 휠 센서	커넥터 탈거	□ 양 호 ✓ 불 량	커넥터 연결 / 기억 소거 후 재점검	
	앞 좌측 휠 센서	커넥터 탈거			

자동차 번호 :   비 번호   시험위원 확인

항 목	① 측정(또는 점검)		② 판정 및 정비(또는 조치) 사항		득 점
	이상부위	내용 및 상태	판정(□에 "✓"표)	정비 및 조치할 사항	
ABS 자기진단	앞 우측 휠 센서	커넥터 탈거	□ 양 호 ✓ 불 량	커넥터 연결 / 기억 소거 후 재점검	
	앞 좌측 휠 센서	과거 기억 미소거		기억 소거 후 재점검	

정비 및 조치사항

① 시험위원이 미리 고장 항목을 만들어 놓기 때문에 수검자는 자기진단기로 측정하여 고장 항목을 찾아 기록한 다음 배선이 단선인지 커넥터가 탈거되었는지를 점검한다.
② 커넥터 탈거(빠짐) 시 : 커넥터 연결(체결, 결합) / 기억 소거 후 재점검(재진단)이라고 기록한다.
③ 배선 단선 시 : 배선 연결 / 기억 소거 후 재점검(재진단)이라고 기록한다.
④ 과거 기억 미소거(소거 불량) 시 : 기억 소거 후 재점검(재진단)이라고 기록한다.

Industrial Engineer Motor Vehicles Maintenance

전 기

자동차정비산업기사 작업형

1항-1	관련 부품 탈거·부착 작업 및 점검 측정
1항-2	관련 부품 점검하여 기록표 작성
2항	전조등 광도 및 광축 측정
3항	ETACS 제어 관련 회로 점검 및 측정
4항	전기 회로 점검

1항-1 관련 부품 탈거·부착 작업 및 점검 측정

전기 1-1 시동 모터(기동 전동기) 교환

1. 시동 모터(기동 전동기) 탈거

▲ 시동 모터 설치 위치

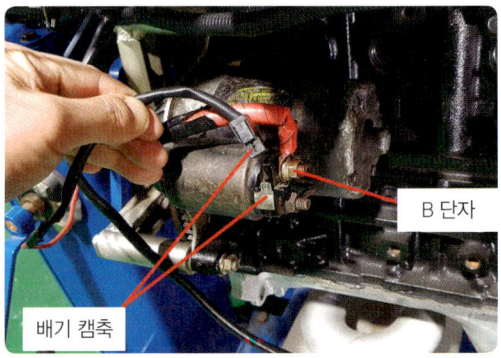

▲ 시동 모터 ST 단자와 B 단자 탈거

B 단자
배기 캠축

▲ 시동 모터 고정 볼트 탈거

▲ 시동 모터 탈거

2. 시동 모터(기동 전동기) 조립

① 조립은 탈거의 역순으로 분리된 부품을 조립한다.

시동 모터(기동 전동기) 분해·조립

1. 시동 모터(기동 전동기) 분해

▲ 시동 모터

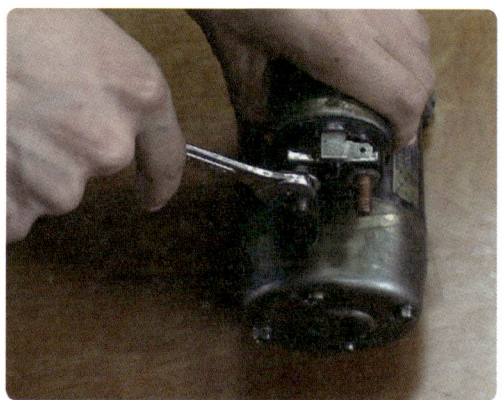

▲ M 단자 고정 볼트 탈거

▲ M 단자 연결선 탈거된 상태

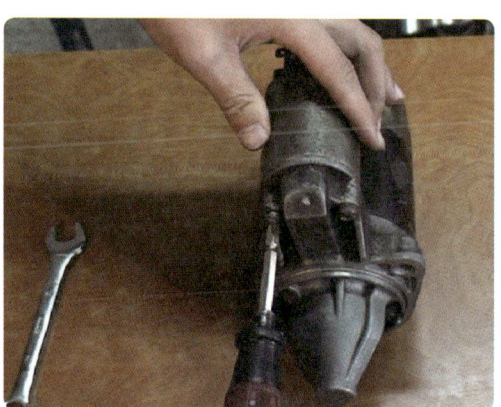

▲ 솔레노이드 고정 볼트 탈거

▲ 솔레노이드 탈거

▲ 관통 볼트 탈거

▲ 앞 엔드 프레임 탈거

▲ 피니언 기어의 레버 방향에 주의

▲ 브러시 고정 볼트 탈거

▲ 리어 커버를 탈거하고 전기자 탈거

▲ 시동 모터 분해 상태

2. 시동 모터(기동 전동기) 조립

① 조립은 탈거의 역순으로 분리된 부품을 조립한다.

발전기 교환

1. 발전기 및 벨트 탈거

▲ 발전기 장착 볼트 2개를 느슨하게 살짝 풀어준다. (상하 볼트를 3회전 정도)

장력 조정 볼트를 위로 들어준다.

발전기를 위로 밀어 주고 벨트를 탈거

▲ 드라이브 벨트 장력 조절 볼트를 풀어 장력을 해제한다.

▲ 장력 조정 볼트를 위로 들어 준 다음 발전기를 위로 밀어준다.

▲ 드라이브 벨트를 탈거한다. (탈거 전에 벨트의 위치를 잘 파악해야 조립 시 조립이 안 되는 경우를 예방)

▲ 상단에 있는 발전기 장착 볼트 1개를 탈거한다. (발전기 추락방지)

▲ 하단에 있는 발전기 장착 볼트 1개를 탈거한다.

▲ 탈거한 발전기 벨트와 발전기를 시험위원에게 확인을 받는다.

2. 발전기 및 벨트 조립
① 조립은 탈거의 역순으로 분리된 부품을 조립한다.
② 장력 조정 볼트를 우측으로 돌려서 장력을 조정한다.
③ 발전기 장착 볼트 2개를 규정 토크로 상단부터 조인 다음 하단 볼트를 조여서 발전기를 고정시킨다.

▲ 장력 조정 볼트를 우측으로 돌려서 장력을 조정한다.

▲ 상단에 있는 발전기 장착 볼트 1개를 규정 토크로 조인다.

▲ 하단에 있는 발전기 장착 볼트 1개를 규정 토크로 조여서 발전기를 고정시킨다.

발전기 분해 · 조립

1. 발전기 분해

▲ 발전기 고정 볼트를 탈거한다.

▲ 드라이버를 이용하여 로터와 스테이터를 분리한다.
(드라이버 위치에 주의할 것)

▲ 로터와 스테이터가 탈거된 상태이다.

▲ 발전기 B 단자 너트를 탈거한다.

▲ 리어 케이스에서 스테이터를 분리한다.

▲ 발전기를 분해한다. (정류기를 분해할 경우에는 인두기로 스테이터와 정류기의 연결 납을 제거)

2. 발전기 조립

▲ 리어 케이스에서 스테이터를 조립한다.

▲ 조립 시 브러시를 안으로 밀고 케이스 홀에 핀을 꽂아 둔다.

▲ 리어 케이스에서 스테이터를 조립한다.

▲ 고정 볼트를 조인다.

▲ 발전기 B 단자 너트를 조인다.

▲ 브러시 고정핀을 제거한다.

에어컨 벨트 및 블로어 모터 교환

1. **에어컨 벨트 탈거** ▶1-3 아반테 MD 에어컨 벨트는 발전기 교환 작업 참고

2. **블로어(블로워) 모터 탈거**(조수석 하단에 있음)

▲ 조수석 하단의 블로어 모터를 확인한다.

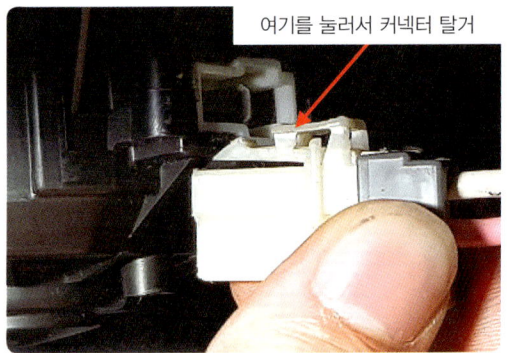
여기를 눌러서 커넥터 탈거
▲ 블로어 모터 커넥터를 탈거한다.

▲ 블로어 모터 고정 나사 3개를 탈거한다.

▲ 블로어 모터를 탈거 후 시험위원에게 확인을 받는다.

3. **블로어 모터 조립**
   ① 조립은 탈거의 역순으로 분리된 부품을 조립한다.

와이퍼 모터 교환

1. 와이퍼 모터 탈거

▲ Key off 후 배터리 (−)단자를 탈거한다.

▲ 와이퍼 암 볼트를 탈거한다.

▲ 와이퍼 암을 탈거한다.

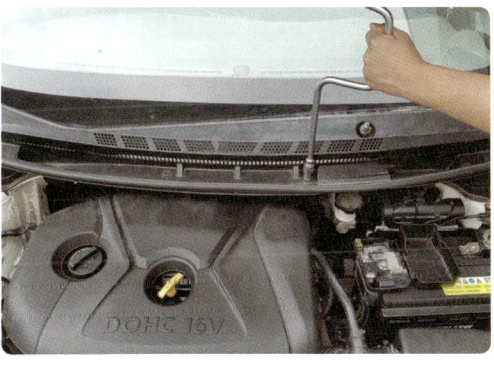

▲ 커버 고정 볼트를 탈거한다.

▲ 와셔 호스를 분리한다.

▲ 커버를 탈거한다.

▲ 와이퍼 모터 커넥터를 탈거한다.

▲ 와이퍼 모터 고정 볼트를 탈거한다.

▲ 와이퍼 모터를 탈거한다.

▲ 와이퍼 모터를 탈거한 상태이다.

전기 1-7 다기능 스위치(콤비네이션 S/W) 탈거 후 조립

1. 다기능 스위치(콤비네이션 S/W) 탈거

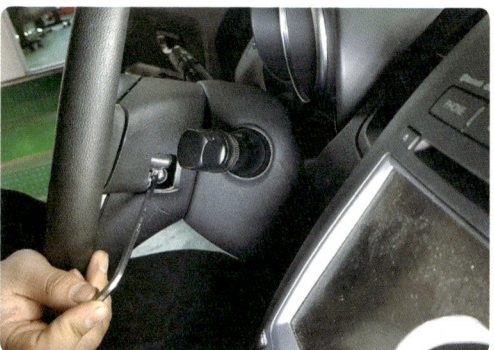

▲ 조향 핸들 뒤 좌측과 우측에 있는 에어백 모듈의 육각 고정 볼트 2개를 육각 렌치를 이용하여 탈거한다.

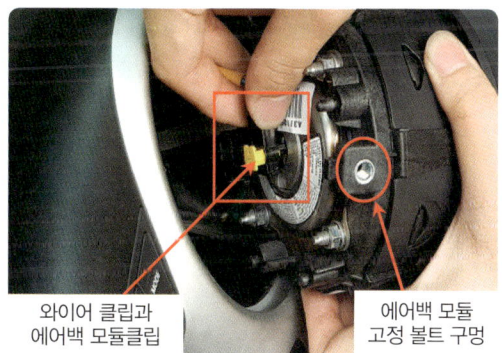

와이어 클립과 에어백 모듈클립

에어백 모듈 고정 볼트 구멍

▲ (−) 드라이버를 이용하여 에어백 모듈을 탈거한다.

▲ 와이어 클립(노랑색)을 잡아당겨서 풀고, 에어백 모듈 커넥터 잠금 핀을 뺀 후 커넥터를 분리하여 에어백 모듈을 조향 핸들에서 분리한다.

▲ 조향 핸들 고정 너트를 탈거한다.

에어백 모듈
육각 고정 볼트

▲ 조향 핸들을 탈거할 때 핸들 뒤쪽에 있는 커넥터를 조심해서 탈거한다.

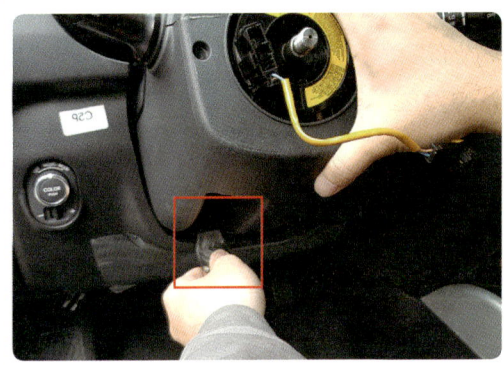
▲ 조향 컬럼 틸트를 작업하기 편하게 최대한 아래로 내린다.

▲ 조향 핸들 컬럼의 커버 고정 나사를 푼 후 커버를 분리한다.

▲ 클록 스프링 커넥터와 스티어링 휠 리모컨 스위치 커넥터를 클록 스프링에서 분리한다.

손톱으로 좌우에 있는 잠금장치를 아래로 당긴다.

클록 스프링 좌우에 2개의 잠금장치는 손으로 눌러서 탈거하고 클록 스프링 중앙에 1개는 손으로 들어서 탈거한다.

▲ 클록 스프링 좌우 2개와 클록 스프링 중앙 1개의 잠금장치를 분리한 후 클록 스프링을 탈거한다.

▲ 다기능 스위치 커넥터를 탈거한다.   ▲ 다기능 스위치 고정 나사 2개를 푼다.

▲ 다기능 스위치를 탈거한다.

2. 다기능 스위치(콤비네이션 S/W) 조립

① 조립은 탈거의 역순으로 분리된 부품을 조립한다.
② 클록 스프링을 위치시키고 정렬 마크를 일치시켜 중심 위치를 맞춘다. 중심 위치는 시계 방향으로 클록 스프링을 멈출 때까지 돌린 후 다시 반대 방향으로 약 2회전시켜서 정렬 마크(▶◀)를 일치시킨다.

전기 1-8 파워 윈도우 레귤레이터 교환

윈도우 모터 레귤레이터 교환하기

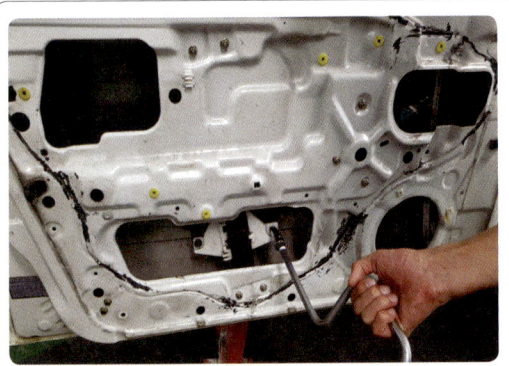
▲ 도어 트림을 탈거 후 유리를 위의 위치까지 내린 후 고정 볼트를 탈거한다.

▲ 유리를 탈거한다.

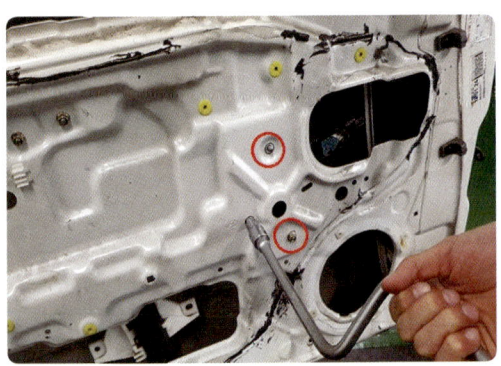
▲ 모터 커넥터 분리 후 모터 고정 볼트 3개를 탈거한다.

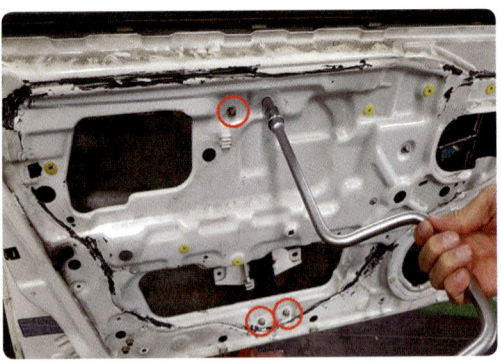
▲ 유리 가이드 레일의 고정 볼트 상하 4개를 탈거한다.

▲ 윈도우 모터 어셈블리를 옆으로 기울여서 탈거한다.

▲ 작업 완료 상태이다.

1항-2 관련 부품 점검하여 기록표 작성

시동 모터의 크랭킹 부하시험 (전류 소모시험)

시험결과 기록표

항 목	① 측정(또는 점검)		② 판정 및 정비(또는 조치) 사항		득 점
	측정값	규정(정비한계)값	판정(□에 "✓"표)	정비 및 조치할 사항	
전류 소모			□ 양 호 □ 불 량		

자동차 번호 :   비 번호   시험위원 확 인

측정 방법

① 자동차가 시동이 걸리지 않도록 점화코일이나 CKP(CAS) 커넥터 등을 탈거한다.
② 소모 전류 측정 전에 후크 미터 레인지를 600A에 놓고 후크 미터를 배터리 단자에서 기동 전동기 "B" 단자로 가는 배선에 연결한다.
③ 측정 전에 반드시 REL 버튼을 눌러서 전류 0점 조정을 한다. 측정 시 배터리 단자 가까운 쪽에서 측정하고, 화살표 방향에 맞게 측정한다. 역극성이면 화면에 ⊖가 표시된다.

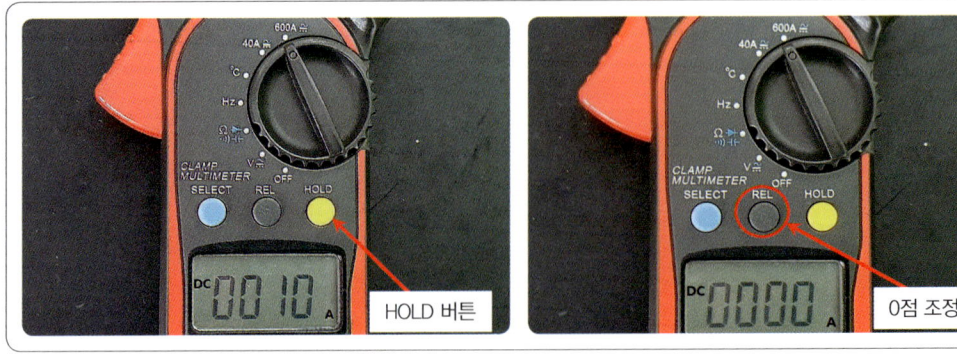

④ 배터리 "B" 단자에 있는 배선 2개 중 1개는 크랭킹 시 소모 전류를 측정하는 배선이고, 1개는 발전기 충전 전류를 측정하는 배선이다. (해당 전류 측정 시 주의)
⑤ 5초 이내로 크랭킹하면서 최대 전륫값을 측정한다. 크랭킹 시 최대 전류에서 HOLD 버튼을 눌러서 측정값을 답안지에 기록한다.

참고사항 및 규정값

① 측정 전 배터리는 정상 상태로 충전되어 있어야 한다.
② 후크 미터(전류계)에 MAX Hold 기능이 있는 경우는 크랭킹 시 MAX Hold 버튼을 눌러서 최고 피크 전류를 측정할 수 있다.

전 압	12V×20/100 = 2.4V, 12V-2.4 = 9.6V 9.6V 이상(베터리 진입 용량의 20% 이상으로 나오면 양호) 9.6V 이하(배터리 전압 용량의 20% 이하로 나오면 불량)
전 류	배터리 용량의 3배 이하(80AH일 때: 240A 이하로 나오면 양호) 배터리 용량의 3배 이상(80AH일 때: 240A 이상으로 나오면 불량)

항 목	자동차 번호 :		비 번호	시험위원 확 인	
	① 측정(또는 점검)		② 판정 및 정비(또는 조치) 사항		득 점
	측정값	규정(정비한계)값	판정(□에 "√"표)	정비 및 조치할 사항	
전류소모	144A	240A 이하	☑ 양 호 □ 불 량	정비 및 조치사항 없음	

정비 및 조치사항

① 전류 측정값이 규정값 이하 시 : 정비 및 조치사항 없음이라고 기록한다.
② 전류 측정값이 규정값 이상 시 : 기동 전동기 교환 후 재점검(재진단)이라고 기록한다.

시동 모터의 크랭킹 전압 강하 시험

시험결과 기록표

항 목	① 측정(또는 점검)		② 판정 및 정비(또는 조치) 사항		득 점
	측정값	규정(정비한계)값	판정(□에 "✓"표)	정비 및 조치할 사항	
전압 강하			□ 양 호 □ 불 량		

자동차 번호 : / 비 번호 / 시험위원 확인

측정 방법

① 차량이 시동이 걸리지 않도록 조치한다. (점화코일, CKP 커넥터 등을 탈거한다. 촉매 보호를 위해 연료가 분사되지 않도록 인젝터 커넥터도 탈거한다)
② 멀티 테스터기 레인지를 V(전압)에 놓고, 전압 강하 측정 시 디지털 멀티 테스터기 적색 리드선을 배터리 ⊕단자, 흑색 리드선을 배터리 ⊖단자에 연결한다.
③ 5초 이내로 크랭킹하면서 크랭킹 시 전압값을 측정한 후 답안지에 기록한다.

▲ 크랭킹 시 전압 강하 측정(10.42V)

전압 규정값

① 측정 전 배터리는 정상 상태로 충전되어 있어야 한다.
② 전압계는 배터리 적색 리드선을 ⊕단자, 흑색 리드선은 ⊖단자에 연결한다.
③ 전압 강하 규정값 : 배터리 전압의 20%(9.6V 이상) 이하로 강하 시 양호이다.

전 압	12V×20/100 = 2.4V, 12V−2.4 = 9.6V 9.6V 이상(배터리 전압 용량의 20% 이상으로 나오면 양호) 9.6V 이하(배터리 전압 용량의 20% 이하로 나오면 불량)
전 류	배터리 용량의 3배 이하(80AH일 때: 240A 이하로 나오면 양호) 배터리 용량의 3배 이상(80AH일 때: 240A 이상으로 나오면 불량)

답안지 작성 예

자동차 번호 :   비 번호   시험위원 확인

항 목	① 측정(또는 점검)		② 판정 및 정비(또는 조치) 사항		득 점
	측정값	규정(정비한계)값	판정(□에 "√"표)	정비 및 조치할 사항	
전압 강하	10.42V	9.6V 이상	☑ 양 호 □ 불 량	정비 및 조치사항 없음	

정비 및 조치사항

① 양호 시 : 정비 및 조치사항 없음이라고 기록한다.
② 전압 강하 불량 시 : 배터리(축전지) 교환 후 재점검(재진단)이라고 기록한다.

시동 모터 전기자와 솔레노이드 점검 및 측정

시험결과 기록표

자동차 번호 :		비 번호		시험위원 확 인	
항 목	① 측정(또는 점검) 상태	② 판정 및 정비(또는 조치) 사항			득 점
		판정(□에 "√"표)	정비 및 조치할 사항		
전기자 코일 (단선, 단락, 접지)		□ 양 호 □ 불 량			
솔레 노이드	풀인				
	홀드인				

● 전기자 점검은 단선, 접지, 단락 시험을 실시한다. (그로울러 시험기 사용)

● 테스터기의 적색과 흑색 프로브를 이용하여 정류자편끼리 통전 상태를 점검한다.

● 테스터기의 통전 램프가 점등되면 양호이다.

▲ 전기자 단선시험

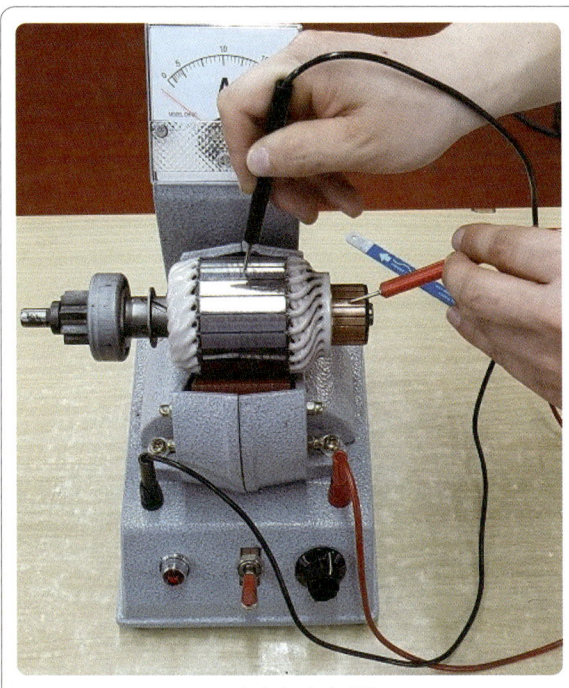

- 테스터기의 적색과 흑색 프로브를 이용하여 정류자편과 전기자 철심끼리 통전상태를 점검한다.
- 테스터기의 통전램프가 점등이 안 되면(비통전 상태) 양호하다.

▲ 전기자 접지시험

- 테스터기의 스위치를 올리면 전기자에 자력이 작용하기 시작한다.
- 철편을 전기자 축 방향으로 가까이 위치시키고 전기자를 천천히 손으로 회전시킨다.
- 이때 철편이 전기자에 붙는지 확인한다. 정상인 경우 붙지 않는다.

▲ 전기자 단락시험

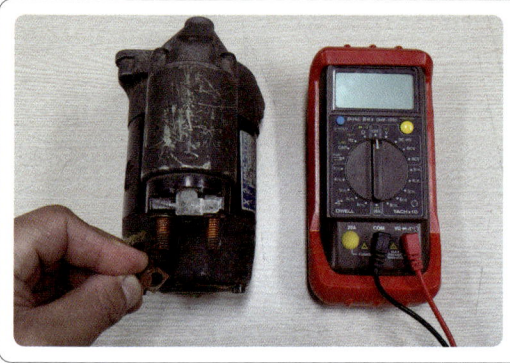

● M 단자 탈거 상태에서 풀인과 홀드인 코일을 점검한다.

▲ 풀인 시험 – ST 단자와 M 단자 저항 측정

▲ 홀드인 시험 – ST 단자와 몸체 저항 측정

답안지 작성 예

자동차 번호 :		비 번호		시험위원 확 인	

항 목		① 측정(또는 점검) 상태	② 판정 및 정비(또는 조치) 사항		득 점
			판정(□에 "✓"표)	정비 및 조치할 사항	
전기자 코일 (단선, 단락. 접지)		양호	☑ 양 호 □ 불 량	정비 및 조치사항 없음	
솔레 노이드	풀인	0.4Ω			
	홀드인	1Ω			

정비 및 조치사항

① 측정값이 모두 정상이면 : 정비 및 조치사항 없음이라고 기록한다.
② 전기자 코일 불량 시 : 전기자 교환 후 재점검이라고 기록한다.
③ 솔레노이드 저항값이 불량 시 : 솔레노이드 교환 후 재점검이라고 기록한다.

발전기 충전 전류와 전압 측정

시험결과 기록표

항 목	① 측정(또는 점검)		② 판정 및 정비(또는 조치) 사항		득 점
	측정값	규정(정비한계)값	판정(□에 "✓"표)	정비 및 조치할 사항	
충전 전류			□ 양 호 □ 불 량		
충전 전압					

자동차 번호 :   비 번호   시험위원 확 인

측정 방법

① 충전 전류를 측정하기 전에 먼저 후크 미터의 레인지를 40A로 선택한다.
② 충전 전류 측정 시 후크 미터를 발전기 "B" 단자 배선에 연결한다. (측정 시 방향에 맞게 측정한다. 역극성이면 측정값에 ⊖가 표시되면서 측정값이 나온다)
③ 측정 전에 반드시 REL 버튼을 눌러서 전류 0점 조정을 한다.

④ 배터리 "B" 단자에 있는 배선 2개 중 1개는 크랭킹 시 소모 전류를 측정하는 배선이고, 1개는 발전기 충전 전류를 측정하는 배선이다. (해당 전류 측정 시 주의)
⑤ 발전기 충전 전류 측정 시 발전기 "B" 단자에서 측정하면 배터리 "B" 단자에서 측정하는 충전 전륫값보다 높게 측정된다. (안전상 이유로 시험장에서는 배터리 쪽에서 측정함)

▲ 후크 미터를 발전기 "B" 단자 배선에 연결하고 충전 전류를 측정(측정값 : 20.73A)

▲ 배터리 "B" 단자 배선에 연결하고 충전 전류를 측정 (측정값 : 13.93A)

⑥ 충전 전압 측정 시 디지털 멀티 테스터기 적색 리드선을 배터리 ⊕단자, 흑색 리드선을 배터리 ⊖단자에 연결한다.

정상측정 조건

① 발전기 벨트 및 커넥터부가 정상 체결 상태이어야 한다.
② 완전 방전된 배터리 상태에서, 시동 시에만 외부 배터리로 점프 시동/배터리 제거 후 측정한다. (완전 방전된 배터리에서나 발전기 정격 전류의 70% 이상 전류값이 나온다)
③ 정상 배터리가 장착된 차량에서는 엔진 회전수가 2,500rpm을 유지하고 최대로 전기소비 부하상태(에어컨, 전조등 상향, 라디오, 도어 윈도, 열선 등)로 작동시킨 후 측정한다.

참고사항

① 정상적인 차량에서 발전기의 출력 전류는 2,500rpm 및 최대 부하 조건이 형성되지 않으면, 발전기 용량의 70% 이상 출력하기 어렵다. (배터리가 방전된 상태에서 전룻값이 나옴)
② 시험장에서는 최대 부하 조건이 될 수 있도록 시험위원의 지시 및 확인을 받고 측정하여야 하며, 워밍업 후 공회전 상태(무부하 정지 시)에서는 오히려 10A 이내의 출력 전류가 발생하는 경우도 있다. (충전된 차량의 경우)
③ 전압은 시동 전 전압보다 최소 1V~1.5V 이상 높게 출력되어야 양호하다. (최대 15V 이내)
④ 발전기 정격 전류의 70% 이상 전룻값이 나오면 정상이다. (전기부하를 최대로 했을 때)
⑤ 전압계의 측정치가 다음에 있는 조정 전압표와 일치하면 전압 레귤레이터는 정상적으로 작동하는 것이다. 만일 측정치가 표준치를 초과하면 전압 레귤레이터나 알터네이터가 결함이 있는 것이다.

전압 레귤레이터의 주위온도(°C)	조정 전압(V)	전압 레귤레이터의 주위온도(°C)	조정 전압(V)	전압 레귤레이터의 주위온도(°C)	조정 전압(V)
−30	14.2~15.3	25	14.2~14.8	135	13.3~14.8

제작 회사	현 대					
	K5(JF)	YF 쏘나타 K5, K7	아반떼 XD·HD ·MD, 쏘울	쏘나타	EF 쏘나타	NF 쏘나타, K3 그랜저 TG
정격 전압	13.5V	13.5V	13.5V	13.5V	13.5V	13.5V
정격 출력	130A	110A	90A	76A	95A	110A
회전수	2,500rpm	2,500rpm	2,500rpm	2,500rpm	2,500rpm	2,500rpm

답안지 작성 예

자동차 번호 :			비 번호		시험위원 확 인	
항 목	① 측정(또는 점검)		② 판정 및 정비(또는 조치) 사항		득 점	
	측정값	규정(정비한계)값	판정(□에 "✓"표)	정비 및 조치할 사항		
충전 전류	13.93A		✓ 양 호 □ 불 량	정비 및 조치사항 없음		
충전 전압	14.39V	13.5~14.8V				

정비 및 조치사항

① 충전 전류 또는 전압 둘 중 하나라도 불량 시 : 발전기 교환(교체) 후 재점검이라고 기록한다.

발전기 다이오드, 여자 다이오드, 로터 코일, 브러시 마모 점검

시험결과 기록표

자동차 번호 :   비 번호: 시험위원 확인:

항 목	① 측정(또는 점검)		② 판정 및 정비(또는 조치) 사항		득 점
	측정값	규정(정비한계)값	판정 (□에 "✓"표)	정비 및 조치할 사항	
(+)다이오드	양: 개 부: 개		□ 양 호 □ 불 량		
(−)다이오드	양: 개 부: 개				
로터코일 저항					

자동차 번호 :   비 번호: 시험위원 확인:

항 목	① 측정(또는 점검)	② 판정 및 정비(또는 조치) 사항		득 점
		판정 (□에 "✓"표)	정비 및 조치할 사항	
(+)다이오드	양: 개 부: 개	□ 양 호 □ 불 량		
(−)다이오드	양: 개 부: 개			
다이오드(여자)	양: 개 부: 개			
브러시 마모				

● 문제가 2가지 형태의 발전기 점검 문제로 출제된다.

측정 방법

① 다이오드 점검

▲ 아날로그 테스터기 설정 방법
- x10Ω 단위에서 측정선 적색이 (−) 극성, 흑색이 (+) 극성임에 주의할 것

▲ 디지털 멀티테스터기 사용 방법
- 다이오드 표시가 있는 위치에서 측정할 것
- 측정선 적색이 (+), 흑색이 (−) 극성임

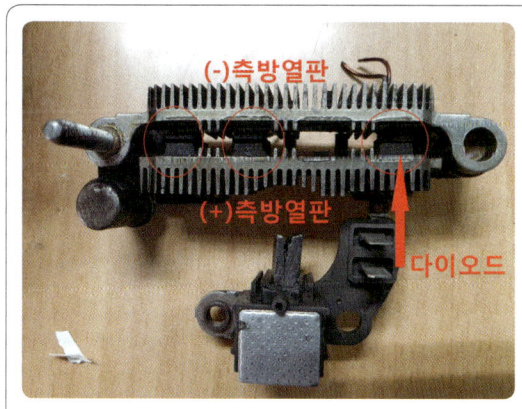

▲ 정류기 윗면

▲ 정류기 아랫면

▲ (+) 다이오드 점검하기

- 테스터기의 극성에 주의하여 점검한다.
- 방열판에 흑색 다이오드에 적색 3곳을 측정하여 모두 통전이어야 한다.

▲ (+) 다이오드 점검하기

- 테스터기의 극성을 바꾸어서 점검한다.
- 방열판에 적색 다이오드에 흑색 3곳을 측정하여 모두 비통전이어야 한다.

▲ (−) 다이오드 점검하기

- 테스터기의 극성에 주의하여 점검한다.
- 방열판에 적색 다이오드에 흑색 3곳을 측정하여 모두 통전이어야 한다.

▲ (−) 다이오드 점검하기

- 테스터기의 극성을 바꾸어서 점검한다.
- 방열판에 흑색 다이오드에 적색 3곳을 측정하여 모두 비통전이어야 한다.

② 로터코일 저항 점검

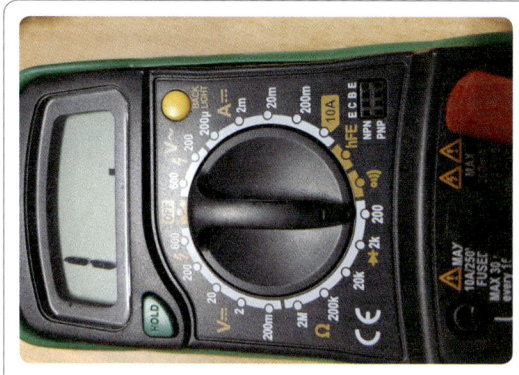
▲ 테스터기의 측정 단위를 맞춘다.

▲ 슬립링의 위와 아래를 측정한다.

③ 여자 다이오드 점검

▲ 여자 다이오드의 양단을 테스터기 다이오드 모드에서 점검한다. 정극성 통전 시 양호

▲ 여자 다이오드의 양단을 테스터기 다이오드 모드에서 점검한다. 역극성 비통전 시 양호

④ 브러시 마모량 점검

▲ 브러시 신품 길이의 1/3 이상 마모 시 교환

▲ 측정 길이 21.6mm

답안지 작성 예

● + 다이오드 2개 양호, 1개 불량인 경우

항 목	① 측정(또는 점검)		② 판정 및 정비(또는 조치) 사항		득 점
	측정값	규정(정비한계)값	판정 (□에 "✓"표)	정비 및 조치할 사항	
(+)다이오드	양: 2개 부: 1개		□ 양 호 ✓ 불 량	다이오드 어셈블리 교환 후 재점검	
(−)다이오드	양: 3개 부: 0개				
로터코일 저항	4.7Ω	4~6Ω			

자동차 번호 :   비 번호   시험위원 확인

항 목	① 측정(또는 점검)		② 판정 및 정비(또는 조치) 사항		득 점
			판정 (□에 "✓"표)	정비 및 조치할 사항	
(+)다이오드	양: 2개 부: 1개		□ 양 호 ✓ 불 량	다이오드 어셈블리 교환 후 재점검	
(−)다이오드	양: 3개 부: 0개				
다이오드(여자)	양: 3개 부: 0개				
브러시 마모	21.6mm				

정비 및 조치사항

① 측정값이 모두 정상이면 : 정비 및 조치사항 없음이라고 기록한다.
② 다이오드가 불량 시 : 다이오드 어셈블리 교환 후 재점검이라고 기록한다.
③ 로터코일 저항값이 불량 시 : 로터 교환 후 재점검이라고 기록한다.
④ 브러시 마모 불량 시 : 브러시 신품 교환 후 재점검이라고 기록한다.

에어컨 작동 시 냉매압력 측정

시험결과 기록표

항목	① 측정(또는 점검)		② 판정 및 정비(또는 조치) 사항		득점
	측정값	규정(정비한계)값	판정(□에 "✓"표)	정비 및 조치할 사항	
저 압			□ 양 호 □ 불 량		
고 압			□ 양 호 □ 불 량		

비 번호 / 시험위원 확인

측정 방법

① 차량이나 시뮬레이터에서 저압부 및 고압부 밸브를 식별하여 게이지를 설치한다.

▲ 저압(청색)의 압력 게이지 설치

▲ 고압(적색)의 압력 게이지 설치

② 게이지를 정상적으로 설치 후 엔진 시동 ⇨ 충분히 워밍업 후 ⇨ 에어컨 작동(블로어 스위치 4단) 엔진 회전수를 2,400rpm(중속)으로 유지시킨 후 게이지 압력을 판독한다.

참고사항

① 에어컨 라인 압력 규정값(게이지에 따른 단위 변화 주의 : 1kgf/cm² = 14.2 PSI)
 ㉮ 저압(청색) : 1.5~2.2kgf/cm²(21.3~31PSI)
 ㉯ 고압(적색) : 14.5~15kgf/cm²(206~213PSI)
 ㉰ 에어컨 가스의 압력은 차종과 온도, 습도, 에어컨 상태에 따라 많은 차이가 나므로 압력 판정에 주의하여야 한다.
② 냉매량이 부족한 경우 : 저압 0.8kgf/cm², 고압 8~9kgf/cm²
 냉매량이 많은 경우 : 2.5kgf/cm², 20kgf/cm²
③ 라인 내에 공기가 혼입된 경우 : 2.5kgf/cm², 23kgf/cm²
 냉매가 순환이 안 될 때 : 아주 낮음, 6kgf/cm²
④ 라인 내에 수분이 혼합된 경우 : 1.5kgf/cm², 7~15kgf/cm²

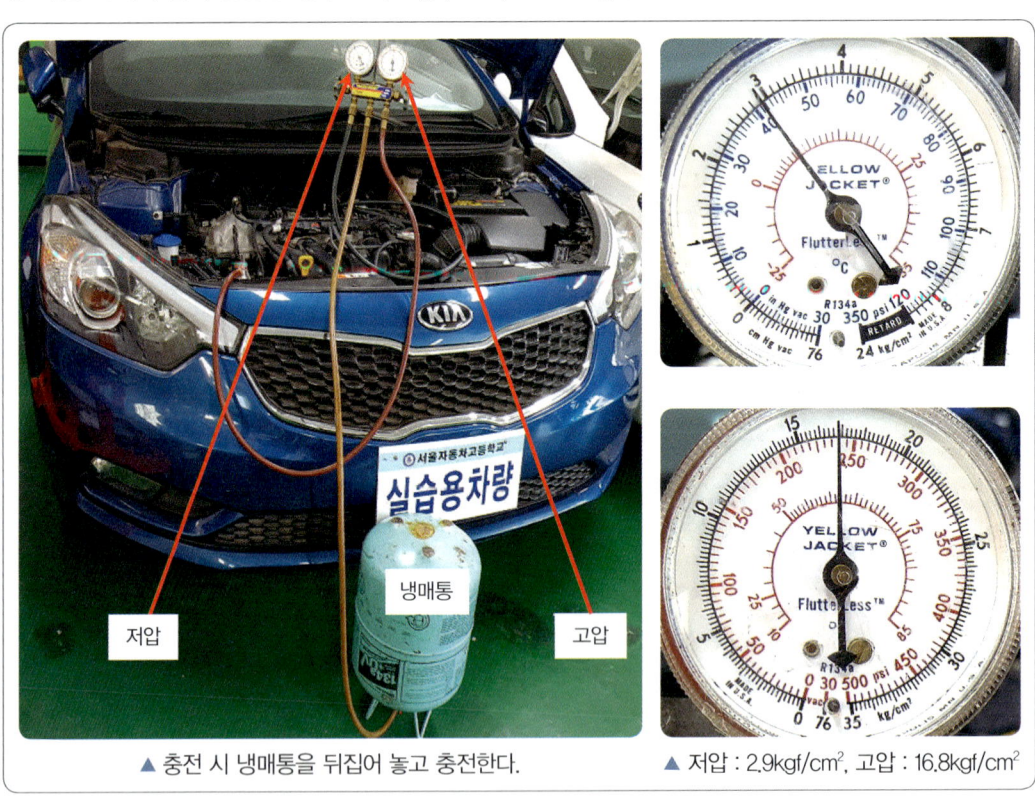

▲ 충전 시 냉매통을 뒤집어 놓고 충전한다.　　▲ 저압 : 2.9kgf/cm², 고압 : 16.8kgf/cm²

답안지 작성 예

항목	① 측정(또는 점검)		② 판정 및 정비(또는 조치) 사항		득점
	측정값	규정(정비한계)값	판정(□에 "✓"표)	정비 및 조치할 사항	
저 압	2.9kgf/cm²	1.5~2.2kgf/cm²	□ 양 호 ✓ 불 량	에어컨 압력 과다/ 냉매회수 후 재충전	
고 압	16.8kgf/cm²	14.5~15kgf/cm²	□ 양 호 ✓ 불 량		

비 번호 / 시험위원 확 인

정비 및 조치사항

① 양호 시 : 정비 및 조치사항 없음이라고 기록한다.
② 압력 저하 시 : 에어컨 냉매 보충이라고 기록한다.
② 압력 과다 시 : 에어컨 압력과다 / 냉매 회수 후 재충전이라고 기록한다.

1. 에어컨 냉매 충전기 명칭

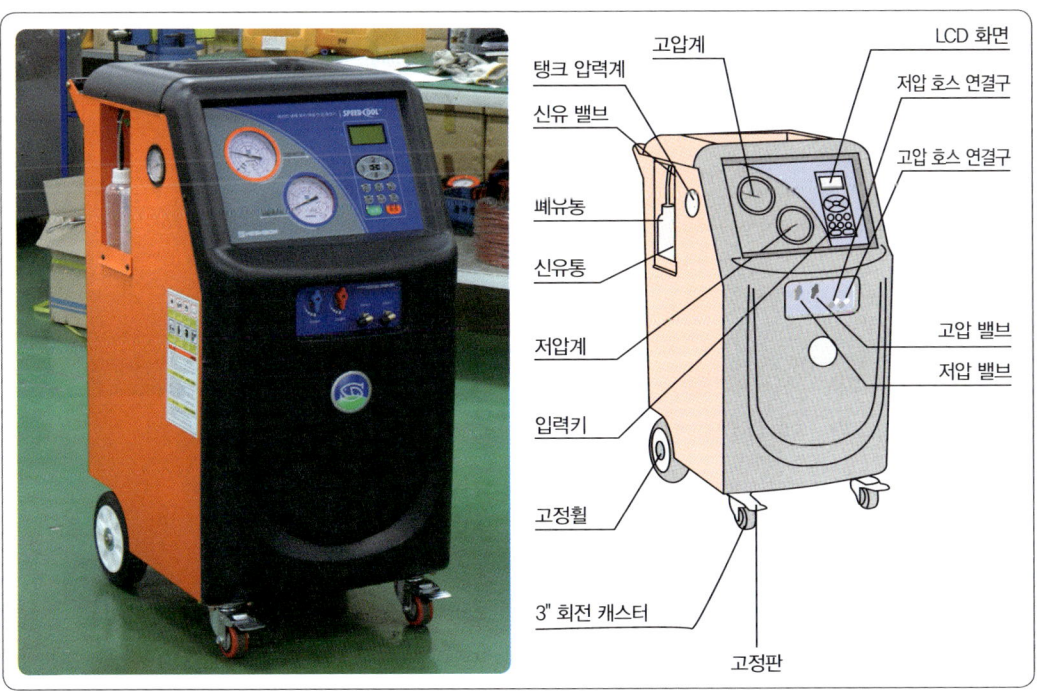

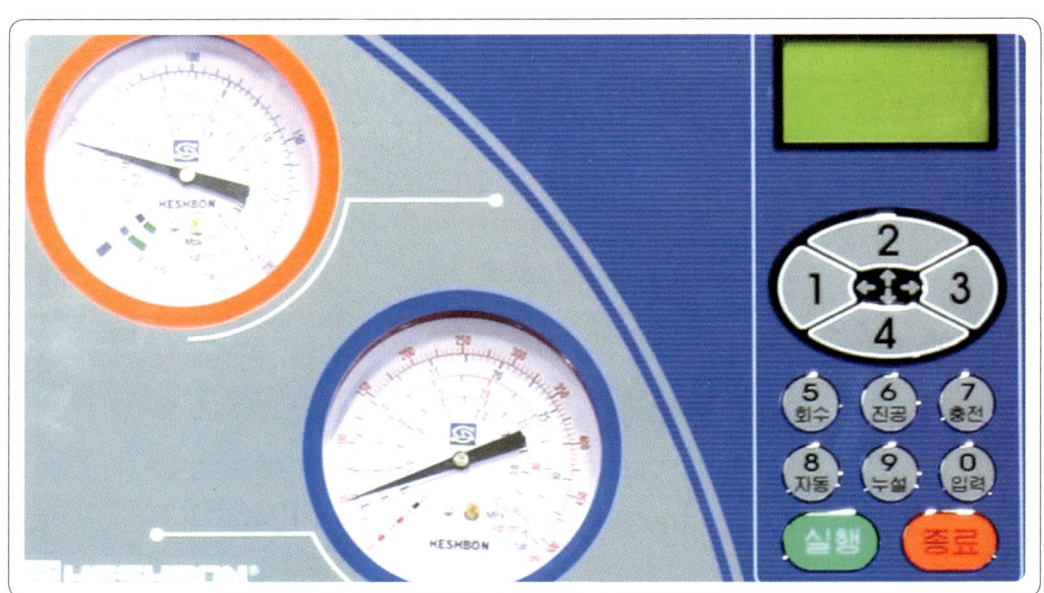

2. 에어컨 냉매 회수 후 재충전 방법

① 차량 에어컨 서비스 니플에 원형 구멍의 중심을 일치시키고 삽입한다. 삽입이 되면 퀵 커넥터에 표시된 방향으로 부드럽게 돌려 움직이지 않을 때까지 돌려 고정한다.

② 고압(적색)과 저압(청색)의 서비스 니플의 크기는 서로 다르므로 커넥터의 크기를 확인하고 저압 퀵 커넥터와 고압 퀵 커넥터를 연결한다.

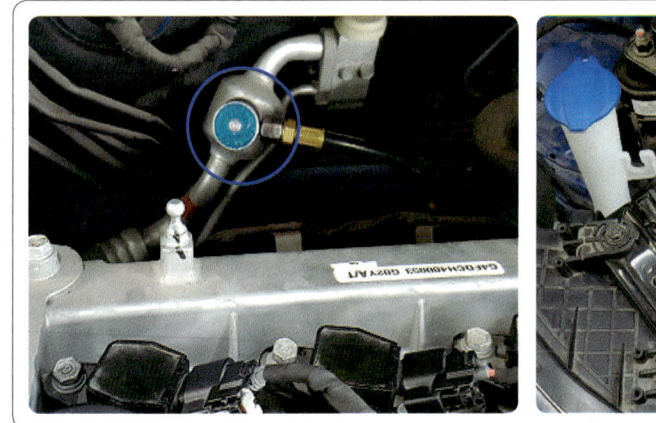 

③ 자동인 경우는 LCD 화면에서 지시하는 대로 조작하면 작업이 진행된다.
④ 반자동으로 사용할 경우에는 아래 내용을 참고한다.

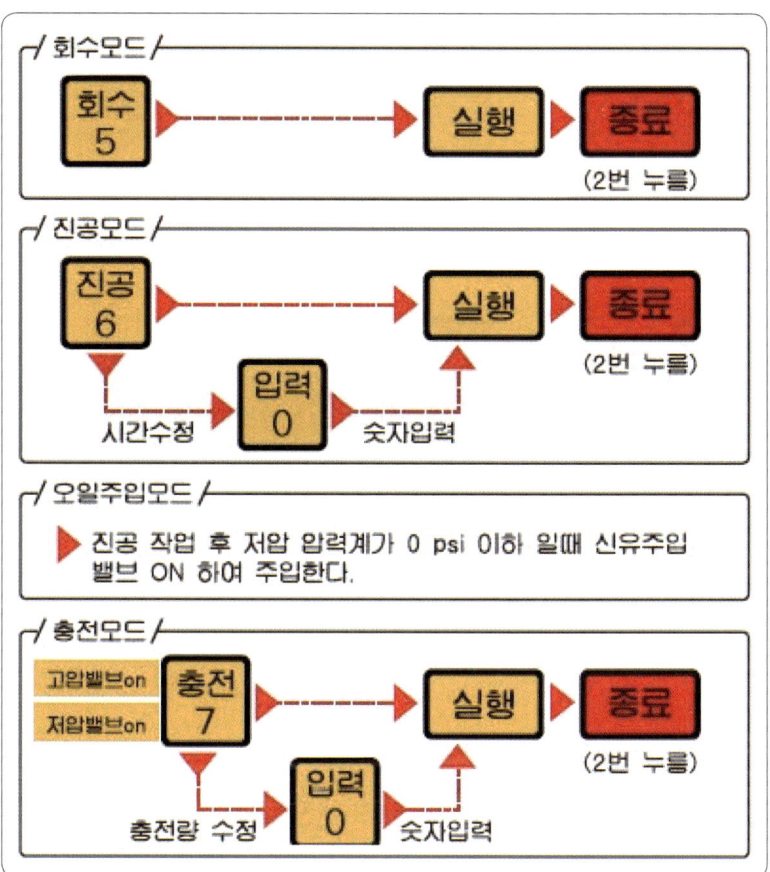

⑤ 회수 순서 : 회수 버튼(5번) → 실행 버튼 → 종료 버튼의 순서로 한다.

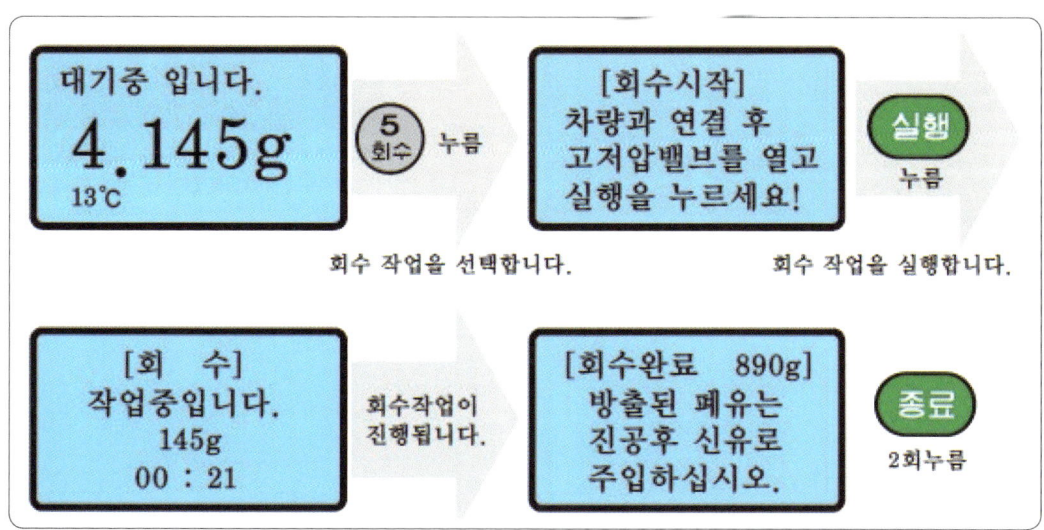

⑥ 진공 순서 : 진공 버튼(6번) → 실행 버튼 → 종료 버튼의 순서로 한다.
   15분~30분 정도(자동 또는 수동 입력 설정)

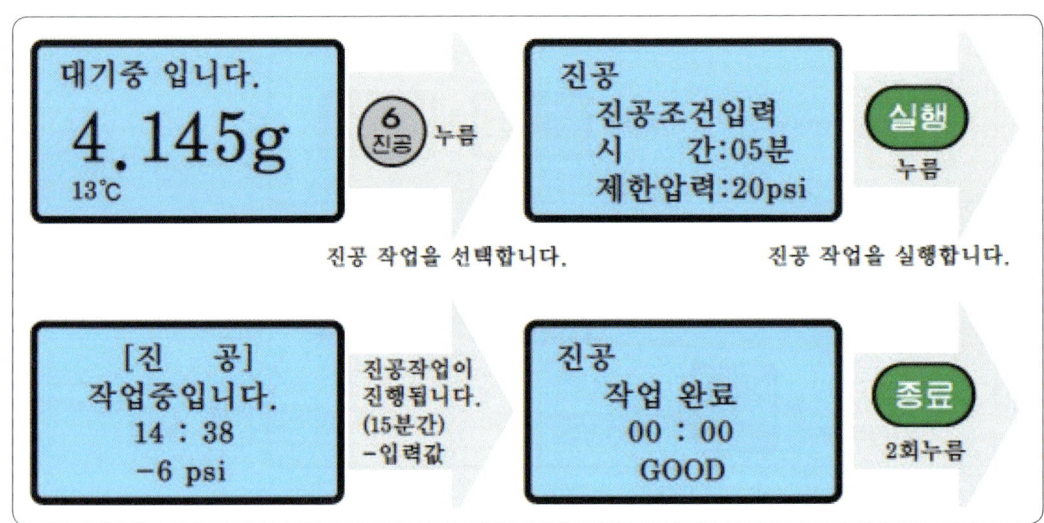

⑦ 오일 주입 : 냉동유 배출에 따른 보상
   ㉮ 진공 작업이 완료된 후 디지털 저압계의 압력이 0psi인지를 확인한다.
   ㉯ 진공 작업 완료 후 고·저압 밸브 ON 상태로 한다.
   ㉰ 신유 주입 밸브를 ON으로 한다.
   ㉱ 신유 오일 통에 오일(30g 전후)을 주입한다.

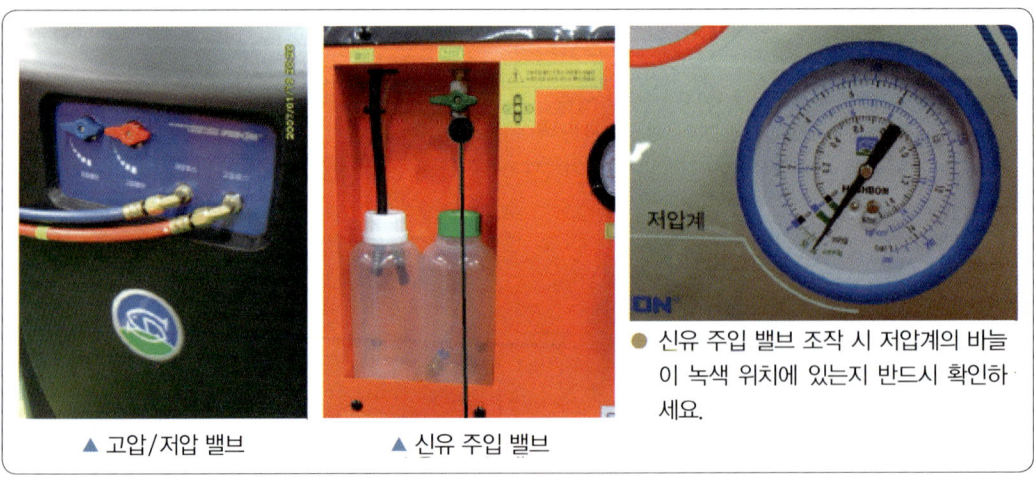

▲ 고압/저압 밸브   ▲ 신유 주입 밸브

● 신유 주입 밸브 조작 시 저압계의 바늘이 녹색 위치에 있는지 반드시 확인하세요.

⑧ 충전 : 차량별 냉매주입 규정량을 확인한 후 규정량을 충전한다.
  ㉮ 충전 순서 : 충전 용량입력(보통 600g~900g) → 실행(고압, 저압 동시 충전)

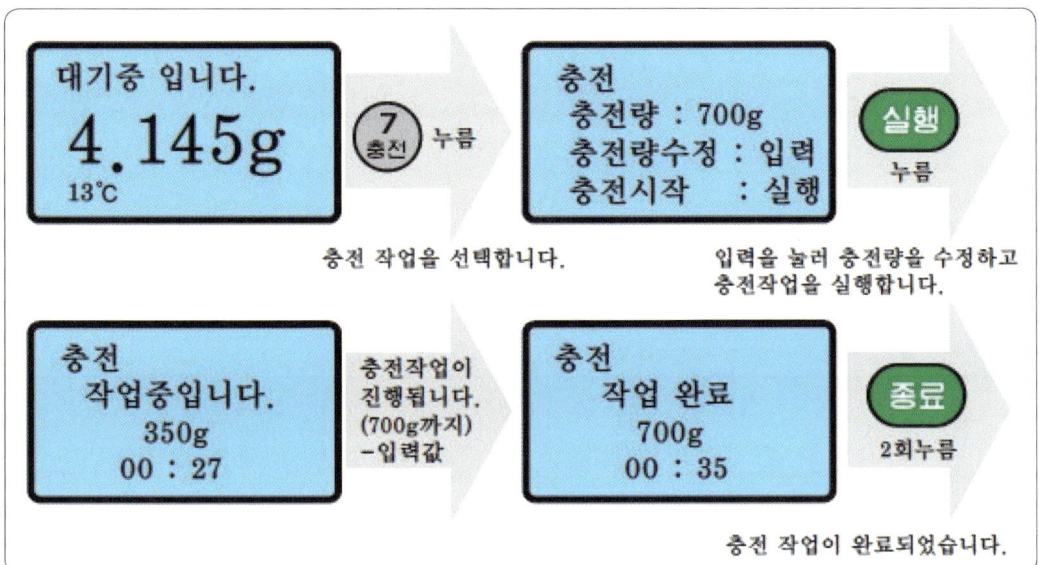

3. 작동상태 확인
① 충전이 완료되면 시동을 걸어서 에어컨 압력과 작동 상태를 점검한다.
② 영상 5℃ 이상, 엔진 워밍업 후 실내 도어 모두 닫힌 상태, 블로어(블로워) 모터 4단 작동한다.
③ 콘덴서 팬 정상, 에어컨 컴프레서 마그네틱 스위치 등 정상 시 엔진 회전수 2,400rpm 이상에서 점검을 해야 한다.

와이퍼 모터 전류 소모시험(로우, 하이 모드)

시험결과 기록표

항목		① 측정(또는 점검)		② 판정 및 정비(또는 조치) 사항		득 점
		측정값	규정(정비한계)값	판정(□에 "√"표)	정비 및 조치할 사항	
소모 전류	LOW 모드			□ 양 호 □ 불 량		
	HIGH 모드					

자동차 번호 :   비 번호   시험위원 확 인

점검 방법

▲ 전류계를 설정(직류, 40A, 영점 조절)

▲ 와이퍼 모터 배선 중 전원 단자(청색)에 전류계를 걸어준다.

▲ 와이퍼 스위치를 LO와 HI 모드로 위치시키면서 소모 전류를 측정한다.

▲ 와이퍼 스위치 LO 모드 시 소모 전류(0.88A)

▲ 와이퍼 스위치 HI 모드 시 소모 전류(1.68A)

● **규정 값**
LOW 모드 시 : 0.4~1.2A
HIGH 모드 시 : 1~3A
차종별 지침서 참고

● 불량 시 와이퍼 모터 교환

답안지 작성 예

		자동차 번호 :		비 번호		시험위원 확 인	
항 목		① 측정(또는 점검)		② 판정 및 정비(또는 조치) 사항			득 점
		측정값	규정(정비한계)값	판정(□에 "✓"표)	정비 및 조치할 사항		
소모 전류	LOW 모드	0.88A	0.4~1.2A	✓ 양 호 □ 불 량	정비 및 조치사항 없음		
	HIGH 모드	1.68A	1~3A				

정비 및 조치사항

① 양호 시 : 정비 및 조치사항 없음이라고 기록한다.
② 불량 시 : 와이퍼 모터 교환 후 재점검이라고 기록한다.

경음기 음량 측정

시험결과 기록표

항 목	① 측정(또는 점검)		② 판정 및 정비(또는 조치) 사항		득 점
	측정값	기준값	판정(□에 "✓"표)	정비 및 조치할 사항	
경음기 음량		_____ 이상 _____ 이하	□ 양 호 □ 불 량		

자동차 번호 :　　비 번호　　시험위원 확인

경음기 사용 방법

■ 경음기 테스터(TES-1350A)
① 테스터기의 구조
　㉮ 전원 및 범위 설정 스위치(RANGE)
　　㉠ Lo : Lo 설정 시 측정 범위 35~100dB
　　㉡ Hi : Hi 설정 시 측정 범위 65~130dB
　　　◐ LCD 좌측 상단에 OVER 표시 시 Lo, Hi 설정을 교체한다.
　　㉢ POWER OFF : 전원 OFF
　㉯ 응답시간 및 최댓값 홀드 스위치(RESPONSE)
　　㉠ S(Slow) : 소음값을 LCD에 천천히 표시(소음값을 1초 간격으로 측정)
　　㉡ F(Fast) : 소음값을 LCD에 빠르게 표시(소음값을 0.125초 간격으로 측정)
　　㉢ MAX HOLD : 최댓값에서 측정값 고정
　㉰ 리셋 버튼 : MAX HOLD 값 재설정 시 사용(MAX HOLD 모드에서 조작이 가능 – 최댓값을 초기화할 수 있다.)
　㉱ 측정 특성 및 캘리브레이션 스위치(FUNCT)
　　㉠ A 위치 : 환경소음 측정 시 사용한다.
　　㉡ C 위치 : 기계소음 측정 시 사용한다.

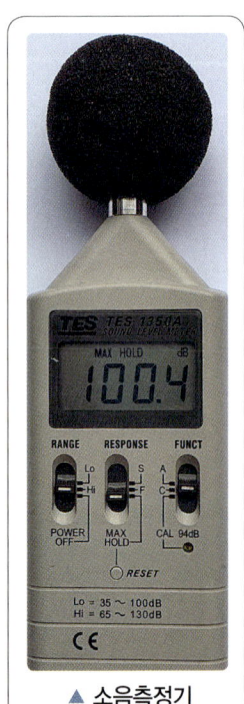

▲ 소음측정기

ⓒ CAL 94dB(캘리브레이션 모드) : 자체 영점 조정 시 사용한다.
　　ⓘ 영점 조절 다이얼 : Lo와 S로 설정하고 CAL 94dB를 선택하면 주위 소음과 상관 없이 94.0dB가 되어야 한다. (틀린 경우 드라이버를 사용하여 ⓘ를 좌우로 조절하여 94.0±1.5dB 범위에 들어오도록 맞춘다)

② **음량측정 방법**
　㉮ 음량계를 받침대에 조립하여 음량계를 지상 1.2 ±0.05m의 높이로 하여 차량 정면에서부터 2m 떨어진 곳에 위치시킨다.
　㉯ 전원 및 범위설정 스위치(RANGE)를 Hi에 위치시킨다.
　㉰ 응답시간 및 최댓값 홀드 스위치(RESPONSE)를 MAX HOLD에 위치시킨다.
　㉱ 측정특성 및 캘리브레이션 스위치(FUNCT)를 C에 위치시킨다.
　㉲ 자동차에서 경적음을 울린다. 이때 액정 화면에 나타난 최고 높은 값을 읽어 기록한다. (소수점은 생략하고 답안지에 정수만 기록한다)
　㉳ 재측정 시 RESET을 눌러서 ㉯~㉲ 순서로 측정하면 된다.

경음기 음량 기준값(최소 90db 이상)

(2006년 1월 1일 이후에 제작되는 자동차)

자동차 구분		소음항목	경적소음(dB)
경 자동차			110 이하
승용 자동차	소형, 중형		110 이하
	중대형, 대형		112 이하

답안지 작성 예(측정값의 소수점은 생략)

자동차 번호 :　　비 번호　　　시험위원 확 인

항 목	① 측정(또는 점검)		② 판정 및 정비(또는 조치) 사항		득 점
	측정값	기준값	판정(□에 "✓"표)	정비 및 조치할 사항	
경음기 음량	100dB	90cd 이상 110cd 이하	☑ 양 호 □ 불 량	정비 및 조치사항 없음	

정비 및 조치사항

① **양호 시** : 기준값 범위이면 양호로 판정하고, 정비 및 조치할 사항란에는 정비 및 조치사항 없음이라고 기록한다.
② **불량 시** : 기준값 범위를 벗어난 경우는 경음기 교환 후 재점검이라고 기록한다.

전기 1-9 파워 윈도우 모터 전류 소모시험

시험결과 기록표

항목	① 측정(또는 점검)		② 판정 및 정비(또는 조치) 사항		득점
	측정값	규정(정비한계)값	판정(□에 "√"표)	정비 및 조치할 사항	
소모 전류 시험	올림 시		□ 양 호 □ 불 량		
	내림 시				

자동차 번호 : 비 번호   시험위원 확 인

윈도우 모터 소모 전류 측정

▲ 전류계를 설정(직류, 40A, 영점 조절)

▲ 윈도우 모터 측 두 개의 배선 중 한쪽 배선에 전류계를 걸어준다.

▲ 파워 윈도우 스위치를 이용하여 윈도우를 올리고 내리면서 측정한다.

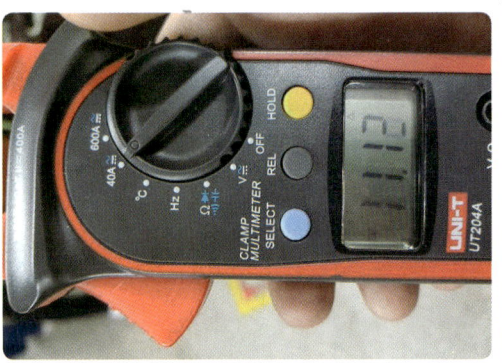

▲ 윈도우를 올리면서 측정한다. (측정값 11.13A)

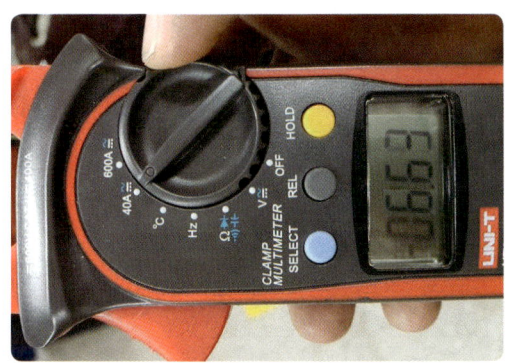

▲ 윈도우를 내리면서 측정한다. (측정값 6.63A)

● 규정값
올림 시 : 5~15A
내림 시 : 4~10A
차종별 지침서 참고

● 불량 시 윈도우 모터를 교환한다.

답안지 작성 예

자동차 번호 :			비 번호		시험위원 확 인	
항 목	① 측정(또는 점검)		② 판정 및 정비(또는 조치) 사항			득 점
	측정값	규정(정비한계)값	판정(□에 "✓"표)	정비 및 조치할 사항		
소모 전류 시험	올림 시 11.13A	5~15A	☑ 양 호 □ 불 량	정비 및 조치사항 없음		
	내림 시 6.63A	4~10A				

정비 및 조치사항

① 양호 시 : 정비 및 조치사항 없음이라고 기록한다.
② 불량 시 : 윈도우 모터 교환 후 재점검이라고 기록한다.

2항 전조등 광도 및 광축 측정

전조등 광도 및 광축 점검

● 시험결과 기록표

자동차 번호 :			비 번호		시험위원 확 인	
① 측정(또는 점검)				② 판정 (□에 "✓"표)		득 점
항 목		측정값	기준값			
(□에 "✓") 위치 □ 좌 □ 우	광도		_____ 이상	□ 양 호 □ 불 량		
설치 높이 □ ≤ 1.0 m □ > 1.0 m	진폭			□ 양 호 □ 불 량		

● 전조등 측정 방법(하향식)

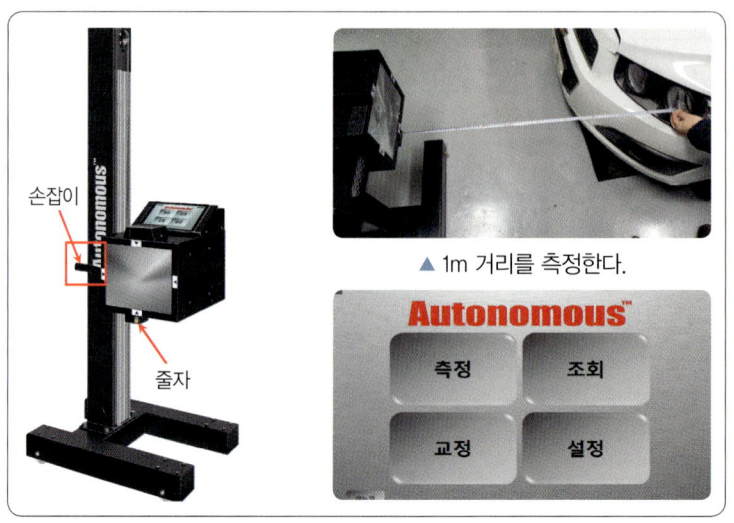

▲ 1m 거리를 측정한다.

① 전조등 테스터기와 차량 전조등 간의 1m 거리를 측정한다.
② 전조등을 하향으로 점등한다. (측정하지 않는 다른 한쪽의 전조등은 가린다)
③ 태블릿 PC 좌측 상단에 있는 전원 버튼을 ON 시키면 자동으로 메인 화면이 뜬다.
④ 메인 메뉴에서 측정 버튼을 누르면 접수번호 화면이 뜬다.
　㉮ 측정 : 헤드라이트 검사를 하기 위한 메뉴. 누르면 접수 화면으로 진입함
　㉯ 조회 : 헤드라이트 검사 후 그 결과를 조회하기 위한 메뉴
　㉰ 교정 : 장비 교정을 위한 메뉴(접근 권한을 가진 인원만 접근 가능)
　㉱ 설정 : 장비 설정을 위한 메뉴(접근 권한을 가진 인원만 접근 가능)
　㉲ 매뉴얼 : 장비 매뉴얼을 볼 수 있는 메뉴

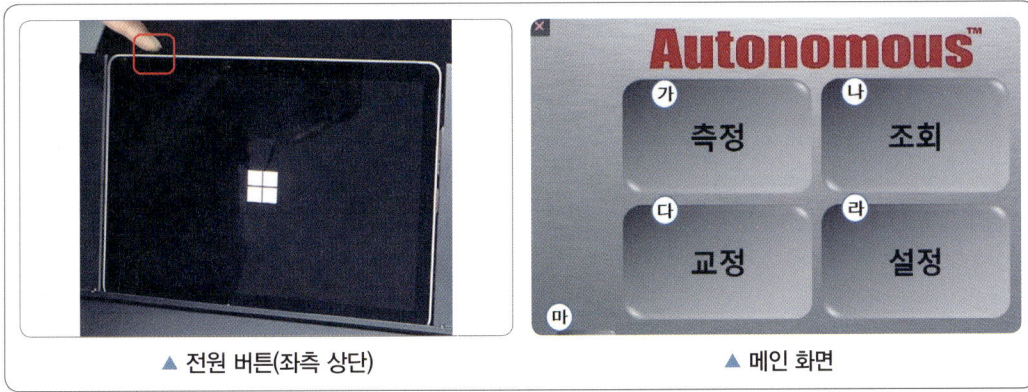

▲ 전원 버튼(좌측 상단)　　　▲ 메인 화면

⑤ 목록에서 검사할 접수번호(차량번호)를 선택한다. (저장된 목록이 있으면 ⑥번은 생략)
⑥ 등록된 접수번호가 없는 경우 수동으로 입력 버튼을 누른다. 차량번호와 차량 모델 입력 화면이 뜨는데 무시하고, 아래 입력 버튼을 누르면 자동으로 TEST 오프라인이 생성된다.
⑦ TEST 오프라인을 선택한다.
⑧ 일반 전조등 선택한다. (터치할 때마다 일반 전조등과 지능형 전조등이 바뀐다)
⑨ 하향등 선택(2등식, 4등식 구분 없음)한다. (터치할 때마다 하향등과 상향등이 바뀐다)
⑩ 측성 버튼을 누른다.

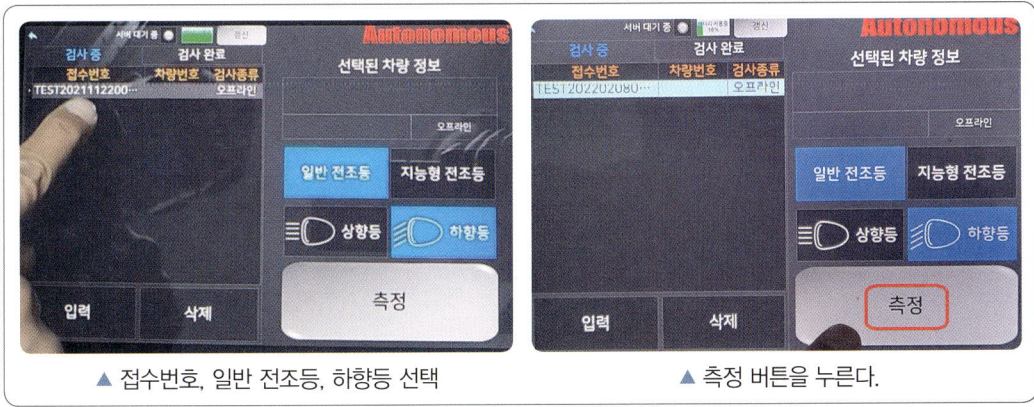

▲ 접수번호, 일반 전조등, 하향등 선택　　　▲ 측정 버튼을 누른다.

⑪ 정대 화면이 뜨면, 헤드라이트의 전구 중심(녹색 안쪽처럼)이 중앙 정대에 오도록 전조등 테스터기에 있는 손잡이를 잡고 좌·우, 상·하로 움직여서 중앙 정대에 맞춘 다음 우측 하단에 있는 정대 버튼을 누른다.

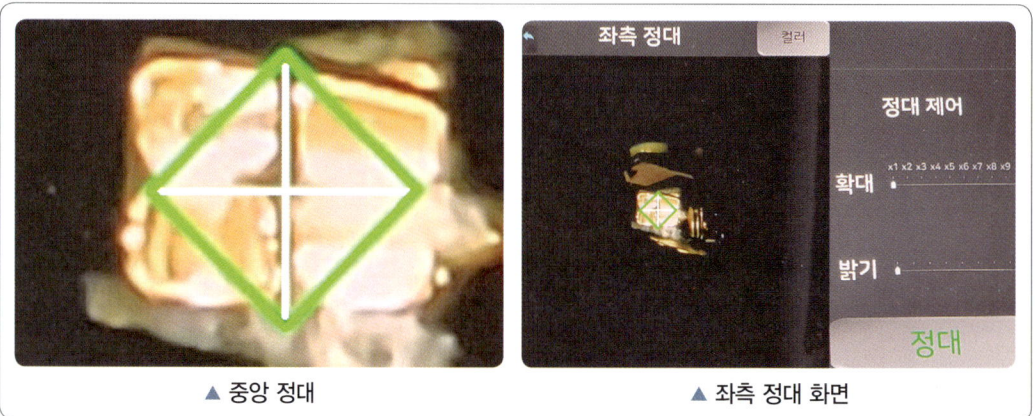

▲ 중앙 정대　　　　　　　　　　　▲ 좌측 정대 화면

⑫ 검사 모드에서 광축(녹색 X 표시)의 광도를 확인하고, Cut off line(노랑색 X 표시)이 ① 상(초록색 선)과 ② 하(초록색 선) 사이에 오면 정상적으로 측정된 것이다. (좌측 전조등을 측정할 경우는 여기까지만 진행한다.)
㉮ 광도, 상/하, 좌/우 값이 초록색이면 합격이고 적색이면 불합격이다.
㉯ 광도, 상/하, 좌/우 글씨를 한 번 클릭할 때마다 % → cm → °로 변환된다.
㉰ 화면 좌측 상단에 있는 Progress(진행 중)에서 측정하면 안 되고 Stable(안정된 상태)에서 측정해야 한다. (정대를 누르면 Progress가 뜨고 잠시 후에 Stable이 뜬다.)
⑬ 우측 전조등을 측정할 경우는 우측 하단에 있는 측정 버튼을 누른다.

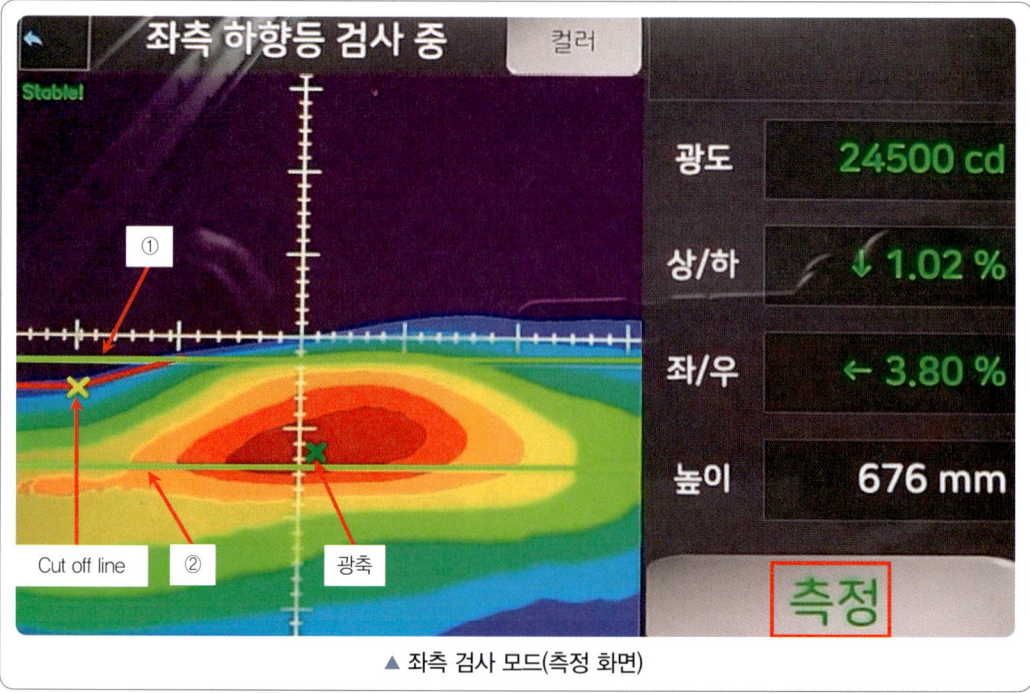

▲ 좌측 검사 모드(측정 화면)

⑭ 정대 화면이 뜨면, 헤드라이트의 전구 중심(녹색 안쪽처럼)이 중앙 정대에 오도록 전조등 테스터기에 있는 손잡이를 잡고 좌·우, 상·하로 움직여서 중앙 정대에 맞춘 다음 우측 하단에 있는 정대 버튼을 누른다.

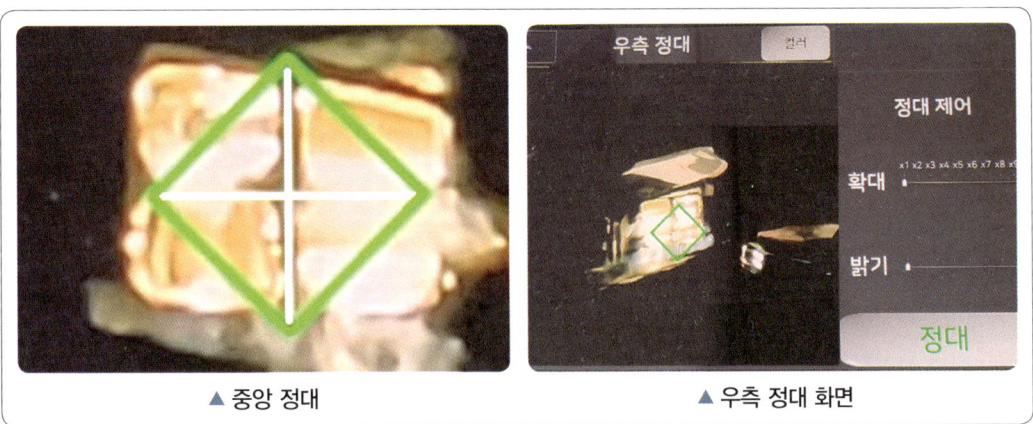

▲ 중앙 정대   ▲ 우측 정대 화면

⑮ ⑫번 내용을 참고

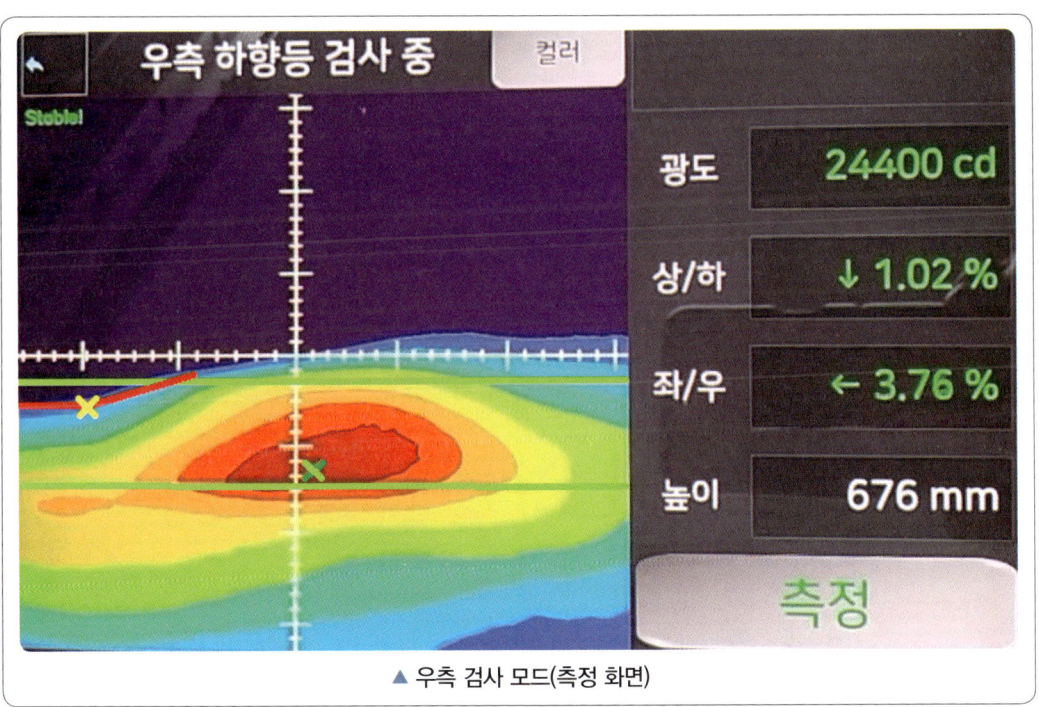

▲ 우측 검사 모드(측정 화면)

기준값

① 광도 : 3,000cd 이상
② 전조등 설치 높이
　㉮ 설치 높이가 1.0m 이하인 경우 : −0.5% ~ −2.5%
　㉯ 설치 높이가 1.0m 초과인 경우 : −1.0% ~ −3.0%

답안지 작성 예

① 좌측 전조등 광도 측정값 : 24,500cd
② 좌측 전조등 설치 높이 : 측정값이 676mm이므로 1m 미만에 체크
③ 진폭 : 하 −1.02%

자동차 번호 :			비 번호		시험위원 확 인	
① 측정(또는 점검)			② 판정 (□에 "✓"표)		득 점	
항 목	측정값	기준값				
(□에 "✓") 위치 ☑ 좌 □ 우 설치 높이 □ ≤ 1.0 m ☑ > 1.0 m	광도	24,500cd	3,000cd 이상	☑ 양 호 □ 불 량		
^	진폭	하 − 1.02%	− 0.5% ~ − 2.5%	☑ 양 호 □ 불 량		

● 측정 위치는 시험위원이 지정하는 위치의 □에 "✓"표시합니다.
● 자동차검사기준 및 방법에 의하여 기록·판정합니다.

3항 ETACS 제어 관련 회로 점검 및 측정

감광식 룸 램프 출력 전압

시험결과 기록표

항 목	① 측정(또는 점검)		② 판정 및 정비(또는 조치) 사항		득 점
	감광 시간	전압 변화	판정(□에 "✓"표)	정비 및 조치할 사항	
작동변화		→	□ 양 호 □ 불 량		

자동차 번호 :   비 번호   시험위원 확 인

에탁스 회로도 참고(뉴 EF 쏘나타)

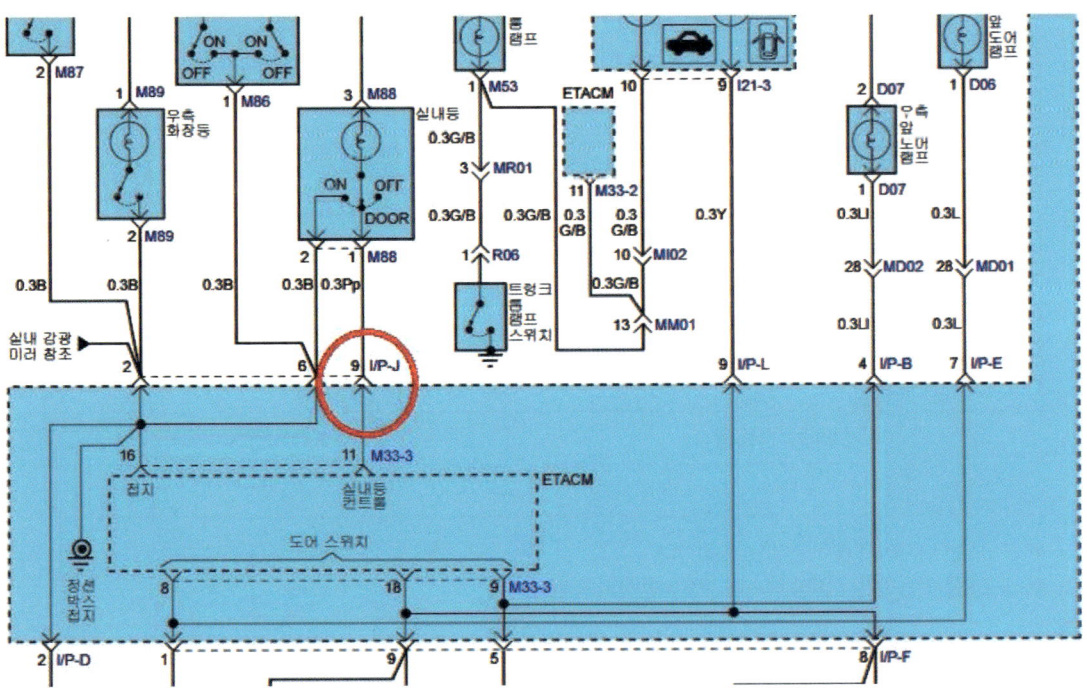

▲ EF쏘나타 실내 측정 단자

▲ 에탁스 단자에서 측정

IP-J 커넥터

4	3			2	1
10	9	8	7	6	5

번호	명칭
1	
2	좌측·우측 화장등
3	
4	
5	
6	실내등 ON
7	
8	
9	실내등 컨트롤
10	

- IP-J 9번 단자에서 출력 전압을 측정한다.
- HI-DS를 이용하거나 멀티 테스터기를 사용하기도 한다.

▲ 키 off 상태 확인

▲ 실내등 DOOR 위치

▲ 모든 도어를 닫고 1개 도어만 OPEN 한다.

▲ 도어 스위치를 누르거나 도어를 닫아 측정 시작한다.

▲ 감광 제어 시작

▲ 감광 제어 끝

● 파형 측정 시 채널 선을 이용하여 회로도에서 확인한 단자 번호 IP-J 9번 실내등 제어 단자에서 측정한다.

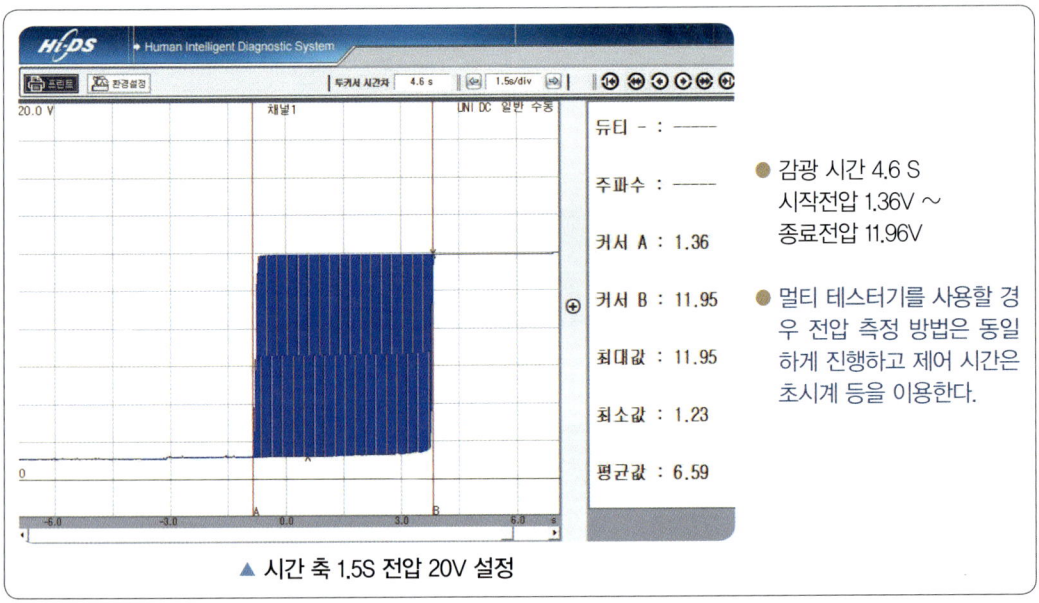

▲ 시간 축 1.5S 전압 20V 설정

답안지 작성 예

항 목	① 측정(또는 점검)		② 판정 및 정비(또는 조치) 사항		득 점
	감광 시간	전압 변화	판정(□에 "✓"표)	정비 및 조치할 사항	
작동변화	4.6 S	제어 시작 1.36V → 제어 종료 11.96V	☑ 양 호 □ 불 량	정비 및 조치사항 없음	

자동차 번호 :   비 번호   시험위원 확 인

정비 및 조치사항

① 양호 시 : 정비 및 조치사항 없음이라고 기록한다.
② 불량 시 : 에탁스 교환 후 재점검이라고 기록한다.

● 쏘나타 3의 경우에는 M70-1 커넥터 7번 단자에서 측정

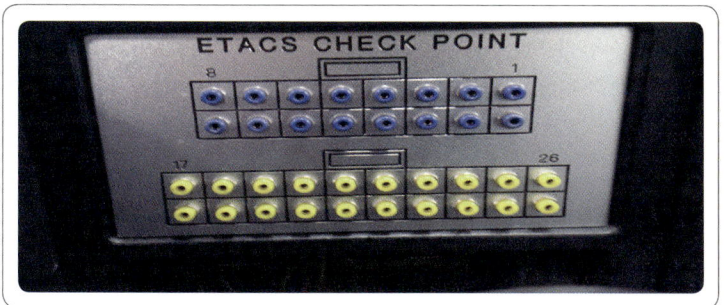

● 쏘나타 3(측정용)

● A 커넥터(M70-1)

8	7	⑥	5	4	3	②	1
⑯	15	14	13	12	11	10	9

● B 커넥터(M70-2)

17	18	19	20	21	22	23	24	25	26
27	28	29	30	31	32	33	34	35	36

M70-1

번호	명 칭
1	와이퍼 릴레이
2	도어 언록 릴레이
3	시트벨트 경고등
4	리어 디포거 릴레이
5	-
6	도어 록 릴레이
7	룸 램프
8	-
9	파워 윈도우 릴레이
10	-
11	-
12	키홀 조명
13	조수석 도어 스위치
14	-
15	-
16	GND

M70-2

번호	명 칭
17	운전석 도어 스위치
18	-
19	-
20	-
21	운전석 도어 록 스위치
22	와이퍼 INT Time
23	와이퍼 INT
24	IG 2
25	IG 1
26	-
27	도어 스위치
28	-
29	조수석 도어 록 스위치
30	-
31	와이퍼 와셔 모터
32	-
33	리어 디포거 스위치
34	발전기 "L"
35	도어 경고 스위치
36	B+

센트럴 록킹 스위치 입력 신호 측정

시험결과 기록표

항 목		① 측정(또는 점검)		② 판정 및 정비(또는 조치) 사항		득 점
		측정값	규정(정비한계)값	판정(□에 "✓"표)	정비 및 조치할 사항	
록 (Lock)	ON			□ 양 호 □ 불 량		
	OFF					
언록 (UnLock)	ON					
	OFF					

자동차 번호 :   비 번호   시험위원 확 인

에탁스 회로도 참고(뉴 EF 쏘나타)

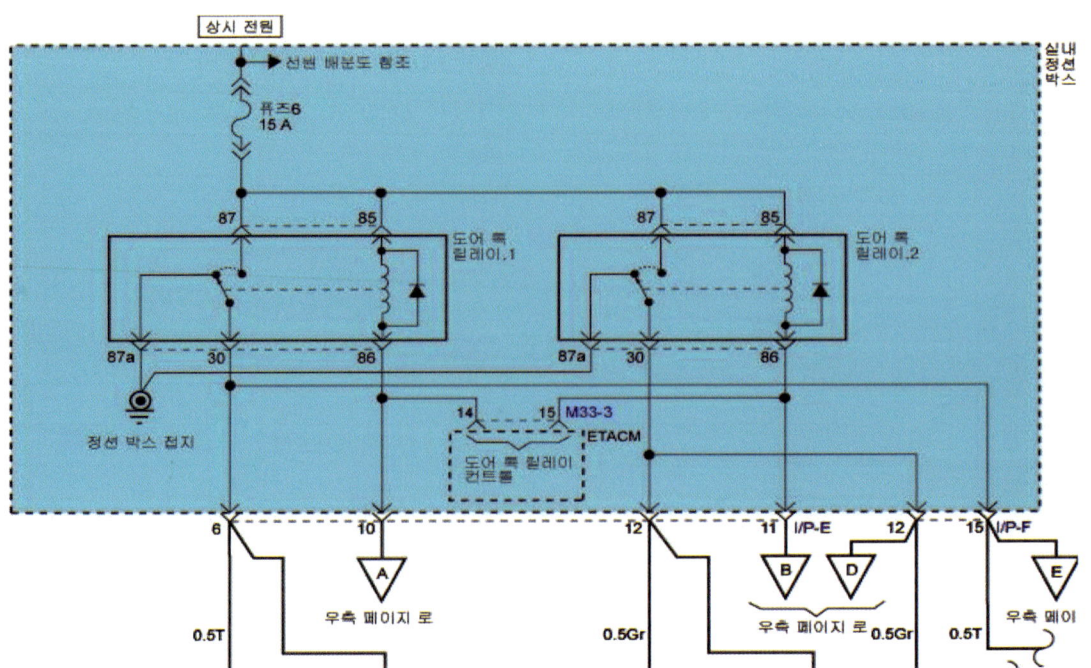

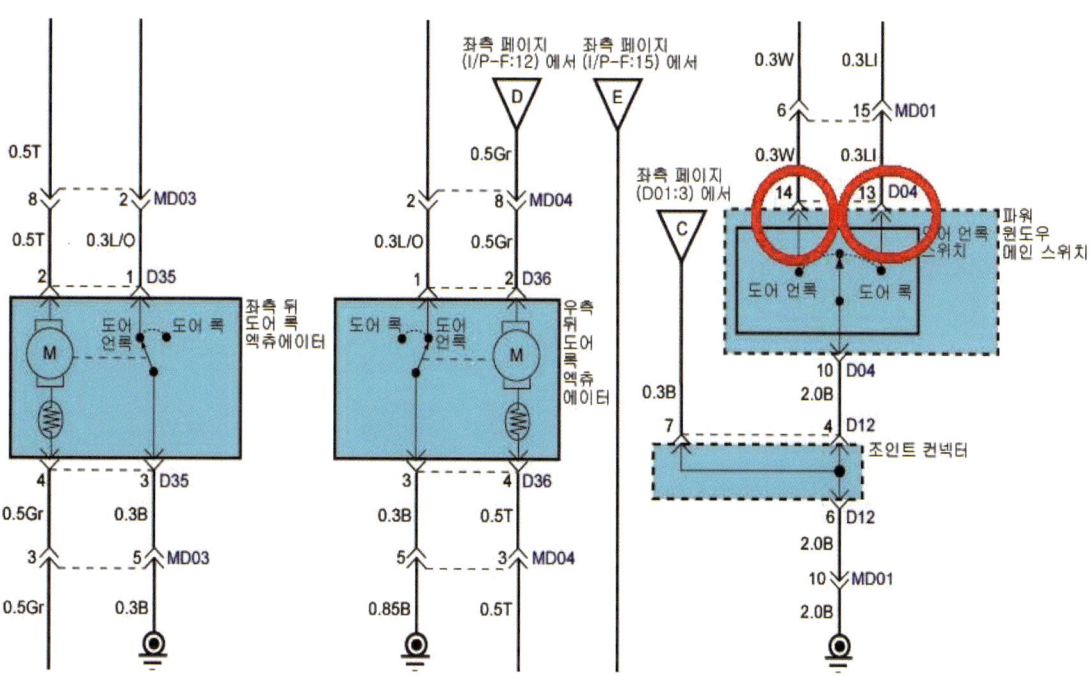

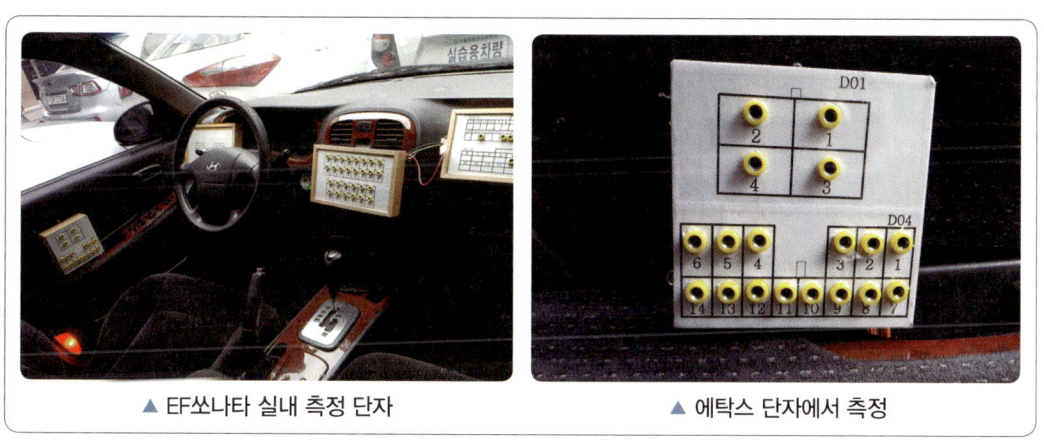

▲ EF쏘나타 실내 측정 단자   ▲ 에탁스 단자에서 측정

- 에탁스 회로도의 메인 스위치 커넥터에서 측정한다.
  - D04 커넥터 13번 단자 : 도어 록 스위치 작동 시, 비작동 시 측정
  - D04 커넥터 14번 단자 : 도어 언록 스위치 작동 시, 비작동 시 측정

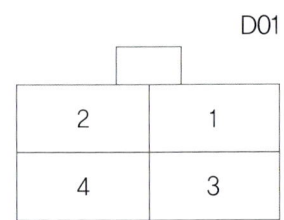

▲ 도어록/언록 액추에이터 하네스 커넥터

▲ 좌측 파워 윈도우 메인 스위치 하네스 커넥터

D01

번호	명 칭
1	도어록/언록 스위치
2	도어록/언록 액추에이터
3	접지
4	도어록/언록 액추에이터

D04

번호	명 칭
1	윈도우 록 스위치
2	우측 앞 윈도우 UP 스위치
3	–
4	우측 앞 윈도우 DOWN 스위치
5	좌측 앞 윈도우 DOWN 스위치
6	좌측 앞 윈도우 UP 스위치
7	우측 뒤 윈도우 UP 스위치
8	우측 뒤 윈도우 DOWN 스위치
9	좌측 뒤 윈도우 UP 스위치
10	접지
11	전원
12	좌측 뒤 윈도우 DOWN 스위치
13	센트럴 도어록 스위치
14	센트럴 도어언록 스위치

▲ 키 OFF 상태 확인 　　　　　▲ 도어록 스위치(도어 열림 상태)

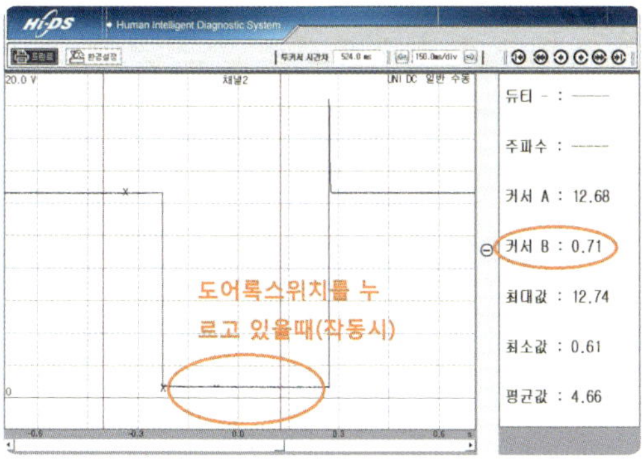

▲ 도어록 스위치 ON 시(D04-13번 단자에서 측정) 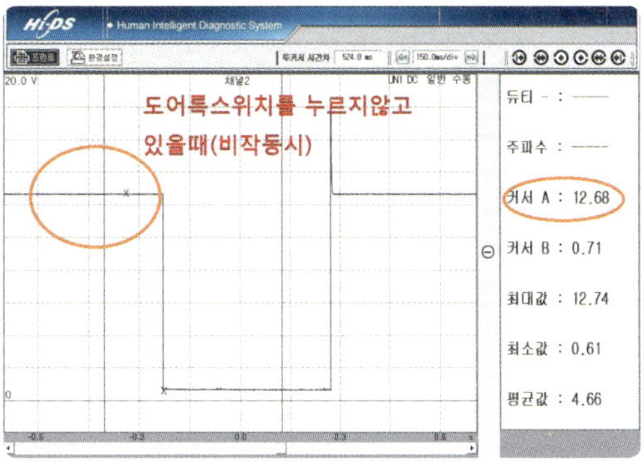　　　▲ 도어록 스위치 OFF 시(D04-13번 단자에서 측정)

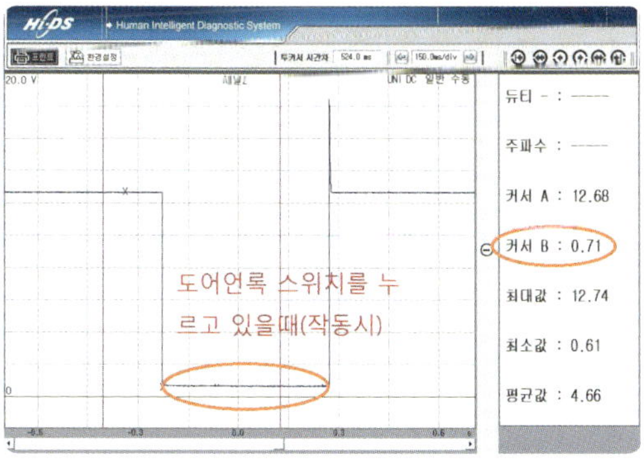

▲ 도어 언록 스위치 ON 시(D04-13번 단자에서 측정) 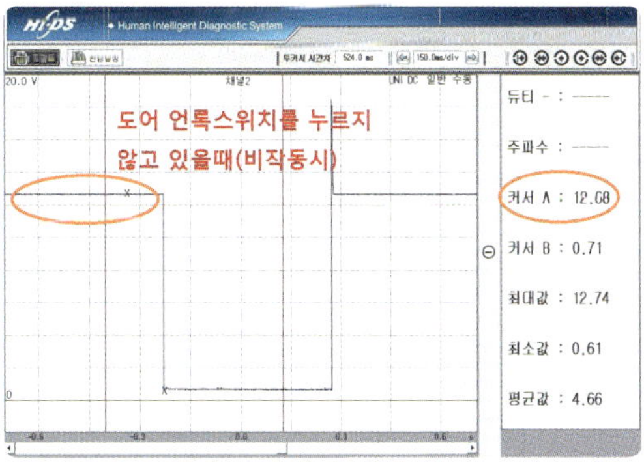　　▲ 도어 언록 스위치 OFF 시(D04-13번 단자에서 측정)

● 멀티 테스터기를 사용할 경우에도 방법은 동일하다.

항 목	① 측정(또는 점검)			② 판정 및 정비(또는 조치) 사항		득 점
		측정값	규정(정비한계)값	판정(□에 "✓"표)	정비 및 조치할 사항	
록 (Lock)	ON	0.71V	0~1.5V	☑ 양 호 □ 불 량	정비 및 조치사항 없음	
	OFF	12.68V	10~16V			
언록 (UnLock)	ON	0.71V	0~1.5V			
	OFF	12.68V	10~16V			

- 쏘나타 3의 경우에는 M70-1커넥터 2번과 6번 단자에서 측정
- 쏘나타 3(측정용)

● A 커넥터(M70-1)

8	7	⑥	5	4	3	②	1
⑯	15	14	13	12	11	10	9

● B 커넥터(M70-2)

17	18	19	20	21	22	23	24	25	26
27	28	29	30	31	32	33	34	35	36

M70-1

번호	명 칭
1	와이퍼 릴레이
2	도어 언록 릴레이
3	시트벨트 경고등
4	리어 디포거 릴레이
5	-
6	도어 록 릴레이
7	룸 램프
8	-
9	파워 윈도우 릴레이
10	-
11	-
12	키홀 조명
13	조수석 도어 스위치
14	-
15	-
16	GND

M70-2

번호	명 칭
17	운전석 도어 스위치
18	-
19	-
20	-
21	운전석 도어 록 스위치
22	와이퍼 INT Time
23	와이퍼 INT
24	IG 2
25	IG 1
26	-
27	도어 스위치
28	-
29	조수석 도어 록 스위치
30	-
31	와이퍼 와셔 모터
32	-
33	리어 디포거 스위치
34	발전기 "L"
35	도어 경고 스위치
36	B+

열선 스위치 입력 신호 측정

시험결과 기록표

항목		① 측정(또는 점검)		② 판정 및 정비(또는 조치) 사항		득 점
		측정값	규정(정비한계)값	판정(□에 "√"표)	정비 및 조치할 사항	
열선 스위치	ON			□ 양 호 □ 불 량		
	OFF					

자동차 번호 :   비 번호   시험위원 확 인

에탁스 회로도 참고(뉴 EF 쏘나타)

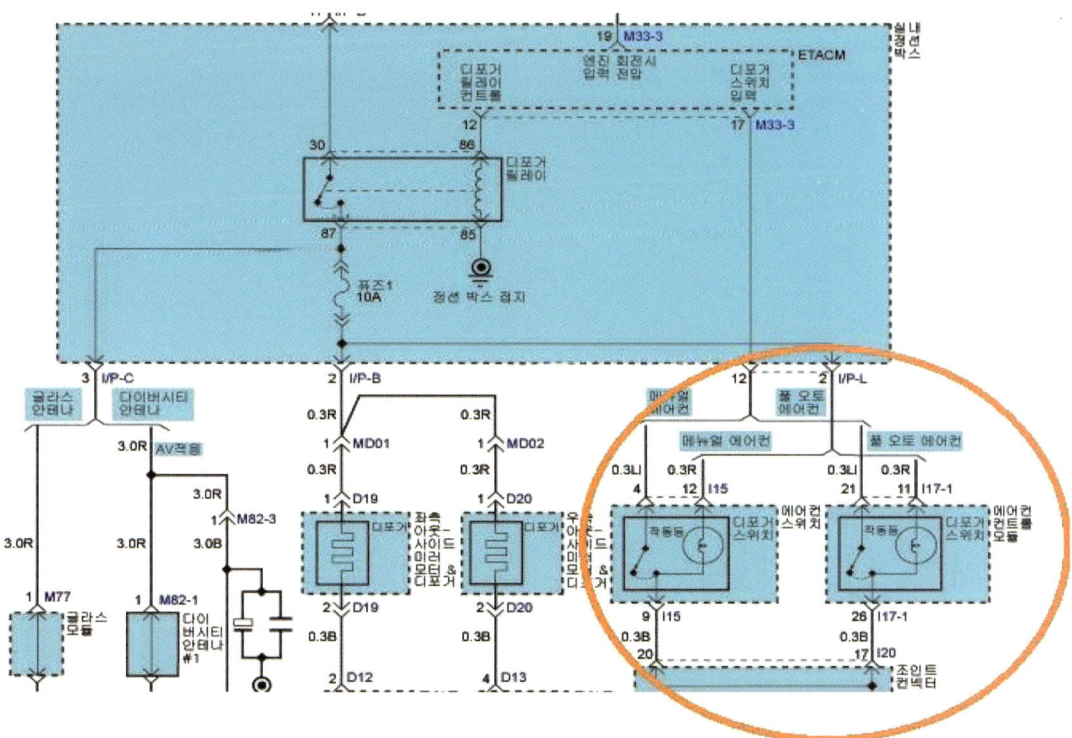

▲ EF쏘나타 실내 측정 단자

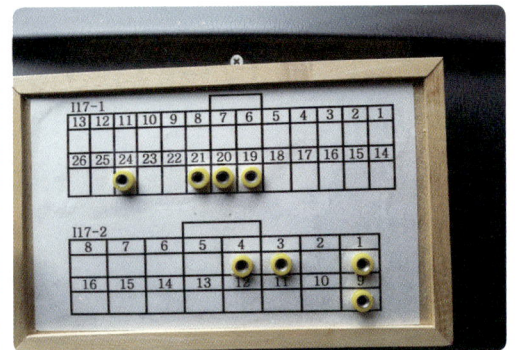
▲ 에탁스 단자 I17-1 커넥터 21번 단자에서 측정한다.
(오토 에어컨인 경우)

I17-1

13	12	11	10	9	8	7	6	5	4	3	2	1
26	25	24	23	22	21	20	19	18	17	16	15	14

I17-2

8	7	6	5	4	3	2	1
16	15	14	13	12	11	10	9

I17-1

번호	명 칭
1	
2	
3	
4	
5	
6	
7	
8	
9	액추에이터 모터
10	내기 액추에이터
11	디포거 경고등
12	
13	
14	
15	
16	
17	
18	블로어 릴레이
19	포토 센서
20	포토 센서 접지
21	디포거 릴레이컨트롤
22	액추에이터 모터
23	외기 액추에이터
24	AQS 센서
25	
26	

I17-2

번호	명 칭
1	실내온도 센서 입력
2	에어컨 출력
3	외기온도 센서
4	이베퍼레터 센서
5	
6	
7	
8	센서 전원
9	실내온도 센서 출력
10	온도 액추에이터 피드백 신호
11	모드 액추에이터
12	모드 액추에이터
13	모드 액추에이터
14	모드 액추에이터
15	모드 액추에이터
16	

▲ 키 스위치 ON 상태로 측정한다.

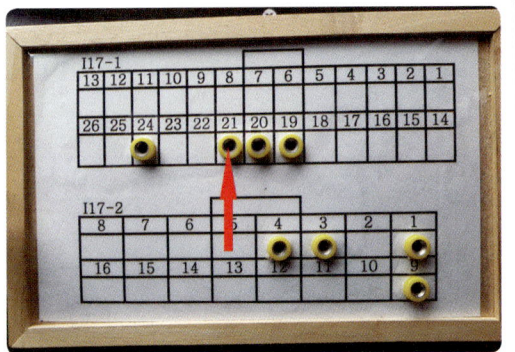
▲ 에탁스 단자 I17-1 커넥터 21번 단자에 측정 프로브를 연결한다.

▲ 열선 스위치를 작동하면서 측정한다.

- 열선 스위치를 누르고 있는 상태
  - 작동 시
- 열선 스위치를 누르지 않는 상태
  - 비작동 시

▲ 에탁스 단자 I17-1 커넥터 21번 단자에서 측정한다.
(오토 에어컨인 경우)

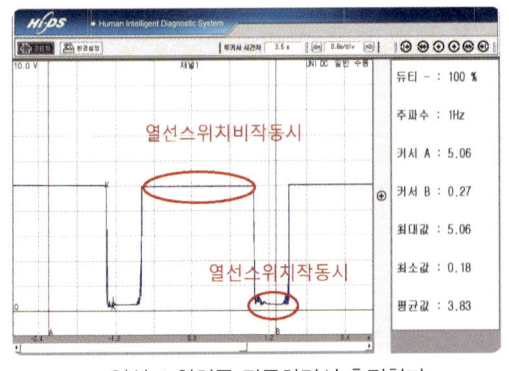
▲ 열선 스위치를 작동하면서 측정한다.

- 열선 스위치를 누르지 않은 상태
  - 비작동 시 5.06V
- 열선 스위치를 누르고 있는 상태
  - 작동 시 0.27V

▲ 에탁스 단자 I17-1 커넥터 21번 단자에서 측정한다.
(오토 에어컨인 경우)

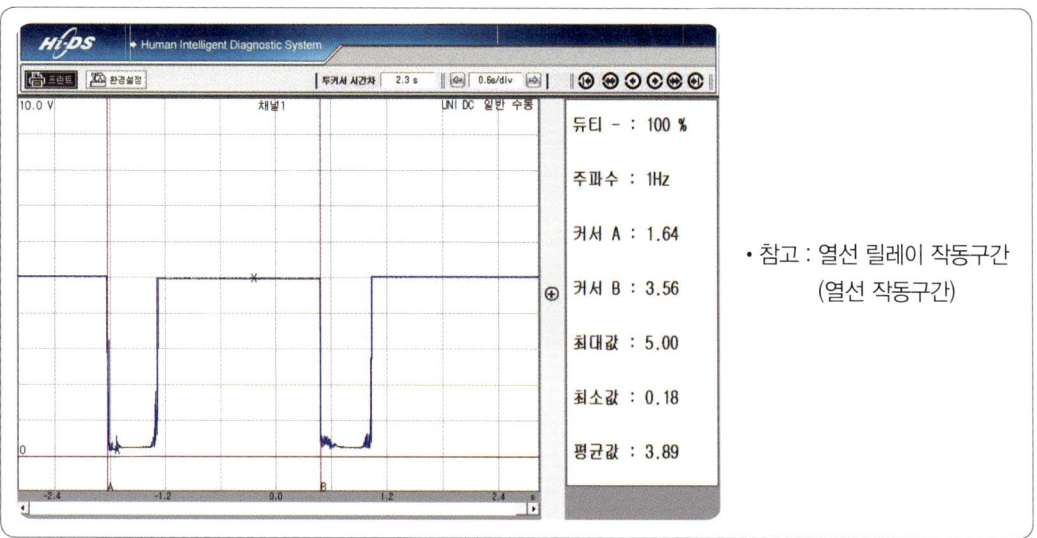

• 참고 : 열선 릴레이 작동구간
(열선 작동구간)

답안지 작성 예

자동차 번호 :				비 번호		시험위원 확 인	
항 목		① 측정(또는 점검)		② 판정 및 정비(또는 조치) 사항			득 점
		측정값	규정(정비한계)값	판정(□에 "√"표)	정비 및 조치할 사항		
열선 스위치	ON	0.27V	0~1.5V	☑ 양 호 □ 불 량	정비 및 조치사항 없음		
	OFF	5.06V	4.5~5.5V				

정비 및 조치사항

① 양호 시 : 정비 및 조치사항 없음이라고 기록한다.
② 불량 시 : OFF 시 전원 5V가 인가되지 않을 경우에는 퓨즈 또는 에탁스 교환 후 재점검이라고 기록한다.
③ ON 시 5V로 측정되나 전압 변화가 없는 경우에는 열선 스위치 교환 후 재점검이라고 기록한다.

- 쏘나타 3의 경우에는 M70-2커넥터 33번 단자에서 측정

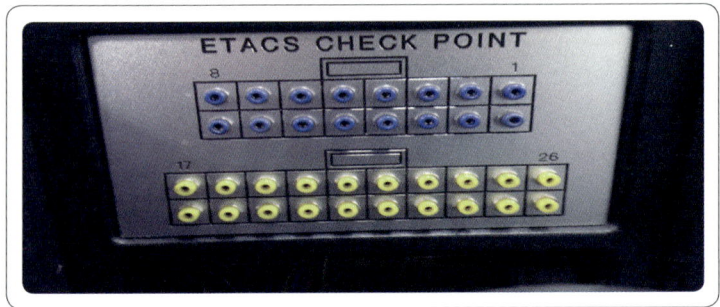

- 쏘나타 3(측정용)

  ● A 커넥터(M70-1)

8	7	⑥	5	4	3	②	1
⑯	15	14	13	12	11	10	9

  ● B 커넥터(M70-2)

17	18	19	20	21	22	23	24	25	26
27	28	29	30	31	32	33	34	35	36

M70-1

번호	명 칭
1	와이퍼 릴레이
2	도어 언록 릴레이
3	시트벨트 경고등
4	리어 디포거 릴레이
5	-
6	도어 록 릴레이
7	룸 램프
8	-
9	파워 윈도우 릴레이
10	-
11	-
12	키홀 조명
13	조수석 도어 스위치
14	-
15	-
16	GND

M70-2

번호	명 칭
17	운전석 도어 스위치
18	-
19	-
20	-
21	운전석 도어 록 스위치
22	와이퍼 INT Time
23	와이퍼 INT
24	IG 2
25	IG 1
26	-
27	도어 스위치
28	-
29	조수석 도어 록 스위치
30	-
31	와이퍼 와셔 모터
32	-
33	리어 디포거 스위치
34	발전기 "L"
35	도어 경고 스위치
36	B+

와이퍼 간헐(INT) 스위치 ON 시 전압 측정 및 위치별 작동 시 전압 측정

시험결과 기록표

항 목		① 측정(또는 점검)	② 판정 및 정비(또는 조치) 사항		득 점
			판정(□에 "✓"표)	정비 및 조치할 사항	
와이퍼 간헐 시간 조정 스위치 작동 신호(전압)	INT S/W 전압	ON 시 : OFF 시 :	□ 양 호 □ 불 량		
	INT 스위치 위치별 전압	SLOW : FAST :			

자동차 번호 :   비 번호   시험위원 확 인

에탁스 회로도 참고(뉴 EF 쏘나타)

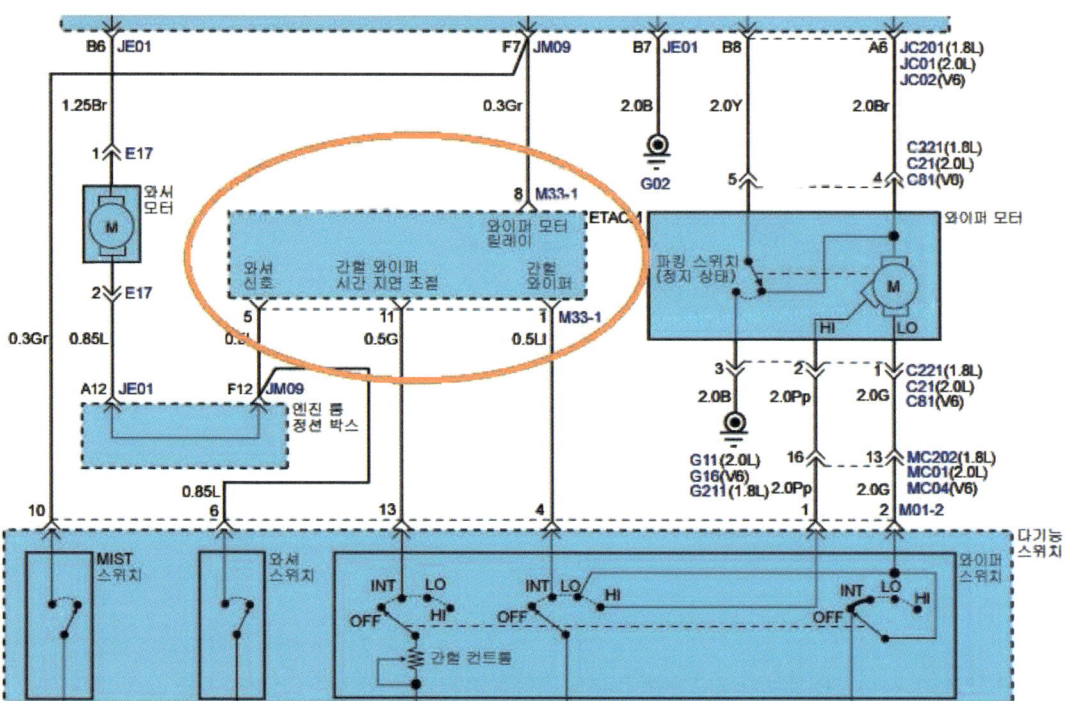

● 에탁스 M33-1 커넥터에서 1번 단자 INT 스위치 작동 시 전압 측정
● 에탁스 M33-1 커넥터에서 11번 단자 INT 스위치 위치별 전압 측정

M33-1

8	7	6	5	4	3	2	1
16	15	14	13	12	11	10	9

M33-2

6	5	4	3	2	1
12	11	10	9	8	7

M33-1

번호	명 칭
1	간헐 와이퍼 인트 스위치
2	앞 도어 록/언록 스위치
3	앞 도어 록/언록 스위치
4	
5	와셔 신호
6	점화 키 홀 조명 컨트롤
7	
8	와이퍼 모터 릴레이
9	
10	스티어링 잠김 스위치
11	간헐 와이퍼 인트 시간 조절
12	
13	
14	미등 릴레이 컨트롤
15	
16	

M33-2

번호	명 칭
1	트렁크 언록 스위치
2	후드 스위치
3	좌측 도어 언록 스위치
4	에어백 충격 신호
5	트렁크 리드 언록 스위치
6	비상등 릴레이
7	코드 세이브
8	사이렌 컨트롤
9	
10	
11	트렁크 스위치
12	도난방지 릴레이

▲ EF쏘나타 실내 측정 단자

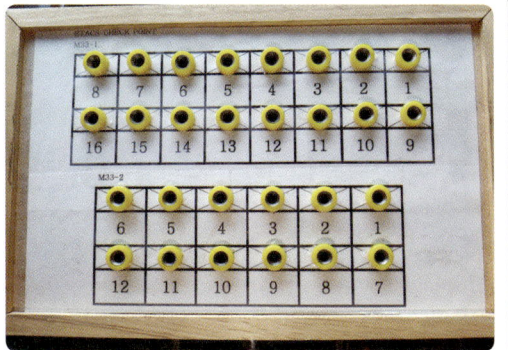
▲ 에탁스 단자 M33-1커넥터 1번, 11번 단자에 측정 프로브를 연결한다.

▲ 키 ON 상태에서 측정한다.

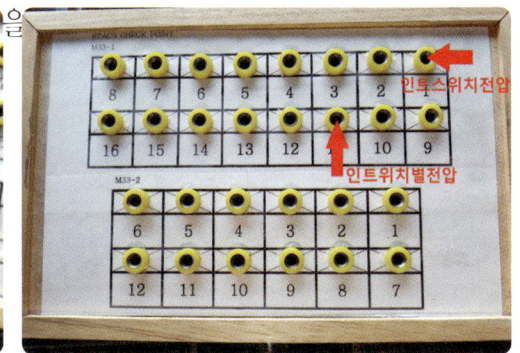
▲ 에탁스 단자 M33-1 커넥터 1번, 11번 단자에 측정 프로브를 연결한다.

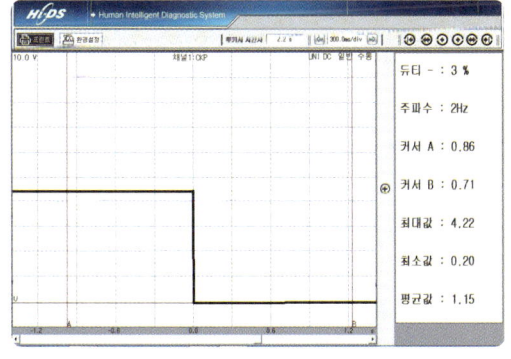
▲ 키 OFF에서 ON 시킨 후 전압을 측정한다.

▲ INT 스위치 ON 시 전압 4.22V

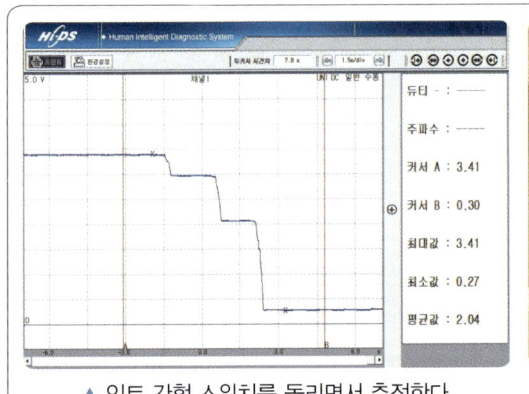
▲ 인트 간헐 스위치를 돌리면서 측정한다.

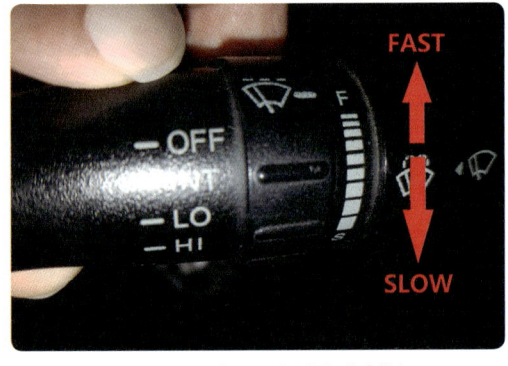
▲ SLOW : 3.41V, FAST : 0.30V

답안지 작성 예

자동차 번호 :			비 번호	시험위원 확 인	
항 목		① 측정(또는 점검)	② 판정 및 정비(또는 조치) 사항		득 점
			판정(□에 "✓"표)	정비 및 조치할 사항	
와이퍼 간헐 시간 조정 스위치 작동 신호(전압)	INT S/W 전압	ON 시 : 0.20V OFF 시 : 4.22V	☑ 양 호 □ 불 량	정비 및 조치사항 없음	
	INT 스위치 위치별 전압	SLOW : 3.41V FAST : 0.30V			

정비 및 조치사항

① 양호 시 : 정비 및 조치사항 없음이라고 기록한다.
② 불량 시 : INT 스위치 OFF 시 전원 4.2~5V가 인가되지 않을 경우에는 퓨즈 또는 에탁스 교환 후 재점검이라고 기록한다.
③ INT 스위치 ON 시 4.2~5V로 측정이 되나 전압 변화가 없는 경우에는 와이퍼 스위치 교환 후 재점검이라고 기록한다.
④ INT 스위치 위치별 전압 3V 전원이 인가되지 않을 경우에는 퓨즈 또는 에탁스 교환 후 재 검검이라고 기록한다.
⑤ 스위치 위치 변화 시 전압 변화 없는 경우에는 와이퍼 스위치 교환 후 재점검이라고 기록한다.

- 쏘나타 3의 경우에는 M70-2 커넥터
- 와이퍼 INT 23번 단자에서 측정
- 와이퍼 INT 단계별 전압 22번 단자에서 측정

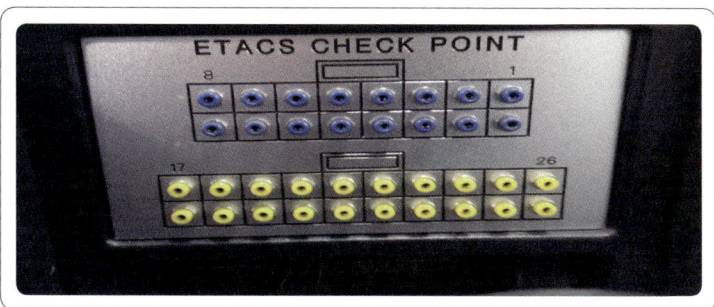

- 쏘나타 3(측정용)

● A 커넥터(M70-1)

8	7	⑥	5	4	3	②	1
⑯	15	14	13	12	11	10	9

● B 커넥터(M70-2)

17	18	19	20	21	22	23	24	25	26
27	28	29	30	31	32	33	34	35	36

M70-1

번호	명 칭
1	와이퍼 릴레이
2	도어 언록 릴레이
3	시트벨트 경고등
4	리어 디포거 릴레이
5	–
6	도어 록 릴레이
7	룸 램프
8	–
9	파워 윈도우 릴레이
10	–
11	–
12	키홀 조명
13	조수석 도어 스위치
14	–
15	–
16	GND

M70-2

번호	명 칭
17	운전석 도어 스위치
18	–
19	–
20	–
21	운전석 도어 록 스위치
22	와이퍼 INT Time
23	와이퍼 INT
24	IG 2
25	IG 1
26	–
27	도어 스위치
28	–
29	조수석 도어 록 스위치
30	–
31	와이퍼 와셔 모터
32	–
33	리어 디포거 스위치
34	발전기 "L"
35	도어 경고 스위치
36	B+

점화 키 홀 조명 출력 전압 측정

시험결과 기록표

항 목	① 측정(또는 점검)	② 판정 및 정비(또는 조치) 사항		득 점
		판정(□에 "✓"표)	정비 및 조치할 사항	
점화 키 홀 조명 출력 신호(전압)	작동 시 : 비작동 시 :	□ 양 호 □ 불 량	정비 및 조치사항 없음	

에탁스 회로도 참고(뉴 EF 쏘나타)

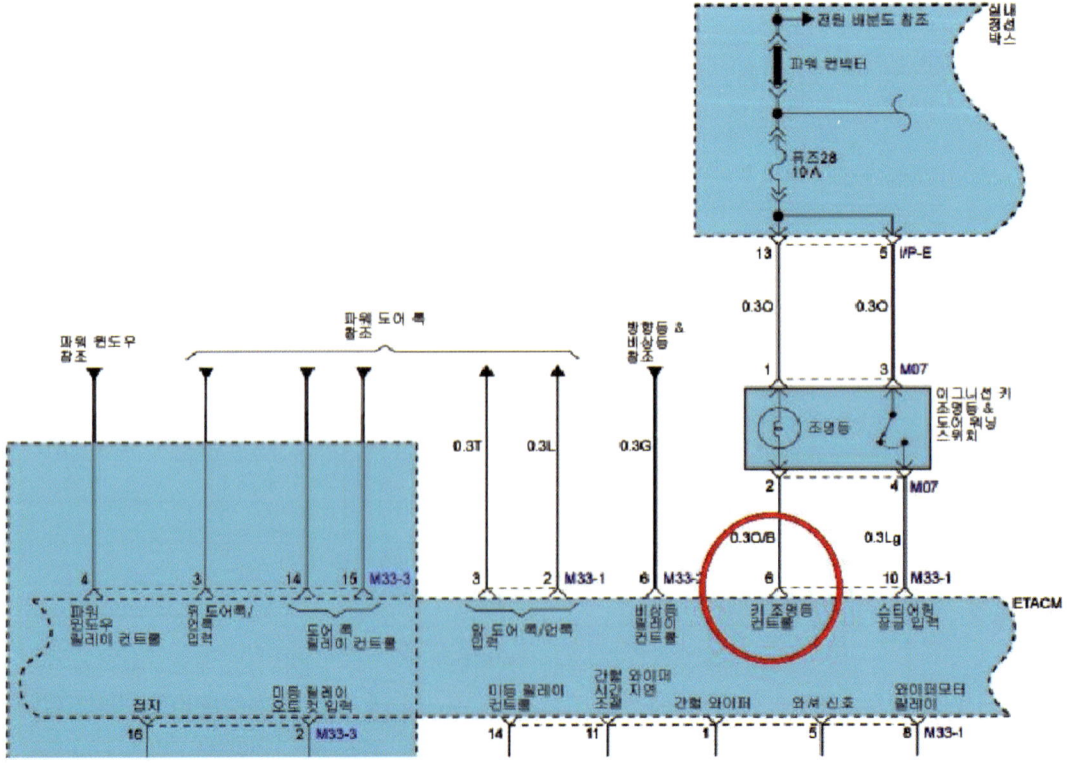

● 에탁스 M33-1 커넥터에서 6번 단자 점화 스위치 OFF에서 ON 변화 시 전압 측정

▲ EF 쏘나타 실내 측정 단자

▲ 에탁스 단자 M33-1 커넥터 6번에 측정 프로브를 연결한다. 접지는 차체에 연결한다.

M33-1

8	7	6	5	4	3	2	1
16	15	14	13	12	11	10	9

M33-2

6	5	4	3	3	1
12	11	10	9	8	7

M33-1

번호	명 칭
1	간헐 와이퍼 인트 스위치
2	앞 도어 록/언록 스위치
3	앞 도어 록/언록 스위치
4	
5	와셔 신호
6	점화 키 홀 조명 컨트롤
7	
8	와이퍼 모터 릴레이
9	
10	스티어링 잠김 스위치
11	간헐 와이퍼 인트 시간 조절
12	
13	
14	미등 릴레이 컨트롤
15	
16	

M33-2

번호	명 칭
1	트렁크 언록 스위치
2	후드 스위치
3	좌측 도어 언록 스위치
4	에어백 충격 신호
5	트렁크 리드 언록 스위치
6	비상등 릴레이
7	코드 세이브
8	사이렌 컨트롤
9	
10	
11	트렁크 스위치
12	도난 방지 릴레이

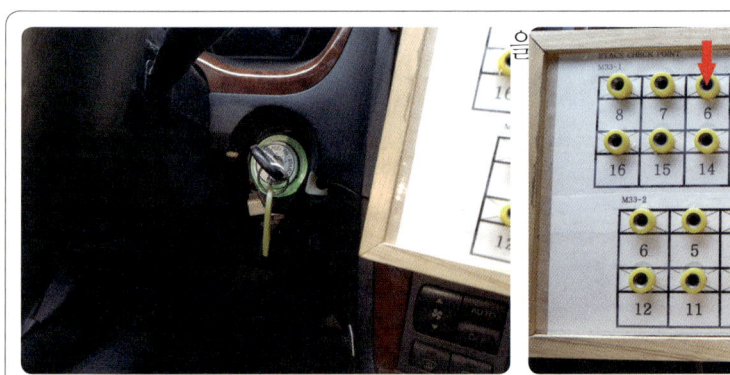
▲ 키 OFF 상태에서 전압을 측정한다.
(키홀 조명 점등상태)

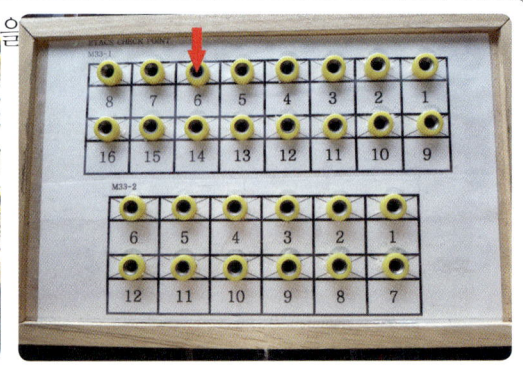
▲ M33-1 커넥터 6번 단자에서 측정한다.

▲ 키 ON 상태에서 전압을 측정한다.
(키홀 조명 소등상태)

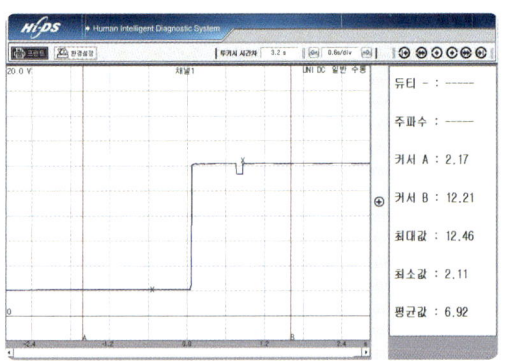
▲ 점화 키 OFF 상태 : 2.17V(키홀 조명 점등 상태)
점화 키 ON 상태 : 12.21V(키홀 조명 소등 상태)

답안지 작성 예

항 목	① 측정(또는 점검)	② 판정 및 정비(또는 조치) 사항		득 점
		판정(□에 "✓"표)	정비 및 조치할 사항	
점화 키 홀 조명 출력 신호(전압)	작동 시 : 2.17V 비작동 시 : 12.21V	✓ 양 호 □ 불 량	정비 및 조치사항 없음	

자동차 번호 : 비 번호 : 시험위원 확인 :

정비 및 조치사항

① 양호 시 : 정비 및 조치사항 없음이라고 기록한다.
② 불량 시 : 에탁스 교환 후 재점검이라고 기록한다.

● 쏘나타 3의 경우에는 M70-1 커넥터 12번 단자에서 측정

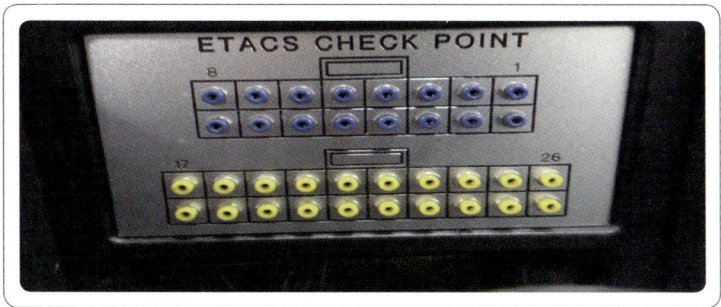

● 쏘나타 3(측정용)

● A 커넥터(M70-1)

8	7	⑥	5	4	3	②	1
⑯	15	14	13	12	11	10	9

● B 커넥터(M70-2)

17	18	19	20	21	22	23	24	25	26
27	28	29	30	31	32	33	34	35	36

M70-1

번호	명 칭
1	와이퍼 릴레이
2	도어 언록 릴레이
3	시트벨트 경고등
4	리어 디포거 릴레이
5	-
6	도어 록 릴레이
7	룸 램프
8	-
9	파워 윈도우 릴레이
10	-
11	-
12	키 홀 조명
13	조수석 도어 스위치
14	-
15	-
16	GND

M70-2

번호	명 칭
17	운전석 도어 스위치
18	-
19	-
20	-
21	운전석 도어 록 스위치
22	와이퍼 INT Time
23	와이퍼 INT
24	IG 2
25	IG 1
26	-
27	도어 스위치
28	-
29	조수석 도어 록 스위치
30	-
31	와이퍼 와셔 모터
32	-
33	리어 디포거 스위치
34	발전기 "L"
35	도어 경고 스위치
36	B+

증발기 온도 센서 출력값 측정

시험결과 기록표

항목	① 측정(또는 점검)		② 판정 및 정비(또는 조치) 사항		득 점
	측정값	규정(정비한계)값	판정(□에 "✓"표)	정비 및 조치할 사항	
이배퍼레이터 온도 센서 출력값			□ 양 호 □ 불 량		

자동차 번호 : / 비 번호 / 시험위원 확 인

에탁스 회로도 참고(뉴 EF 쏘나타)

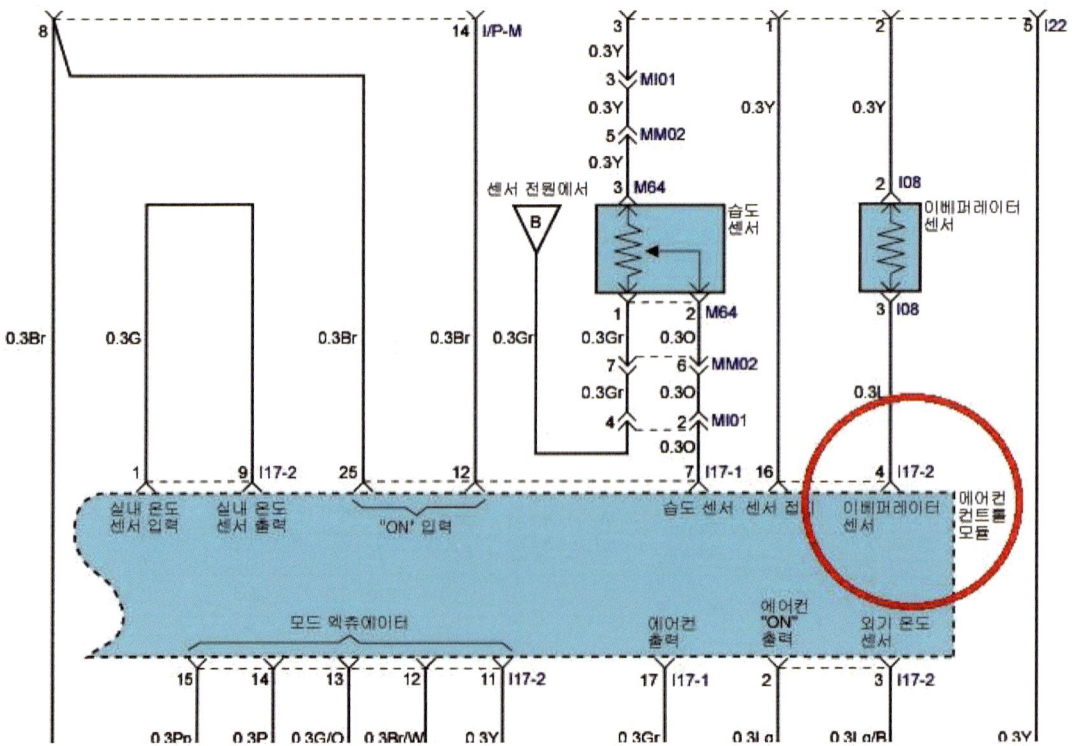

● 에어컨 모듈 I17-2 커넥터에서 4번 단자 측정, 차량 시동 후 에어컨 작동 시 전압을 측정한다.

▲ EF 쏘나타 실내 측정 단자

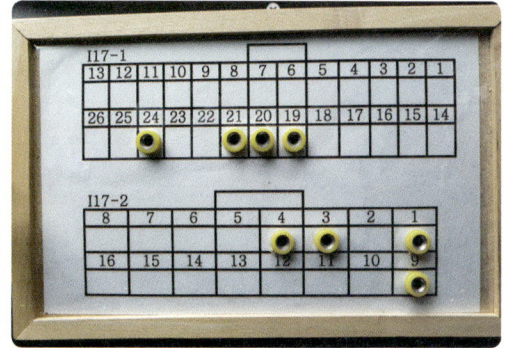
▲ 에어컨 모듈 I17-2 커넥터 4번 단자에 측정 프로브를 연결한다. 접지는 차체에 연결한다.

I17-1

13	12	11	10	9	8	7	6	5	4	3	2	1
26	25	24	23	22	21	20	19	18	17	16	15	14

I17-2

8	7	6	5	4	3	2	1
16	15	14	13	12	11	10	9

I17-1	
번호	명 칭
1	
2	
3	
4	
5	
6	
7	
8	
9	액추에이터 모터
10	내기 액추에이터
11	디포거 경고등
12	
13	
14	
15	
16	
17	
18	블로어 릴레이
19	포토 센서
20	포토 센서 접지
21	디포거 릴레이 컨트롤
22	액추에이터 모터
23	외기 액추에이터
24	AQS 센서
25	
26	

I17-2	
번호	명 칭
1	실내온도 센서 입력
2	에어컨 출력
3	외기온도 센서
4	이베퍼레터 센서
5	
6	
7	
8	센서 전원
9	실내 온도 센서 출력
10	온도 액추에이터 피드백 신호
11	모드 액추에이터
12	모드 액추에이터
13	모드 액추에이터
14	모드 액추에이터
15	모드 액추에이터
16	

▲ 시동상태에서 에어컨을 작동시킨다.

▲ 에어컨 온도를 최저로 낮추고 송풍량을 최대로 한다.

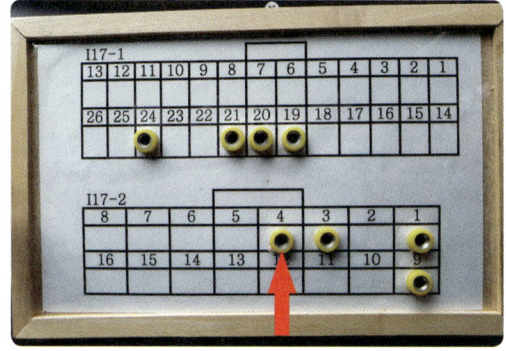
▲ 에어컨 모듈 I17-2 커넥터 4번 단자에 측정 프로브를 연결한다. 접지는 차체에 연결한다.

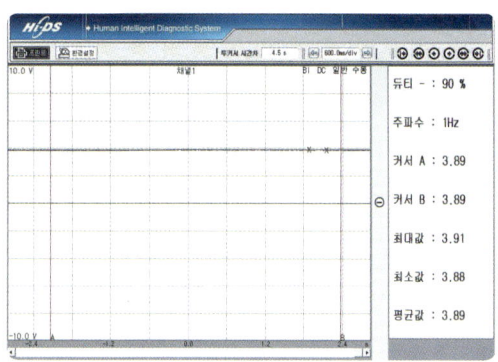
▲ 출력 전압 3.89V(평균값으로 기록한다)

답안지 작성 예

항목	① 측정(또는 점검)		② 판정 및 정비(또는 조치) 사항		득점
	측정값	규정(정비한계)값	판정(□에 "✓"표)	정비 및 조치할 사항	
이배퍼레이터 온도 센서 출력값	3.89V	2.5 ~ 3.5V	□ 양 호 ✓ 불 량	온도 센서 교환 후 재점검	

자동차 번호 : 비 번호 시험위원 확 인

정비 및 조치사항

① 양호 시 : 정비 및 조치사항 없음이라고 기록한다.
② 불량 시 : 온도 센서 교환 후 재점검이라고 기록한다.

외기온도 센서 출력 전압 측정

시험결과 기록표

항목	① 측정(또는 점검)		② 판정 및 정비(또는 조치) 사항		득 점
	측정값	규정(정비한계)값	판정(□에 "✓"표)	정비 및 조치할 사항	
외기온도 입력 신호값			□ 양 호 □ 불 량		

자동차 번호 :   비 번호   시험위원 확인

에탁스 회로도 참고(뉴 EF 쏘나타)

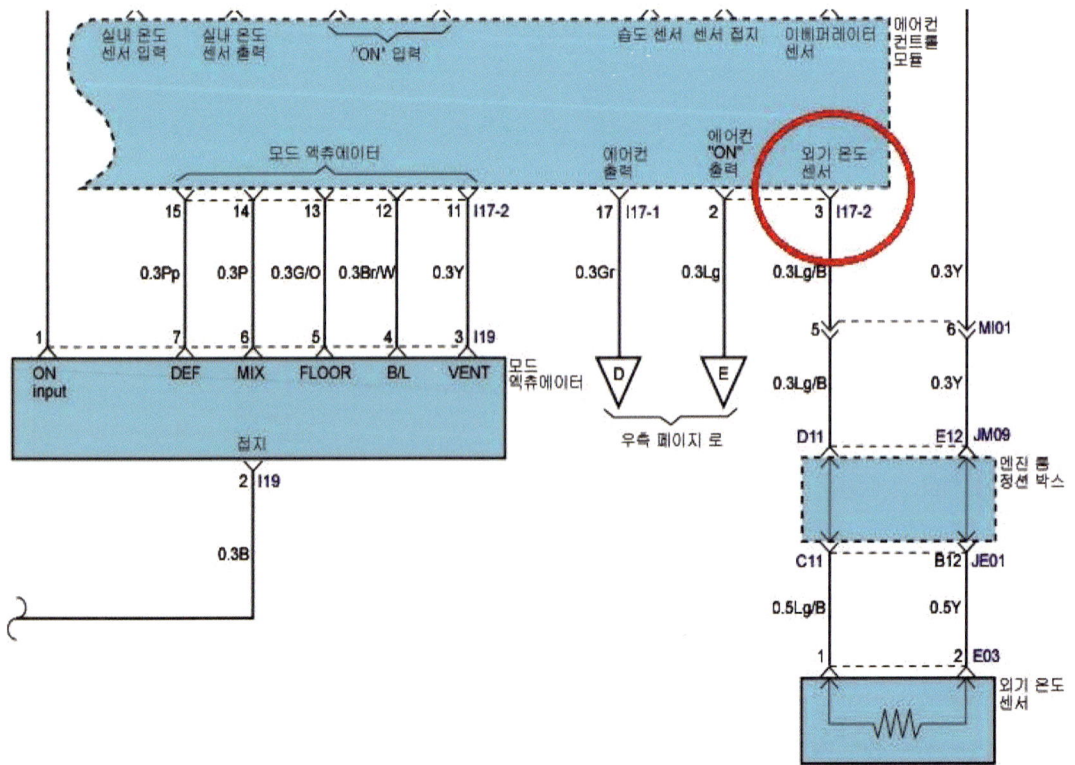

- 에어컨 모듈 I17-2 커넥터에서 3번 단자 측정 차량 시동 후 에어컨 작동 시 전압 측정한다.
- 시험장에서는 시험관의 지시에 따라 키 ON 상태로 측정하는 경우도 있다.

I17-1

13	12	11	10	9	8	7	6	5	4	3	2	1
26	25	24	23	22	21	20	19	18	17	16	15	14

I17-2

8	7	6	5	4	3	2	1
16	15	14	13	12	11	10	9

I17-1

번호	명 칭
1	
2	
3	
4	
5	
6	
7	
8	
9	액추에이터 모터
10	내기 액추에이터
11	디포거 경고등
12	
13	
14	
15	
16	
17	
18	블로어 릴레이
19	포토 센서
20	포토 센서 접지
21	디포거 릴레이컨트롤
22	액추에이터 모터
23	외기 액추에이터
24	AQS 센서
25	
26	

I17-2

번호	명 칭
1	실내온도 센서 입력
2	에어컨 출력
3	외기온도 센서
4	이베퍼레터 센서
5	
6	
7	
8	센서 전원
9	실내온도 센서 출력
10	온도 액추에이터 피드백 신호
11	모드 액추에이터
12	모드 액추에이터
13	모드 액추에이터
14	모드 액추에이터
15	모드 액추에이터
16	

▲ EF 쏘나타 실내 측정 단자

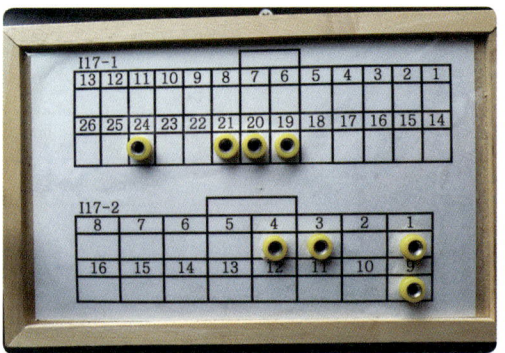

▲ 에어컨 모듈 I17-2 커넥터 3번 단자에 측정 프로브를 연결한다. 접지는 차체에 연결한다.

▲ 시동상태에서 에어컨을 작동시킨다.

▲ 에어컨 온도를 최저로 낮추고 송풍량을 최대로 하고 측정한다.

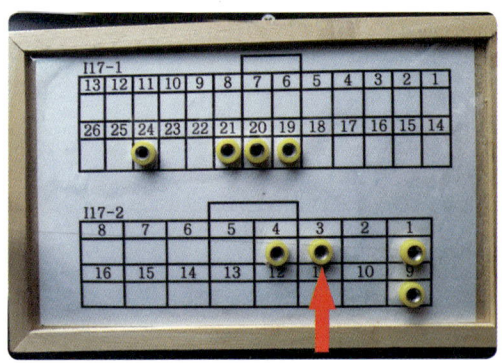

▲ 에어컨 모듈 I17-2 커넥터 3번 단자에 측정 프로브를 연결한다. 접지는 차체에 연결한다.

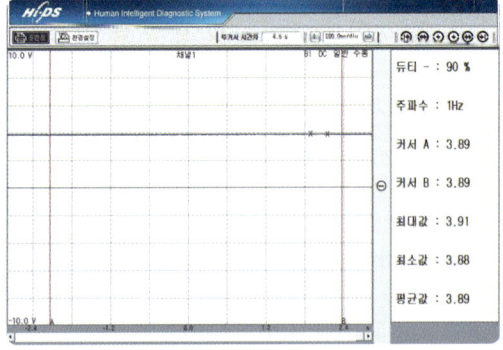

▲ 출력 전압 3.89V(평균값으로 기록한다)

답안지 작성 예

항목	① 측정(또는 점검)		② 판정 및 정비(또는 조치) 사항		득 점
	측정값	규정(정비한계)값	판정(□에 "✓"표)	정비 및 조치할 사항	
외기온도 입력 신호값	3.89V	1.5~2.2V	□ 양 호 ☑ 불 량	외기온도 센서 교환 후 재점검	

자동차 번호 : 비번호 시험위원 확 인

정비 및 조치사항

① 양호 시 : 정비 및 조치사항 없음이라고 기록한다.
② 불량 시 : 외기온도 센서 교환 후 재점검이라고 기록한다.

에탁스 기본 전원 전압(상시, IG, 접지) 측정

시험결과 기록표

항 목		① 측정(또는 점검)		② 판정 및 정비(또는 조치) 사항		득 점
		측정값	규정(정비한계)값	판정(□에 "✓"표)	정비 및 조치할 사항	
컨트롤 유닛의 기본 입력 전압 측정	+			□ 양 호 □ 불 량		
	−					
	IG					

자동차 번호: 비 번호: 시험위원 확인:

에탁스 회로도 참고(뉴 EF 쏘나타)

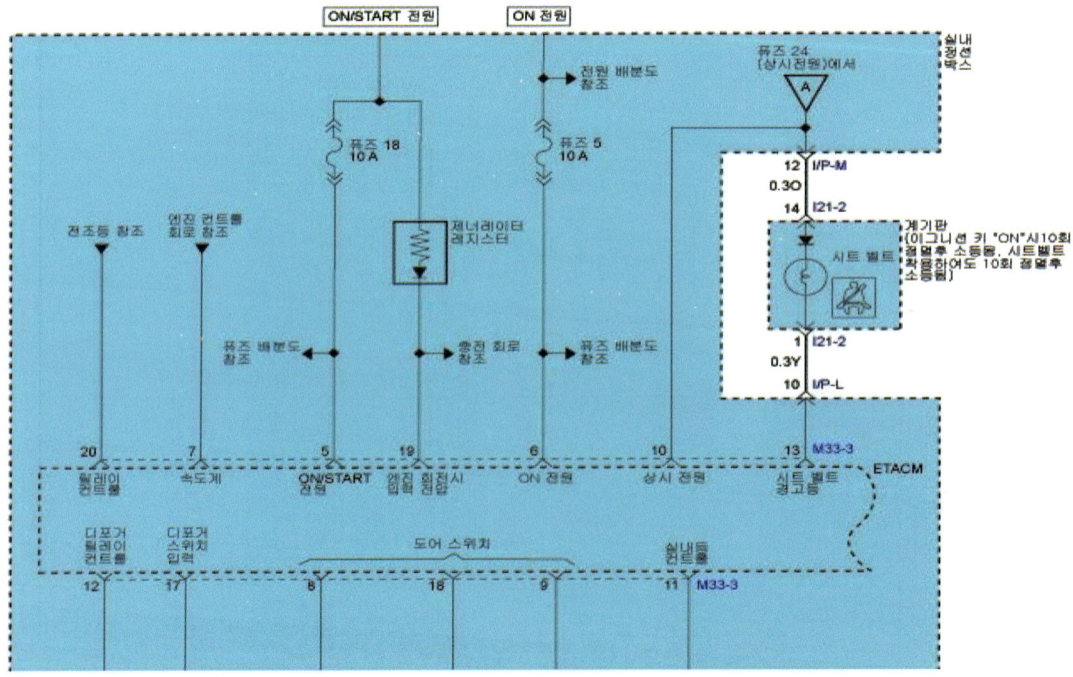

- 뉴EF 쏘나타는 실내 정션박스에 에탁스 유닛이 내장되어 있는 타입으로 전원 및 IG 전압 측정은 실내 퓨즈박스의 관련 퓨즈에서 실시한다.
- 시험장에서는 시험관의 지시에 따라 측정한다.
- IG 전원 : 실내 퓨즈박스 퓨즈 18번(IG1), 퓨즈 5번(IG2)에서 측정(KEY ON 시 12V, KEY OFF 시 0V)
- B+ 전원 : 실내 퓨즈박스 퓨즈 24번에서 측정(상시 전원 12V)

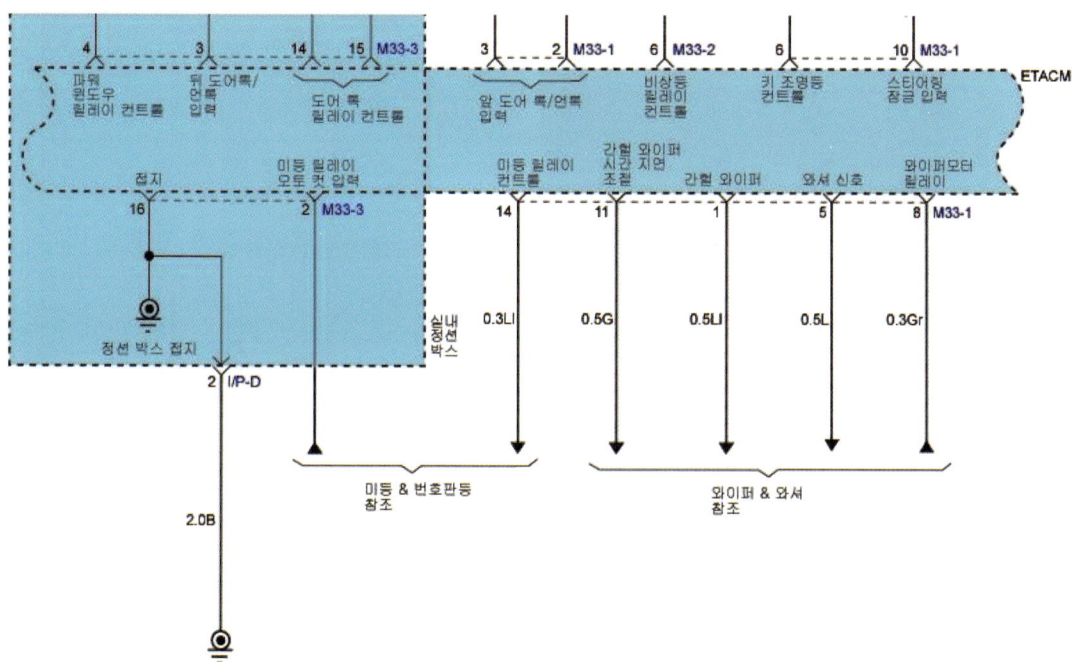

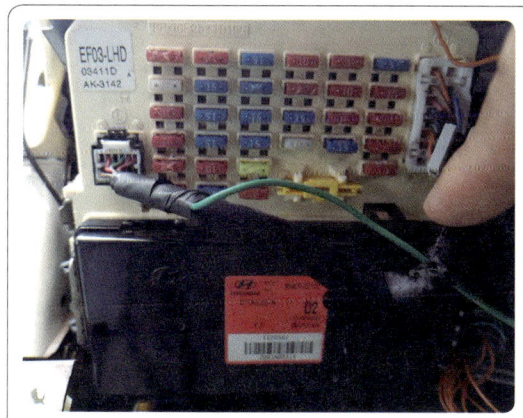

▲ EF 쏘나타 실내 퓨즈박스

▲ 실내 퓨즈박스 퓨즈 18번(IG1), 퓨즈 5번(IG2)에서 측정(KEY ON 시 12V, KEY OFF 시 0V)한다.

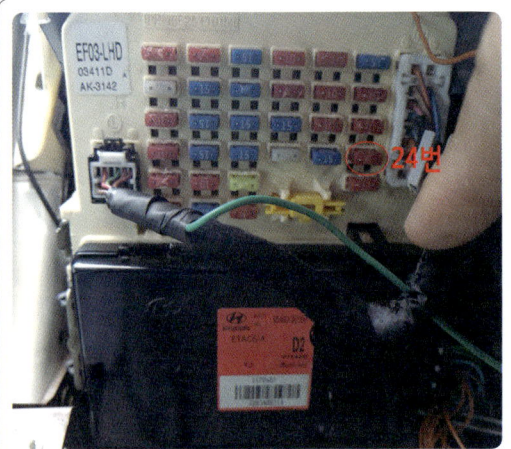

구 분	KEY OFF 상태	KEY ON 상태
퓨즈5 IG2	0 V	12 V
퓨즈18 IG1	0 V	12 V
퓨즈24 상시(+)	12 V	12 V

▲ 배터리 상시 전압(B+)은 퓨즈 24번에서 측정한다.

- 접지와 차체 사이 전압 측정
- 측정값은 0V가 정상임.

▲ 접지는 실내 정션박스 옆 접지 배선과 차체 사이의 전압을 측정한다. (0V : 정상)

답안지 작성 예

항목			① 측정(또는 점검)		② 판정 및 정비(또는 조치) 사항		득 점
			측정값	규정(정비한계)값	판정(□에 "√"표)	정비 및 조치할 사항	
컨트롤 유닛의 기본 입력 전압 측정	+		12V	12V	☑ 양 호 □ 불 량	정비 및 조치사항 없음	
	−		0V	0V			
	IG		KEY ON : 12V KEY OFF : 0V	KEY ON : 12V KEY OFF : 0V			

자동차 번호 :   비 번호   시험위원 확 인

정비 및 조치사항

① 양호 시 : 정비 및 조치사항 없음이라고 기록한다.
② 불량 시 : 에탁스 교환 후 재점검이라고 기록한다.

● 에탁스(A 커넥터 단자에서 측정)

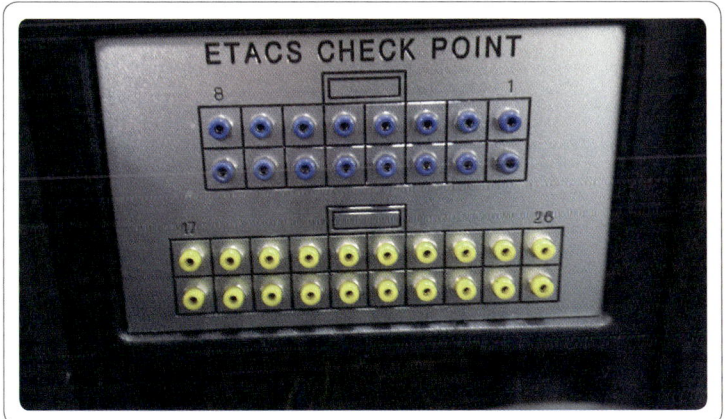

● 쏘나타 3(측정용)

● A 커넥터(M70-1)

8	7	⑥	5	4	3	②	1
⑯	15	14	13	12	11	10	9

● B 커넥터(M70-2)

17	18	19	20	21	22	23	㉔	㉕	26
27	28	29	30	31	32	33	34	35	㊱

M70-1

번호	명 칭
1	와이퍼 릴레이
2	도어 언록 릴레이
3	시트벨트 경고등
4	리어 디포거 릴레이
5	–
6	도어 록 릴레이
7	룸 램프
8	–
9	파워 윈도우 릴레이
10	–
11	–
12	키 홀 조명
13	조수석 도어 스위치
14	–
15	–
16	GND 접지 전압 측정

M70-2

번호	명 칭
17	운전석 도어 스위치
18	–
19	–
20	–
21	운전석 도어 록 스위치
22	와이퍼 INT Time
23	와이퍼 INT
24	IG 2 IG 전원 측정
25	IG 1 IG 전원 측정
26	–
27	도어 스위치
28	–
29	조수석 도어 록 스위치
30	–
31	와이퍼 와셔 모터
32	–
33	리어 디포거 스위치
34	발전기 "L"
35	도어 경고 스위치
36	B+ 상시 전원 측정

4항 전기 회로 점검

4-1 와이퍼 회로 점검

▶ 1~14안 4번 기록표는 없음
(차량에서 고장 부위를 찾아 시험위원에게 구두로 답변하면 됨)

시험결과 기록표 ▶ 이 답안지는 수험생 연습용으로 활용

항 목	① 측정(또는 점검)		② 판정 및 정비(또는 조치) 사항		득 점
	이상부위	내용 및 상태	판정(□에 "✓"표)	정비 및 조치할 사항	
와이퍼 회로			□ 양 호 □ 불 량		

자동차 번호 :   비 번호   시험위원 확 인

측정 방법

① 차량의 운전석에 탑승하여 점화 스위치를 ON 또는 공회전 상태에서 점검한다.
② 점화 스위치를 조작한 후 주어진 회로부의 스위치 와이퍼/INT/LOW/Hi를 작동시켜본다. 스위치 작동에 따른 릴레이 작동 여부를 확인한다.
③ 점화 스위치를 OFF 후 메인 전원 및 점화 스위치 이상 유무를 확인한다. (점화스위치 ON 상태에서 각종 경고등이 점등되면 정상이다.)
④ 엔진 룸 및 실내 룸 부의 퓨즈(단선) 및 릴레이 이상 유무는 멀티 테스터기를 이용하여 점검한다. (시험장에서는 퓨즈 및 릴레이가 있는지를 확인한다. 또한 퓨즈나 릴레이는 반드시 뽑아 보아 핀(다리)이 있는지를 확인한다. 핀을 잘라 놓는 경우도 있다.)
⑤ 다기능(콤비네이션) 스위치, 점화(이그니션) 스위치 커넥터의 탈거 여부를 확인한다. 예전 차량은 다기능 스위치에 통합으로 되어 있어 다기능 스위치라고 답안지에 써도 되었으나 현재 출고되는 차량은 각각의 스위치가 별도로 되어 있어 있기 때문에 해당하는 스위치의 명칭을 기록해야 한다.
⑥ 좌측, 우측의 구별은 운전석에 탑승한 운전자의 방향을 기준으로 한다.
⑦ 세부 고장원인 점검에 따른 이상부위와 내용 및 상태 등을 답안지에 기록한다.

집중 점검 부위

① 와이퍼의 영문 표기로는 wiper로 사용한다.
② 와이퍼는 INT(간헐)/LOW/Hi로 나누어 분류되고, 최초 작동은 워셔액 분사를 통해 전체 시스템의 작동 여부를 확인할 필요가 있다. (퓨즈, 릴레이 등 점검)
③ 콤비네이션(다기능) 스위치가 제어한다. (오른쪽 작동 레버부 배선)
④ 와이퍼 회로 내에는 와셔 펌프 및 INT(간헐) 제어를 위한 와이퍼 전용 릴레이 및 에탁스를 포함한다.
⑤ 와이퍼 모터 내 "파킹접지" 배선을 반드시 점검해야 한다.
⑥ 파킹 접지 배선에 문제가 없는 경우, 와이퍼 작동 후 OFF 시 초기 위치로 돌아가지 않고 제자리에서 멈춘다면 릴레이 또는 에탁스의 결함일 가능성이 높다.
⑦ 예전 차량은 다기능 스위치에 통합으로 되어 있어 다기능 스위치라고 답안지에 써도 되었으나, 현재 출고되는 차량은 각각의 스위치가 별도로 되어 있어 있기 때문에 해당하는 스위치의 명칭을 사용해야 한다.

답안지 작성 예

항 목	① 측정(또는 점검)		② 판정 및 정비(또는 조치) 사항		득 점
	이상 부위	내용 및 상태	판정(□에 "√"표)	정비 및 조치할 사항	
와이퍼 회로	와이퍼 모터	커넥터 탈거	□ 양 호 ☑ 불 량	와이퍼 모터 커넥터 연결(체결)	

자동차 번호 : 비 번호 시험위원 확인

전기 회로도 점검 관련

1. 회로도 점검 개요

시험장에서 특별히 "시동 걸지 마라", "실내는 점검할 필요가 없다"고 하기 전에는 시험장에서 주어지는 전기 회로도 및 멀티 테스터기 등을 이용하여 반드시 작동 점검을 통해 회로 추적을 실시하여야 한다. 만일 작동 점검을 통한 회로 추적을 하지 않고 답안지를 작성하면 0점 처리될 수도 있다.

2. 차량 릴레이 및 퓨즈 점검(기아자동차 : K3) – 모든 전기 회로 시험에 공통으로 참고

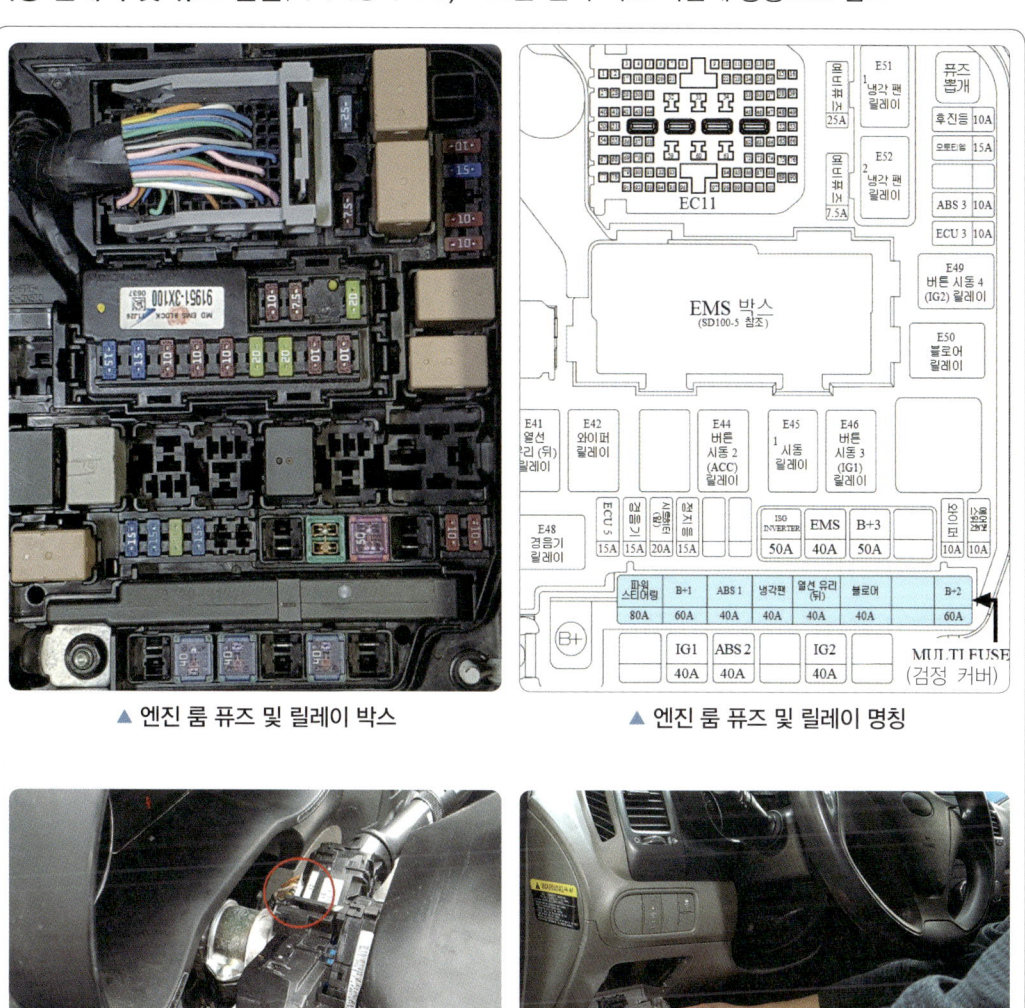

▲ 엔진 룸 퓨즈 및 릴레이 박스

▲ 엔진 룸 퓨즈 및 릴레이 명칭

▲ 와이퍼 스위치(우측)

▲ 운전석 스마트 정션 박스 커버 탈거

▲ 와이퍼 모터 커넥터(앞 유리 좌측 하단에 위치)

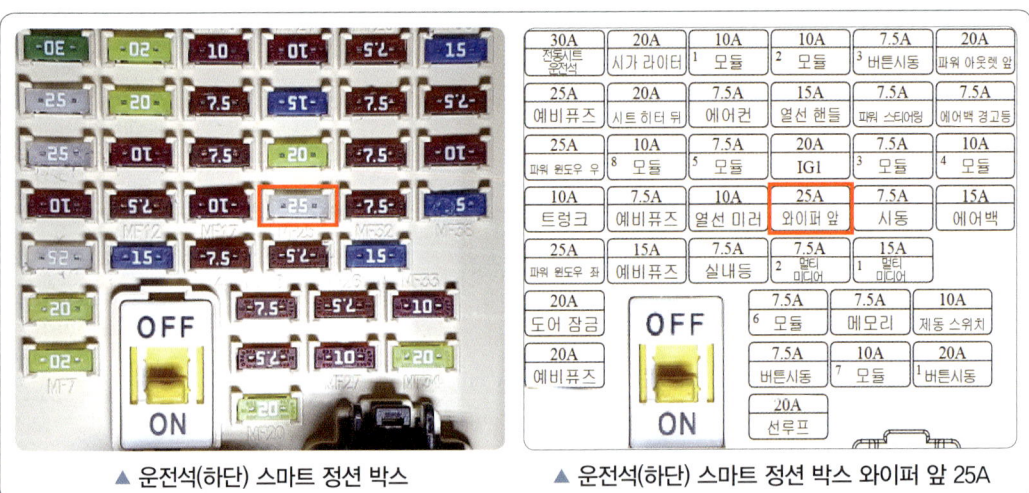

▲ 운전석(하단) 스마트 정션 박스　　▲ 운전석(하단) 스마트 정션 박스 와이퍼 앞 25A

와이퍼 회로도 - K3

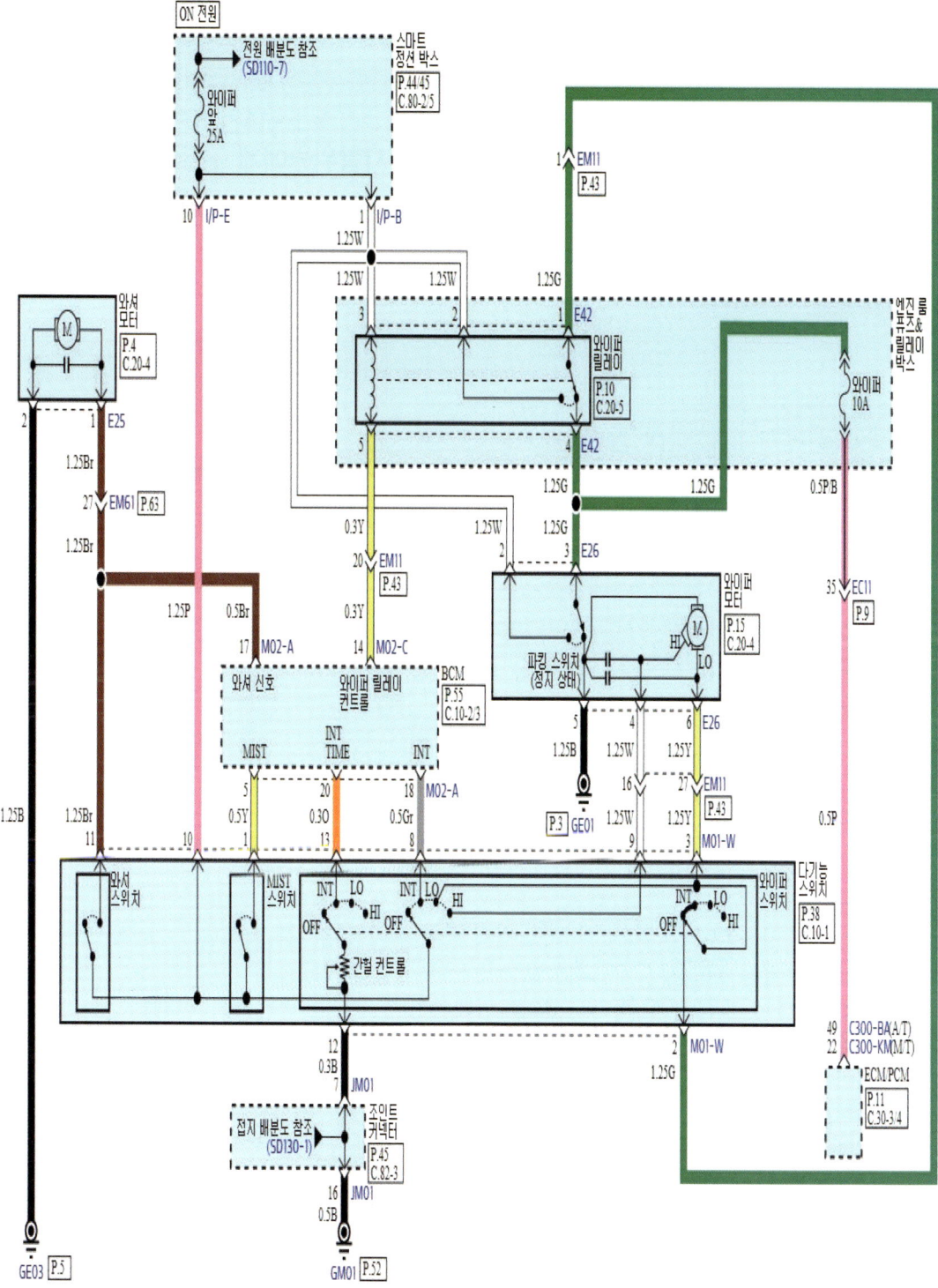

에어컨 회로 점검

▶1~14안 4번 기록표는 없음
(차량에서 고장 부위를 찾아 시험위원에게 구두로 답변하면 됨)

시험결과 기록표 ▶이 답안지는 수험생 연습용으로 활용

자동차 번호 :

항 목	① 측정(또는 점검)		② 판정 및 정비(또는 조치) 사항		득 점
	이상 부위	내용 및 상태	판정(□에 "✓"표)	정비 및 조치할 사항	
에어컨 회로			□ 양 호 □ 불 량		

비 번호 : / 시험위원 확인 :

측정 방법

① 차량의 운전석에 탑승하여 점화 스위치를 ON 후 에어컨 스위치 조작을 통해 콘덴서 팬 작동 유무를 확인한다. 콘덴서 팬 작동 시 블로어 스위치도 함께 조작하여 블로어 모터 상태도 확인한다.
② 공회전 상태에서 에어컨 스위치와 블로어 스위치를 동시에 조작하여 에어컨 컴프레서 작동 상태를 확인한다.
③ 점화 스위치를 OFF 후 메인 전원 및 점화 스위치 이상 유무를 확인한다. (점화 스위치 ON 상태에서 각종 경고등이 점등되면 정상이다.)
④ 엔진 룸 및 실내 룸 부의 퓨즈(단선) 및 릴레이 이상 유무는 멀티 테스터기를 이용하여 점검한다. (시험장에서는 퓨즈 및 릴레이가 있는지를 확인한다. 또한, 퓨즈나 릴레이는 반드시 뽑아 보아 핀(다리)이 있는지를 확인한다. 핀을 잘라 놓는 경우도 있다.)
⑤ 에어컨 스위치, 점화(이그니션) 스위치 커넥터의 탈거 여부를 확인한다.
⑥ 세부 고장 원인 점검에 따른 이상 부위와 내용 및 상태 등을 답안지에 기록한다.

집중 점검 부위

① 에어컨 계통은 냉매량을 기준으로 콘덴서+블로어(송풍 팬) 모터 계통 등을 점검한다.
② 냉매 파이프 라인 점검 시
　㉮ 저압 스위치(거의 모든 차량 장착), 일부 고압 스위치 등의 압력 스위치(2P) 또는 서모 스위치를 점검한다.
③ 에어컨 벨트, 에어컨 컴프레서 마그네틱 스위치 커넥터 점검한다.
④ 콘덴서 팬 모터 커넥터 및 조수석 하단부 블로어 모터, 레지스터, 컨트롤 릴레이 등을 점검한다.

답안지 작성 예

자동차 번호 :			비 번호		시험위원 확 인	
항 목	① 측정(또는 점검)		② 판정 및 정비(또는 조치) 사항			득 점
	이상 부위	내용 및 상태	판정(□에 "✓"표)	정비 및 조치할 사항		
에어컨 회로	블로어 릴레이	릴레이 탈거	□ 양 호 ☑ 불 량	릴레이 장착		

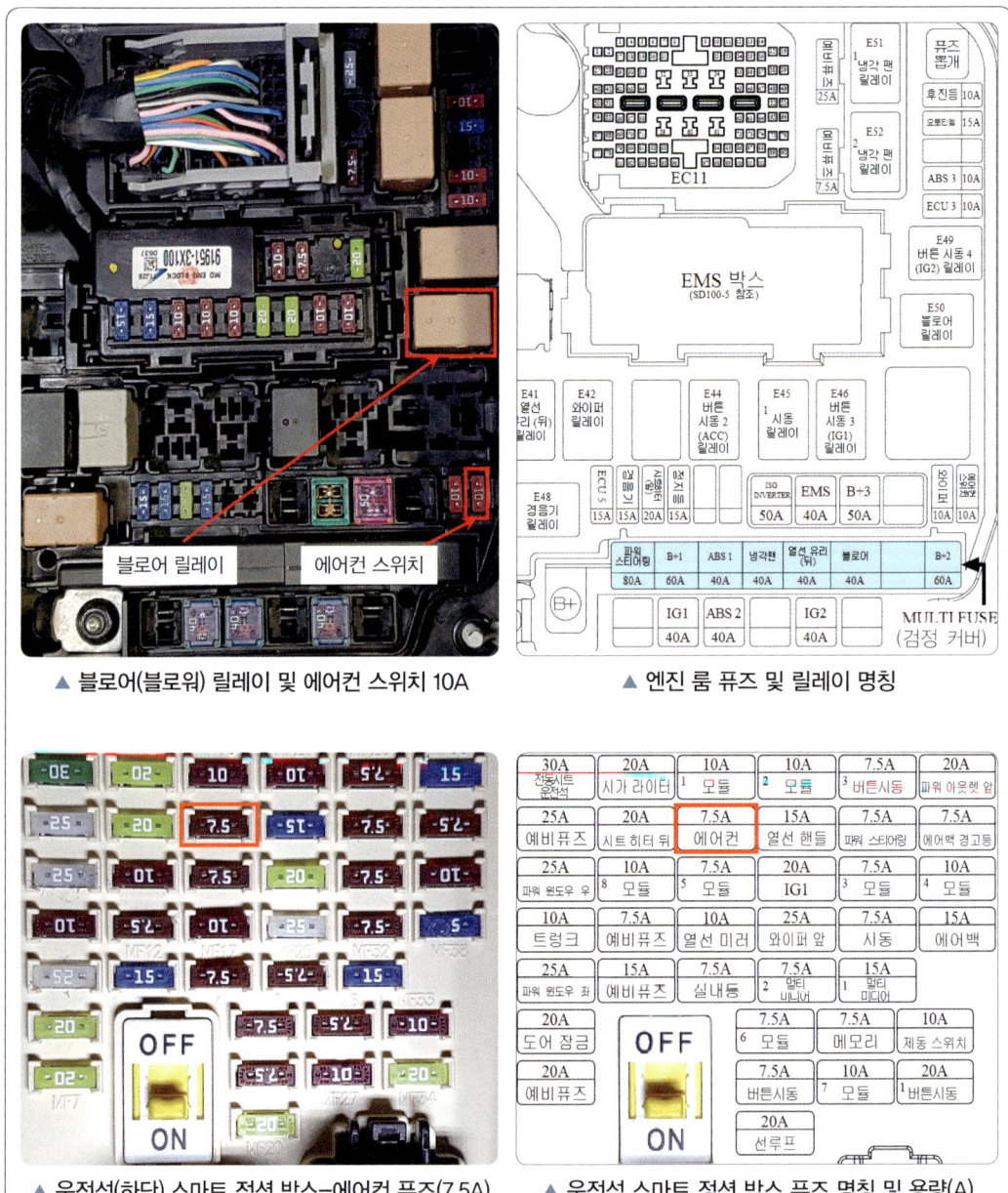

▲ 블로어(블로워) 릴레이 및 에어컨 스위치 10A

▲ 엔진 룸 퓨즈 및 릴레이 명칭

▲ 운전석(하단) 스마트 정션 박스-에어컨 퓨즈(7.5A)

▲ 운전석 스마트 정션 박스 퓨즈 명칭 및 용량(A)

에어컨(수동) 회로도 1 – K3

● 에어컨 컨트롤(매뉴얼) 회로

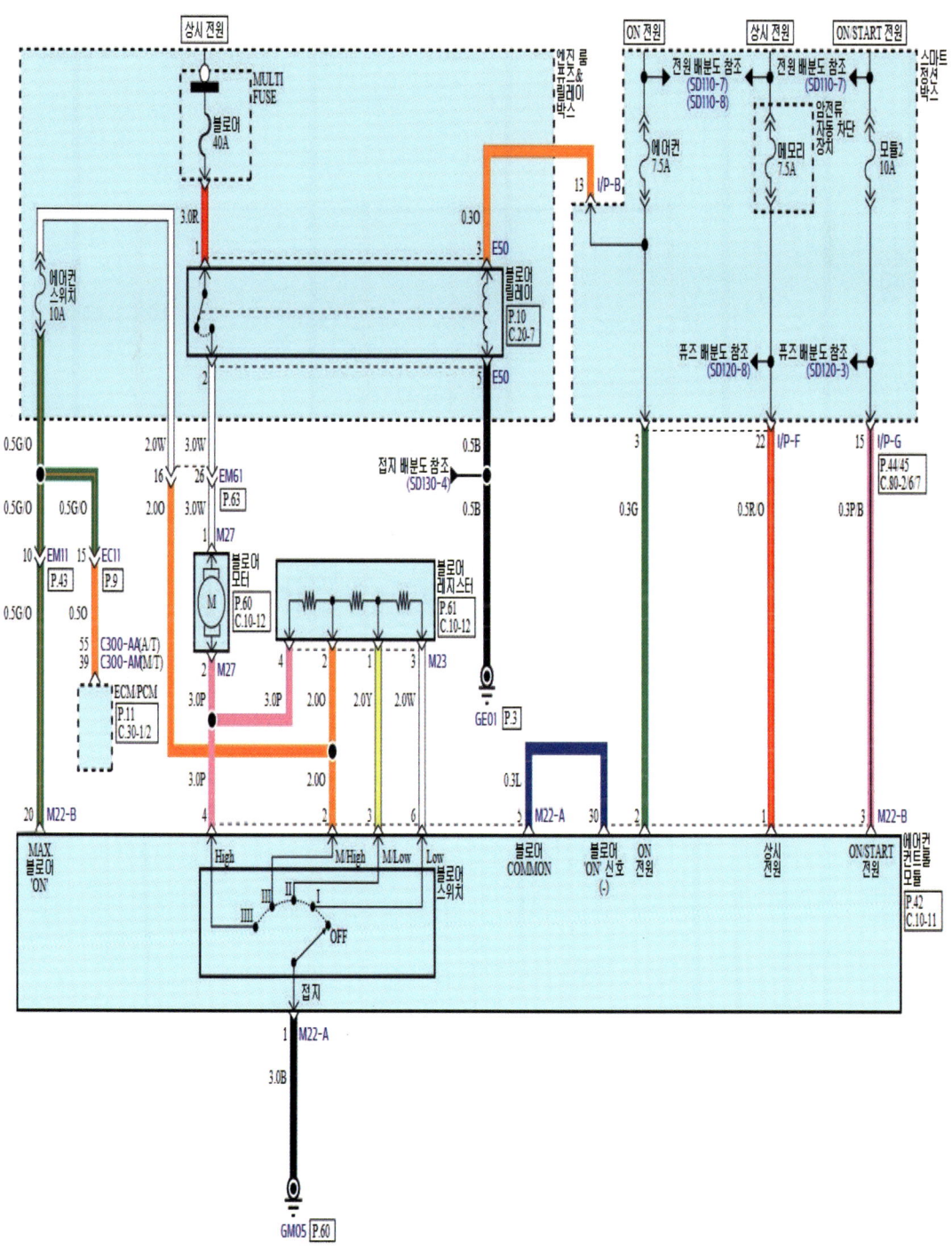

에어컨 회로도 2 - K3

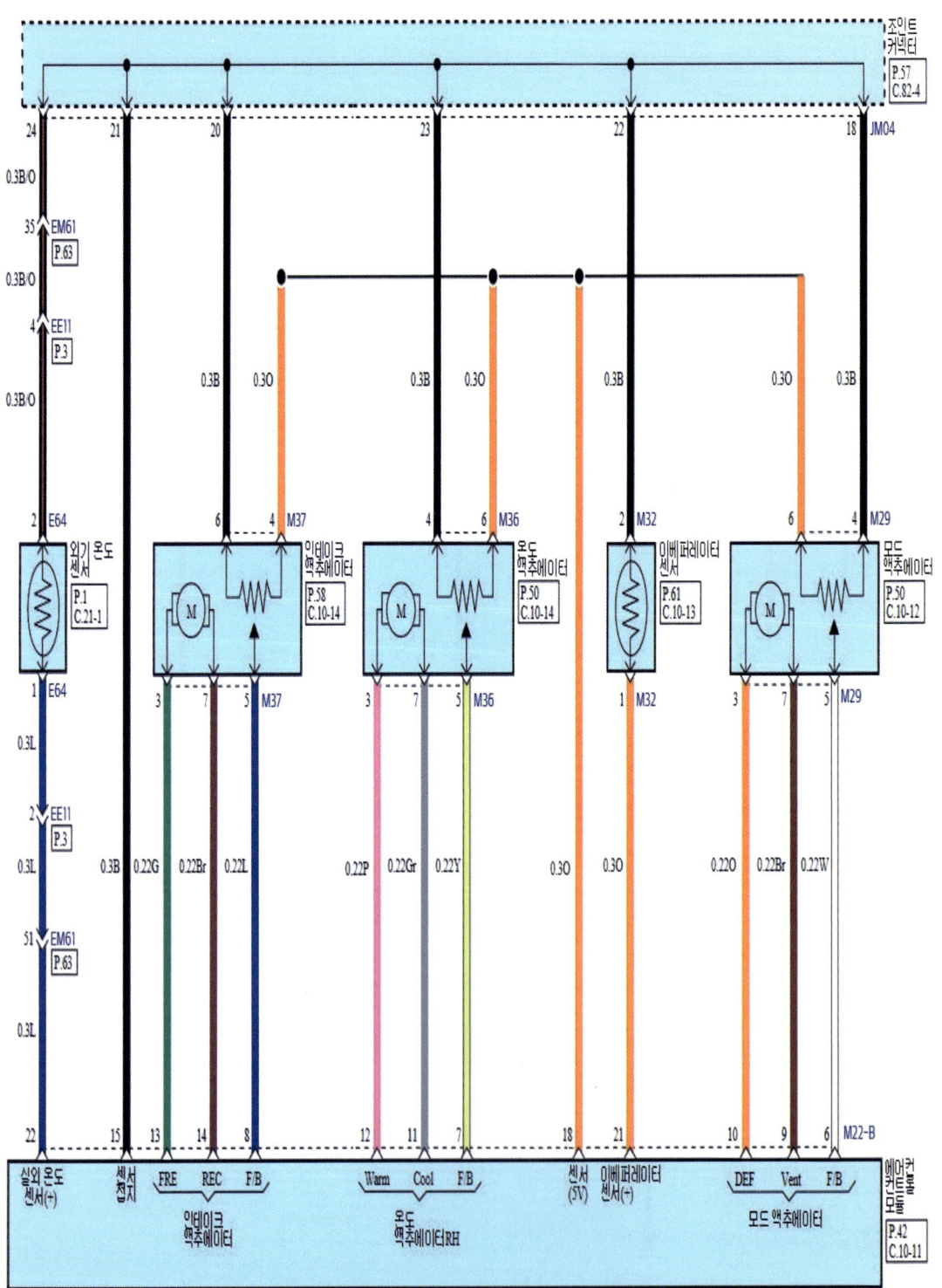

에어컨 회로도 3 - K3

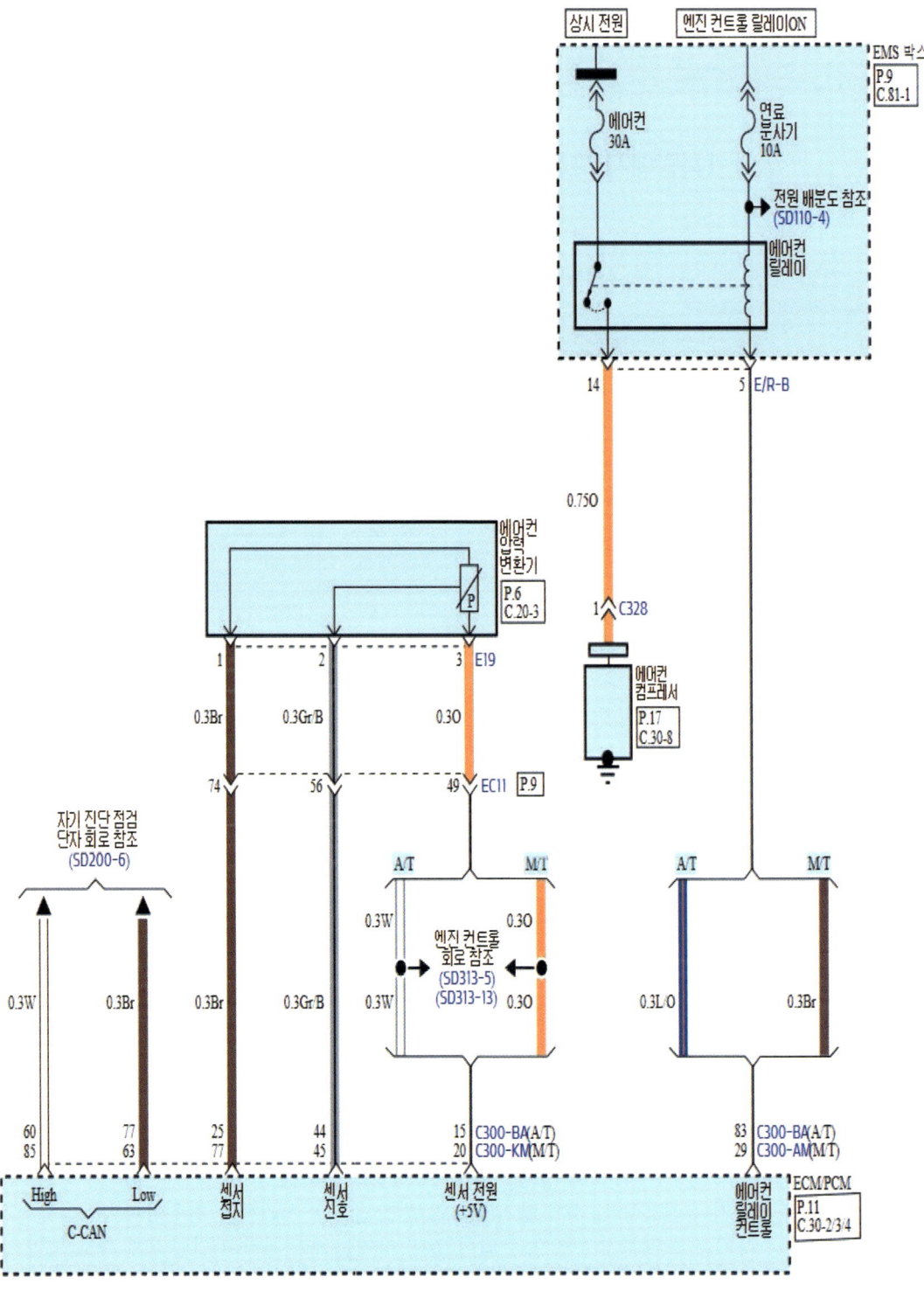

전기 4-3 전조등 회로 점검

▶ 1~14안 4번 기록표는 없음
(차량에서 고장 부위를 찾아 시험위원에게 구두로 답변하면 됨)

시험결과 기록표 ▶ 이 답안지는 수험생 연습용으로 활용

자동차 번호:			비 번호		시험위원 확 인	
항 목	① 측정(또는 점검)		② 판정 및 정비(또는 조치) 사항			득 점
	이상 부위	내용 및 상태	판정(□에 "✓"표)	정비 및 조치할 사항		
전조등 회로			□ 양 호 □ 불 량			

측정 방법

① 차량의 운전석에 탑승하여 점화 스위치를 ON 또는 공회전 상태에서 해당 회로의 스위치를 작동시켜 보아 스위치 작동에 따른 릴레이 작동여부를 확인한다.
② 점화 스위치를 조작한 후 주어진 회로부의 스위치를 LOW나 Hi로 작동시켜 본다.
③ 점화 스위치를 OFF 후 메인 전원 및 점화 스위치 이상 유무를 확인한다. (점화 스위치 ON 상태에서 각종 경고등이 점등되면 정상이다.)
④ 엔진 룸 및 실내 룸 부의 퓨즈(단선) 및 릴레이 이상 유무는 멀티 테스터기를 이용하여 점검한다. (시험장에서는 퓨즈 및 릴레이가 있는지를 확인한다. 또한 퓨즈나 릴레이는 반드시 뽑아 보아 핀(다리)이 있는지를 확인한다. 핀을 잘라 놓는 경우도 있다)
⑤ 다기능(콤비네이션) 스위치, 점화(이그니션) 스위치, 전구, 전구 커넥터의 탈거 여부를 확인한다.
⑥ 전구 및 배선 이상 유무를 확인한다. (전구의 필라멘트 단선 유무 및 배선을 가볍게 만져보면서 단선 유무 및 접지상태를 확인한다.)
⑦ 전조등 릴레이나 전구는 반드시 상향인지 하향인지를 구분해서 답안지에 기록해야 한다. (전조등 전구 탈거나 전조등 릴레이 탈거라고 쓰면 오답으로 처리하는 경우가 있다.)
⑧ 예전 차량은 다기능 스위치에 통합으로 되어 있어 다기능 스위치라고 답안지에 써도 되었으나 현재 출고되는 차량은 각각의 스위치가 별도로 되어 있기 때문에 해당하는 스위치의 명

칭을 기록해야 한다.
⑨ 좌측, 우측의 구별은 운전석에 탑승한 운전자의 방향을 기준으로 한다.
⑩ 세부 고장원인 점검에 따른 이상부위와 내용 및 상태 등을 답안지에 기록한다.

집중 점검 부위

① 전조등의 다른 표기로는 헤드 램프(head lamp : H/L), 헤드라이트 등으로 사용한다.
② 전조등은 상향(Hi), 하향(LOW)으로 나누어 분류되기 때문에 작동 점검 시 반드시 하향 및 상향(딤머, 패싱)을 작동 조작하여 확인한다. (퓨즈, 릴레이 등 분류 점검)
③ 콤비네이션(다기능) 스위치가 제어한다. (왼쪽 작동레버 부 메인 굵은 배선)
④ 전조등은 차종별 2등식과 4등식으로 구별되며, 2등식 전조등은 일반적으로 3P로 구성되어 내부에 상향용 필라멘트와 하향용 필라멘트 2개가 들어간 더블 전구로 상향과 하향이 따로 점등되고, 4등식 전조등은 상향과 하향 필라멘트를 따로 두고 있기 때문에 상향 조작 시에도 하향이 동시에 유지되는 특성으로 광도가 좋다.
⑤ 예전 차량은 다기능 스위치에 통합으로 되어 있어 다기능 스위치라고 답안지에 써도 되었으나, 현재 출고되는 차량은 각각의 스위치가 별도로 되어 있어 있기 때문에 해당하는 스위치의 명칭을 사용해야 한다.

답안지 작성 예

항 목	① 측정(또는 점검)		② 판정 및 정비(또는 조치) 사항		득 점
	이상 부위	내용 및 상태	판정(□에 "✓"표)	정비 및 조치할 사항	
전조등 회로	우측 전조등	커넥터 탈거	□ 양 호 ✓ 불 량	우측 전조등 커넥터 연결(체결)	

자동차 번호 :   비 번호   시험위원 확 인

전기회로도 점검 관련

1. 회로도 점검 개요

시험장에서 특별히 "시동 걸지 마라", "실내는 점검할 필요가 없다"고 하기 전에는 시험장에서 주어지는 전기 회로도 및 멀티 테스터기 등을 이용하여 반드시 작동 점검을 통해 회로 추적을 실시하여야 합니다. 만일 작동 점검을 통한 회로 추적을 하지 않고 답안지를 작성하면 0점 처리될 수도 있다.

2. 차량 릴레이 및 퓨즈 점검(기아 자동차 : K3) – 모든 전기 회로 시험에 공통으로 참고

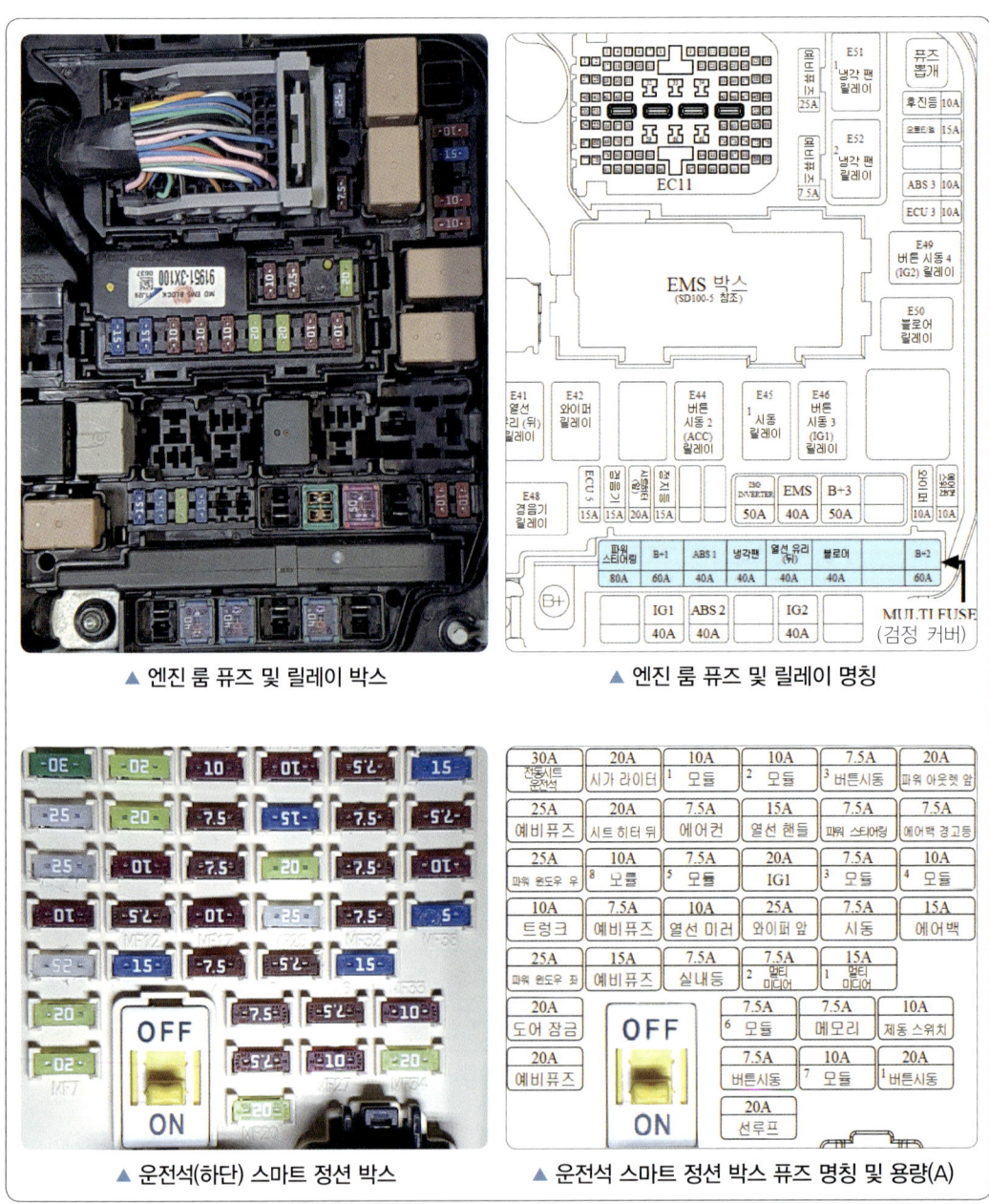

▲ 엔진 룸 퓨즈 및 릴레이 박스

▲ 엔진 룸 퓨즈 및 릴레이 명칭

▲ 운전석(하단) 스마트 정션 박스

▲ 운전석 스마트 정션 박스 퓨즈 명칭 및 용량(A)

▲ 전조등 스위치(다기능 스위치 좌측)　　▲ 전조등 상·하향 위치 및 커넥터(운전자 우측)

전조등 회로도 1 – K3

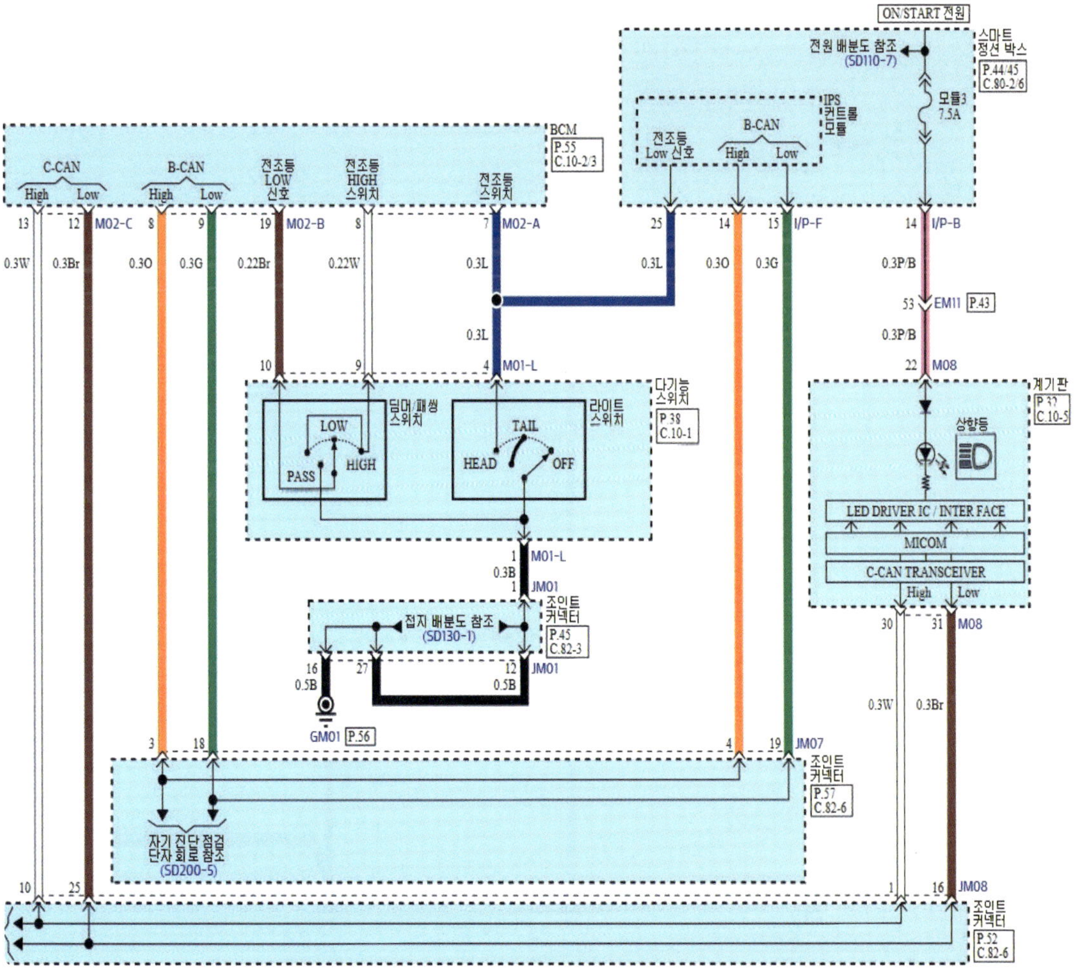

전조등 회로도 2 - K3

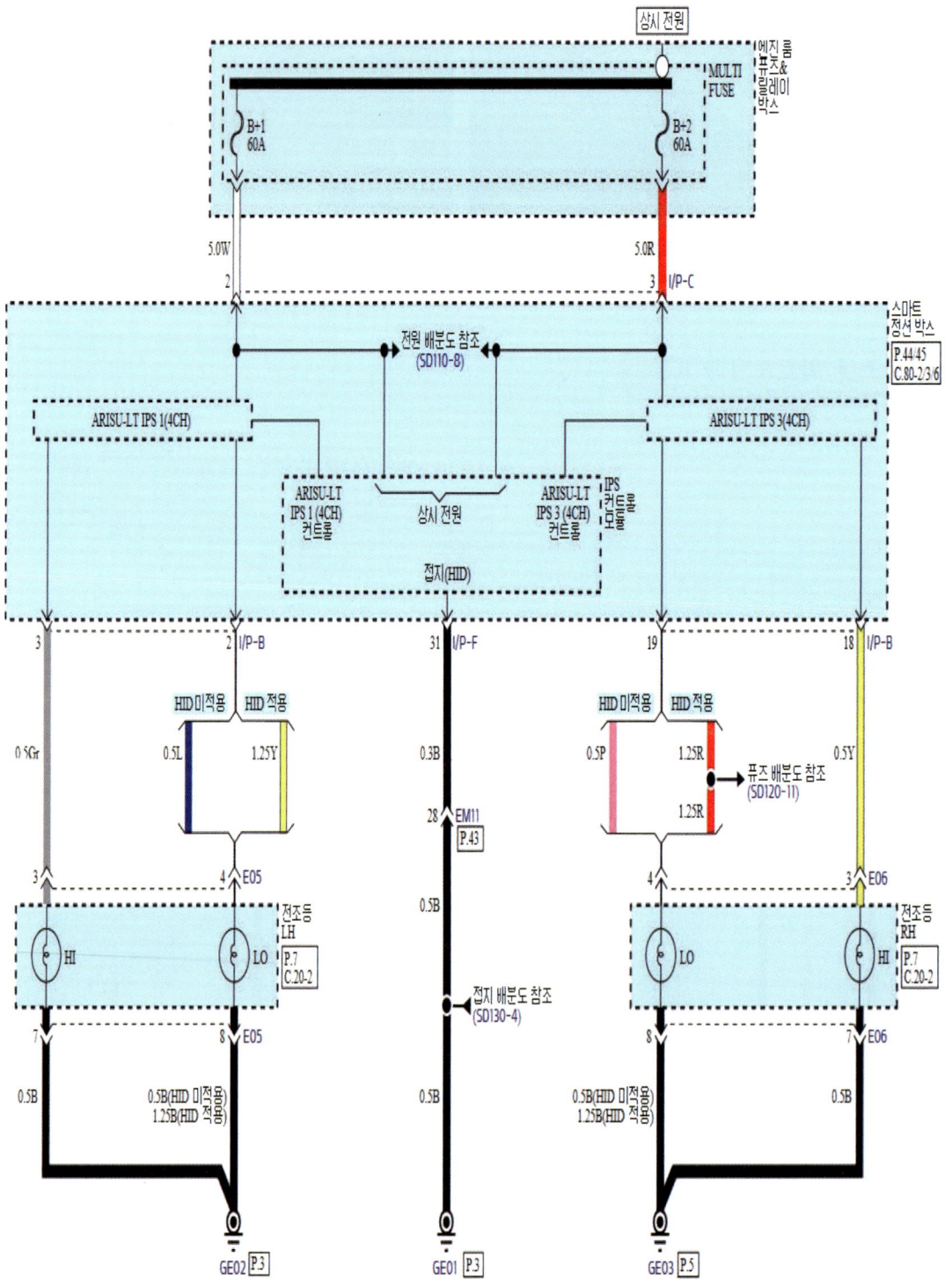

파워 윈도우 회로 점검

▶ 1~14안 4번 기록표는 없음
(차량에서 고장 부위를 찾아 시험위원에게 구두로 답변하면 됨)

시험결과 기록표 ▶ 이 답안지는 수험생 연습용으로 활용

자동차 번호 :			비 번호		시험위원 확 인
항 목	① 측정(또는 점검)		② 판정 및 정비(또는 조치) 사항		득 점
	이상 부위	내용 및 상태	판정(□에 "√"표)	정비 및 조치할 사항	
파워 윈도우 회로			□ 양 호 □ 불 량		

측정 방법

① 차량의 운전석에 탑승하여 점화 스위치를 ON 또는 공회전(무부하 정지 시) 상태에서 각 윈도(윈도우) 모터 스위치를 운전석 메인 컨트롤 스위치를 통해 작동하여 본다.
② 운전석 메인 컨트롤 스위치를 통해 작동이 안 되는 윈도(윈도우) 모터는 직접 도어 트림부에 스위치를 통해 작동하여 본다.
③ 점화 스위치를 OFF 후 메인 전원 및 점화 스위치 이상 유무를 확인한다. (점화 스위치 ON 상태에서 각종 경고등이 점등되면 정상이다.)
④ 엔진 룸 및 실내 룸부의 퓨즈(단선) 및 릴레이 이상 유무는 멀티 테스터기를 이용하여 점검한다. (시험장에서는 퓨즈 및 릴레이가 있는지를 확인한다. 또한, 퓨즈나 릴레이는 반드시 뽑아 보아 핀(다리)이 있는지를 확인한다. 핀을 잘라 놓는 경우도 있다.)
⑤ 점화 스위치 커넥터의 탈거 여부를 확인한다.
⑥ 앞, 뒤, 좌측, 우측의 구별은 운전석에 탑승한 운전자의 방향을 기준으로 한다.
⑦ 세부 고장 원인 점검에 따른 이상 부위와 내용 및 상태 등을 답안지에 기록한다.

집중 점검 부위

① 파워 윈도(윈도우) 모터의 컨트롤 릴레이는 운전석 메인 컨트롤 스위치 부 내에 있거나 실내 운전석 하단부에 별도로 장착되어 있을 수 있기 때문에 회로도를 참조하여 확인한다.
② 각 도어부 윈도(윈도우) 모터 작동 불량 시, 필요에 따라 도어 트림부를 탈거하고, 스위치 커넥터 윈도(윈도우) 모터(레귤레이터) 커넥터의 탈거 유무를 확인한다.
   ⇨ 도어 트림 탈거 시에는 시험위원 허락을 받거나, 문의 후 작업을 시행한다.
③ 파워 윈도(윈도우) 점검 시 일부 파워 도어 록 장치와 관련되는 경우도 있으나, 보통은 운전석 메인 컨트롤 스위치 내에 커넥터가 포함되기 때문에 큰 의미는 없다.

답안지 작성 예

자동차 번호 :   비 번호   시험위원 확 인

항 목	① 측정(또는 점검)		② 판정 및 정비(또는 조치) 사항		득 점
	이상부위	내용 및 상태	판정(□에 "✓"표)	정비 및 조치할 사항	
파워 윈도우 회로	파워 윈도(윈도우) 좌 퓨즈 25A	퓨즈 탈거	□ 양 호 ☑ 불 량	퓨즈 장착 후 재점검(재진단)	

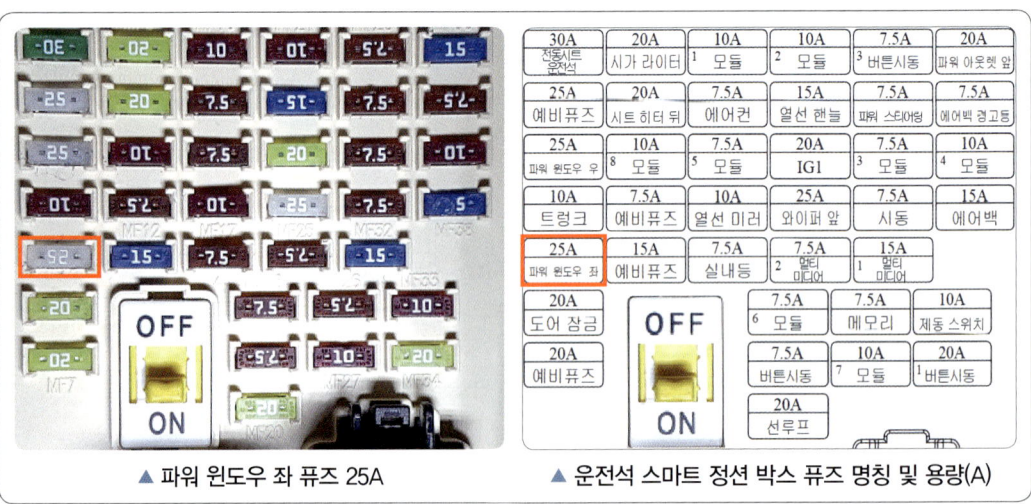

▲ 파워 윈도우 좌 퓨즈 25A   ▲ 운전석 스마트 정션 박스 퓨즈 명칭 및 용량(A)

파워 윈도 회로도 1 − K3

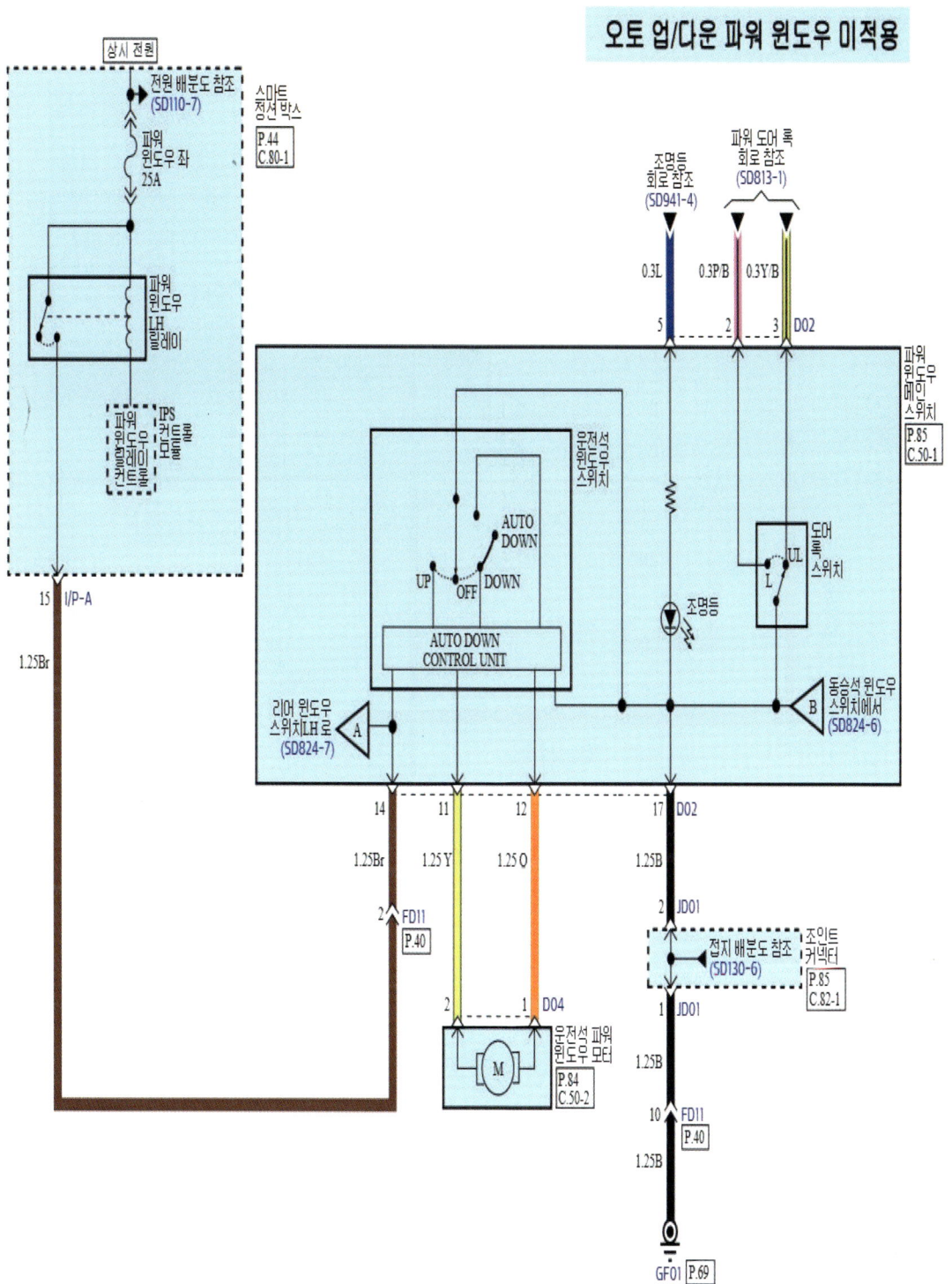

파워 윈도 회로도 2 - K3

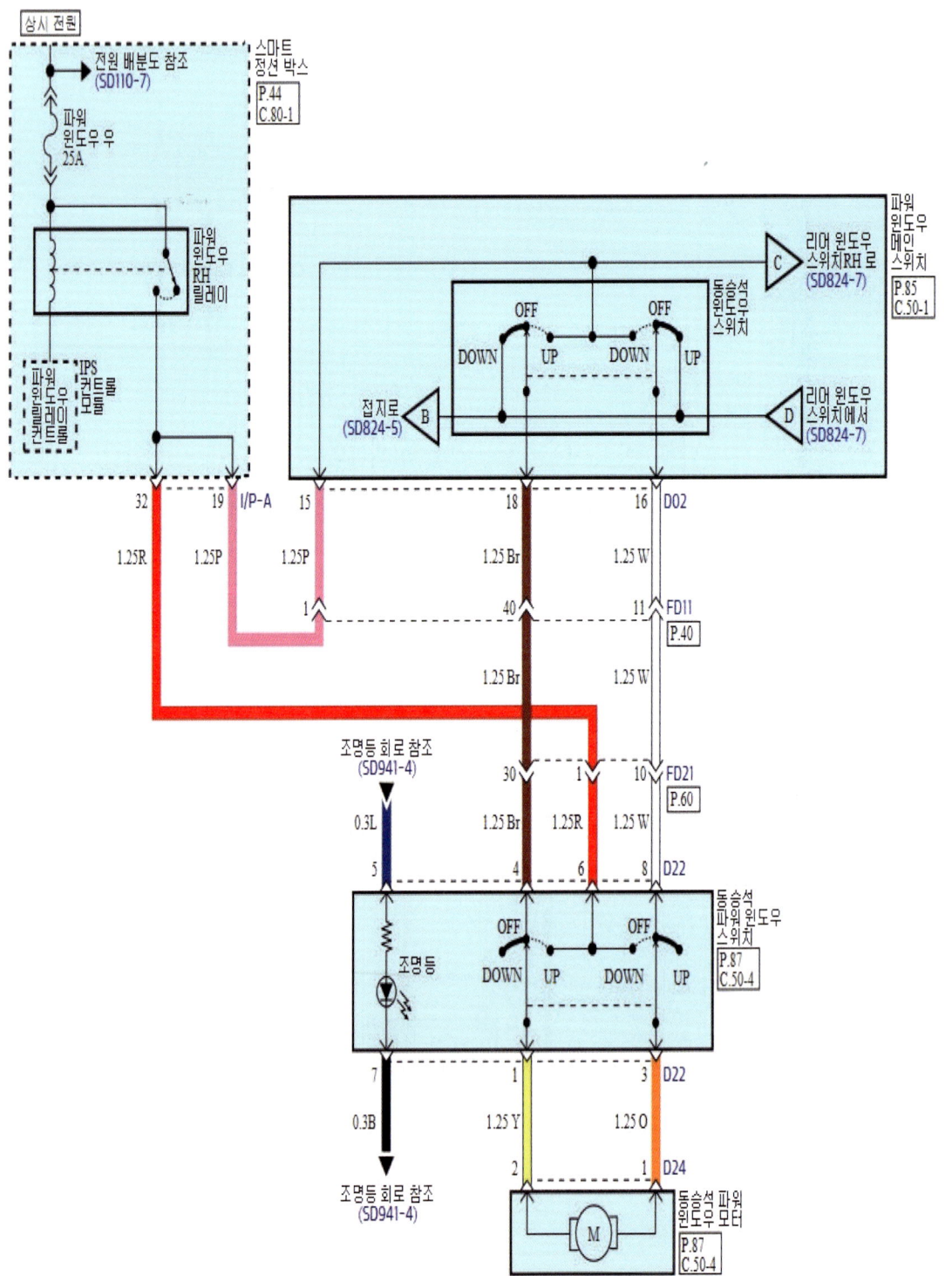

파워 윈도 회로도 3 – K3

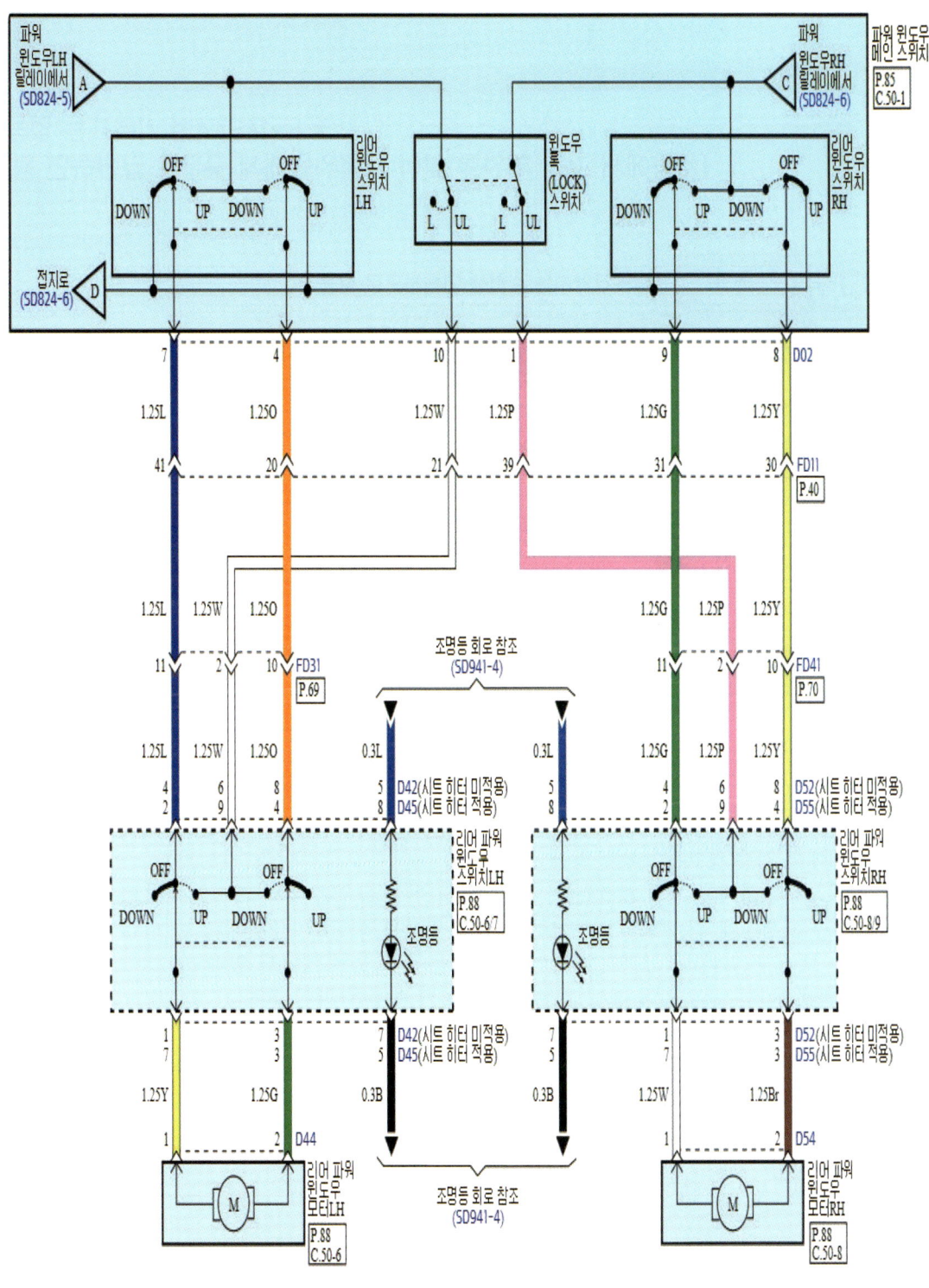

라디에이터 전동 팬 회로 점검

▶ 1~14안 4번 기록표는 없음
(차량에서 고장 부위를 찾아 시험위원에게 구두로 답변하면 됨)

시험결과 기록표 ▶ 이 답안지는 수험생 연습용으로 활용

자동차 번호 :   비 번호   시험위원 확 인

항 목	① 측정(또는 점검)		② 판정 및 정비(또는 조치) 사항		득 점
	이상 부위	내용 및 상태	판정(□에 "✓"표)	정비 및 조치할 사항	
전동 팬 회로			□ 양 호 □ 불 량		

회로 점검 방법

① 점화 스위치로 시동 후 공회전 상태 계기판의 수온게이지를 확인하여, 엔진이 충분히 열을 받았는지 등을 육안으로 확인하여 냉각 팬 작동 여부를 판별한다.
② 점화 스위치를 OFF 후 메인 전원 및 점화 스위치 이상 유무를 확인한다. (점화 스위치 ON 상태에서 각종 경고등이 점등되면 정상이다.)
③ 엔진 룸 및 실내 룸부의 퓨즈(단선) 및 릴레이 이상 유무는 멀티 테스터기를 이용하여 점검한다. (시험장에서는 퓨즈 및 릴레이가 있는지를 확인한다. 또한 퓨즈나 릴레이는 반드시 뽑아 보아 핀(다리)이 있는지를 확인한다. 핀을 잘라 놓는 경우도 있다.)
④ 점화(이그니션) 스위치나 전동 팬 커넥터의 탈거 여부를 확인한다.
⑤ 전동 팬(냉각 팬) 릴레이는 2개이므로 저속(냉각 팬 1)인지 고속(냉각 팬 2)인지를 구분해서 답안지에 기록해야 한다. (전동 팬 릴레이 탈거라고 쓰면 오답으로 처리하는 경우가 있다.)
⑥ 세부 고장원인 점검에 따른 이상부위와 내용 및 상태 등을 답안지에 기록한다.

답안지 작성 예

자동차 번호 :			비 번호		시험위원 확 인	
항 목	① 측정(또는 점검)		② 판정 및 정비(또는 조치) 사항			득 점
	이상 부위	내용 및 상태	판정(□에 "✓"표)	정비 및 조치할 사항		
전동 팬 회로	1번 냉각 팬 릴레이	릴레이 탈거	□ 양 호 ☑ 불 량	릴레이 장착(체결) 후 재점검(재진단)		

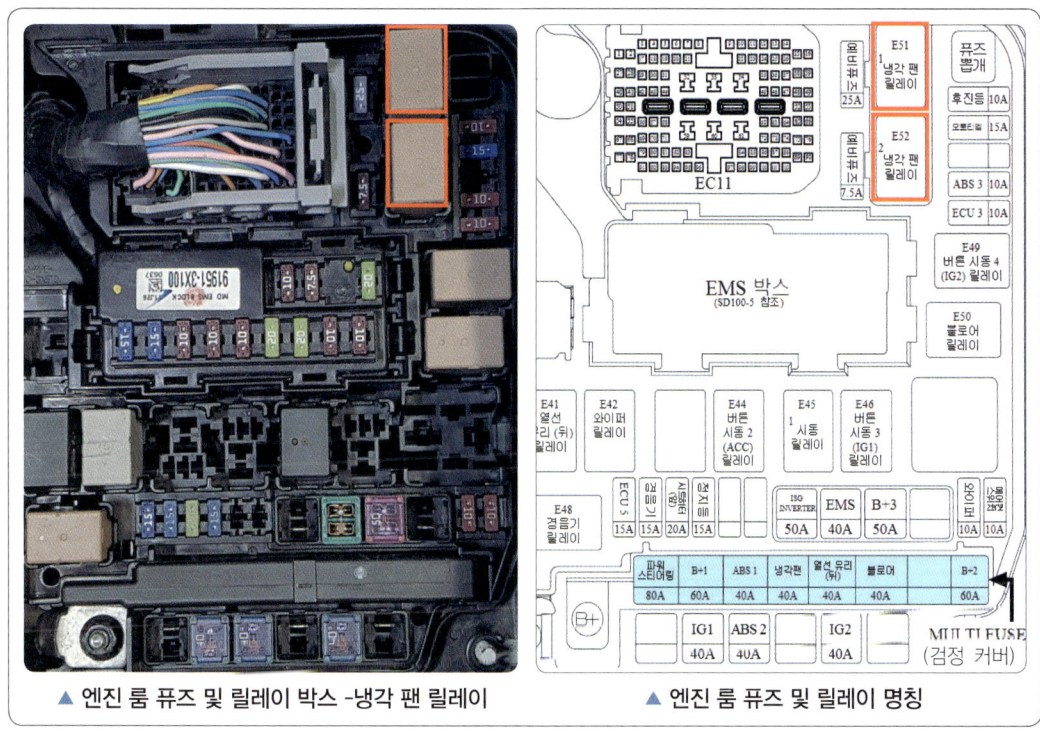

▲ 엔진 룸 퓨즈 및 릴레이 박스 -냉각 팬 릴레이   ▲ 엔진 룸 퓨즈 및 릴레이 명칭

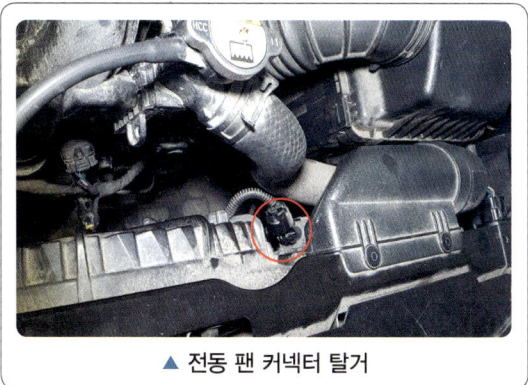

▲ 전동 팬 커넥터 탈거

전동 팬 회로도 - K3

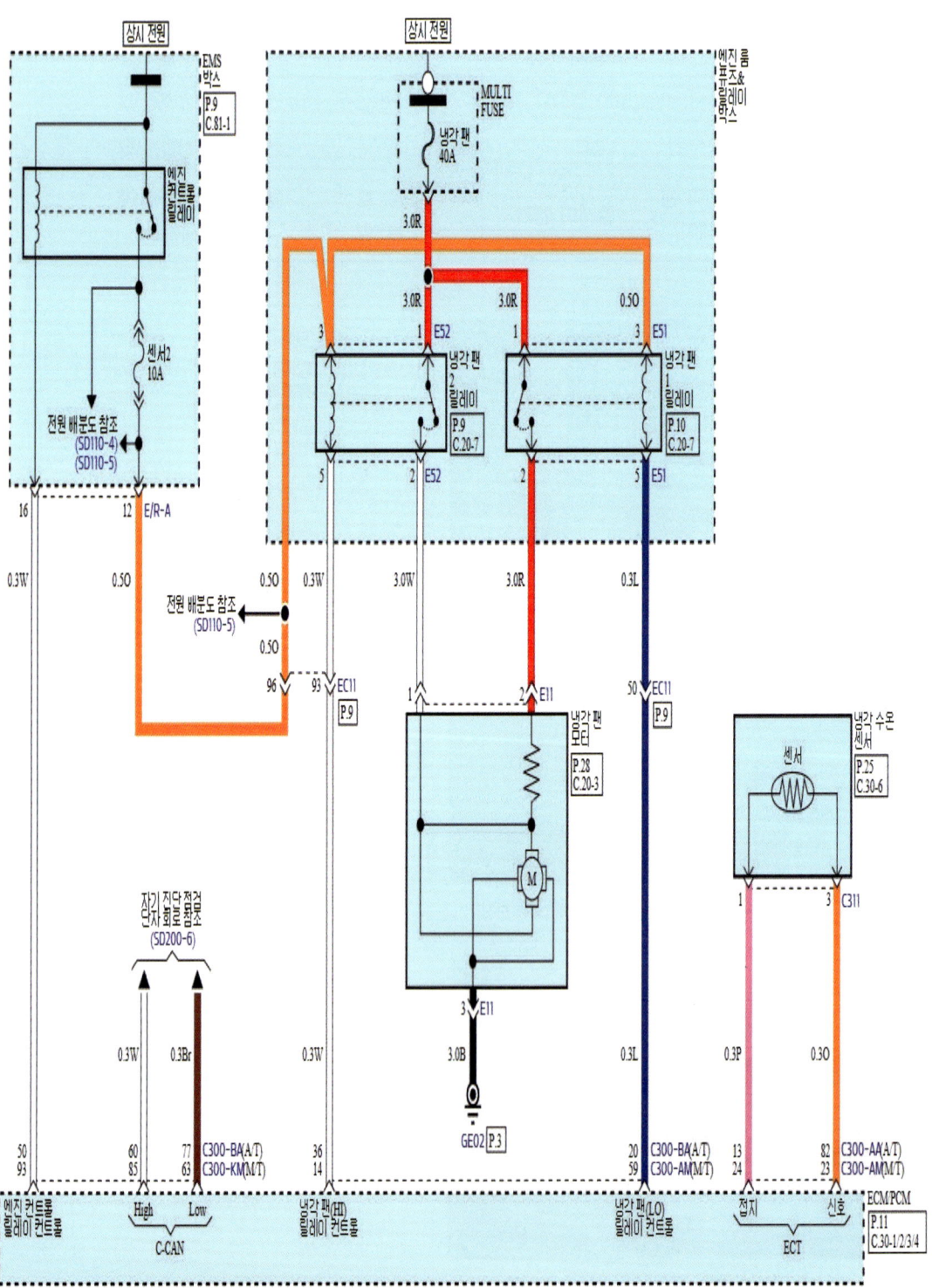

제동등 및 미등 회로 점검

▶1~14안 4번 기록표는 없음
(차량에서 고장 부위를 찾아 시험위원에게 구두로 답변하면 됨)

시험결과 기록표 ▶이 답안지는 수험생 연습용으로 활용

자동차 번호 :		비 번호		시험위원 확 인	
항 목	① 측정(또는 점검)		② 판정 및 정비(또는 조치) 사항		득 점
	이상 부위	내용 및 상태	판정(□에 "√"표)	정비 및 조치할 사항	
제동 및 미등 회로			□ 양 호 □ 불 량		

측정 방법

- 시험장별 전기 회로도 및 멀티 테스터기 사용 참고
① 주어진 차량의 운전석에 탑승하여 IG 스위치를 ON 또는 공회전(무부하 정지 시) 상태로 조시험장별 전기 회로도 및 멀디 테스터기 사용 참고작한다.
② IG 스위치를 조작한 후 미등 스위치를 작동시켜 본다.
③ 스위치 작동에 따른 릴레이 작동여부를 확인한다.
④ 스위치 작동상태에서 각 부위의 작동 여부를 육안으로 확인 후에 체크하여둔다.
⑤ 브레이크 페달을 밟아 제동등을 삭동시켜본다.
⑥ IG 스위치를 OFF 후 세부 고장원인 점검 및 회로 추적을 실시한다.
　㉮ 메인 전원 및 IG 스위치 이상 유무를 확인한다. (IG 스위치 ON 상태에서 각종 경고등이 점등되면 정상)
　㉯ 엔진 룸 및 실내 룸 부의 퓨즈 및 릴레이 이상 유무를 확인한다. (각 전류 용량확인 및 멀티 테스터기를 이용하여 도통시험을 한다.)
　㉰ 각 스위치 및 커넥터 이상 유무를 확인한다. (커넥터 부를 가볍게 만져보면서 탈거 유무)
　㉱ 전구 및 배선 이상 유무(전구의 필라멘트 단선 유무 및 배선을 가볍게 만져보면서 단선 유무 및 접지상태를 확인한다.)
⑦ 세부 고장 원인 점검에 따른 이상 부위와 내용 및 상태 등을 답안지에 기록한다.

참고사항 및 집중점검 부위

① 미등을 다른 표기로는 차폭등, tail lamp(T/L) 등으로 사용한다.
② 미등 영역 안에 번호판 등이 포함되어 있을 수 있다. (퓨즈, 릴레이 등)
③ 미등 스위치는 콤비네이션(다기능) 스위치의 왼쪽 레버에서 얇은 배선으로 되어있다.
④ 제동등 스위치는 브레이크 페달 상단에 있고 퓨즈는 운전석 스마트 정션 박스에 있다.
⑤ 리어 콤비네이션 램프부의 미등 또는 제동등을 구별하는 방법
　㉮ 적색 케이스 내 싱글 필라멘트는 보통 미등을 사용한다.
　㉯ 적색 케이스 내 더블 필라멘트는 보통 미등과 제동등을 겸용으로 사용한다.

답안지 작성 예

자동차 번호 :			비 번호		시험위원 확　인	
항 목	① 측정(또는 점검)		② 판정 및 정비(또는 조치) 사항			득 점
	이상 부위	내용 및 상태	판정(□에 "✓"표)	정비 및 조치할 사항		
제동 및 미등 회로	제동등 스위치	커넥터 탈거	□ 양 호 ✓ 불 량	제동등 스위치 커넥터 연결 후 재점검(재진단)		

전기 회로도 점검 관련

1. 회로도 점검 개요

　　시험장에서 특별히 "시동 걸지 마라", "실내는 점검 할 필요가 없다"고 하기 전에는 시험장에서 주어지는 전기 회로도 및 멀티 테스터기 등을 이용하여 반드시 작동 점검을 통해 회로 추적을 실시하여야 한다. 만일 작동 점검을 통한 회로 추적을 하지 않고 답안지를 작성하면 0점 처리될 수도 있다.

2. 차량 릴레이 및 퓨즈 점검(기아 자동차 : K3) – 모든 전기 회로 시험에 공통으로 참고

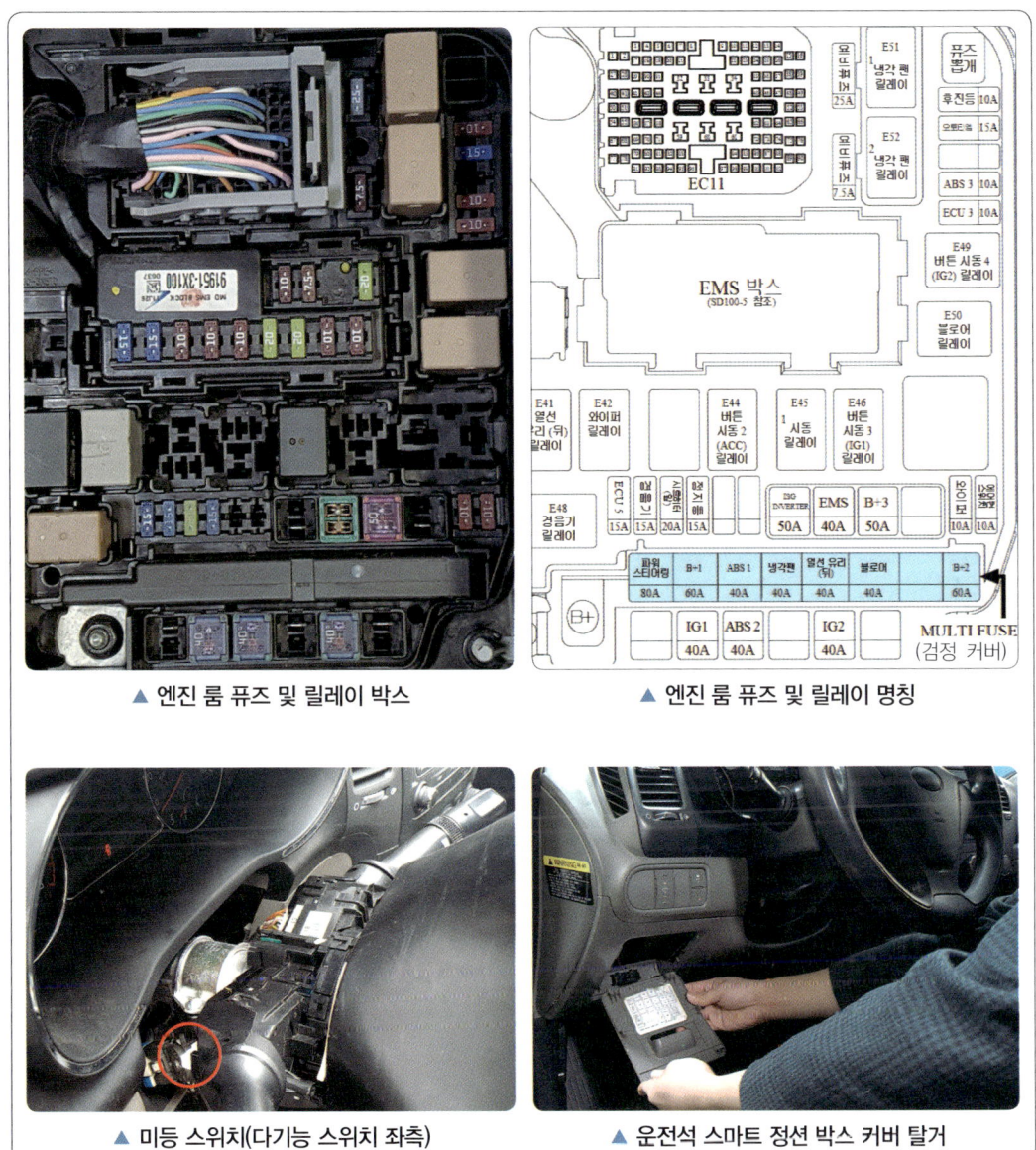

▲ 엔진 룸 퓨즈 및 릴레이 박스

▲ 엔진 룸 퓨즈 및 릴레이 명칭

▲ 미등 스위치(다기능 스위치 좌측)

▲ 운전석 스마트 정션 박스 커버 탈거

▲ 운전석(하단) 스마트 정션 박스-제동 스위치 10A

▲ 운전석 스마트 정션 박스 퓨즈 명칭 및 용량(A)

▲ 앞 우측 미등 및 커넥터

▲ 앞 우측 전조등 상·하향 위치 및 커넥터

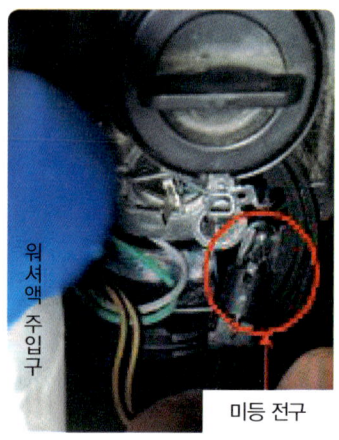
▲ 미등 전구

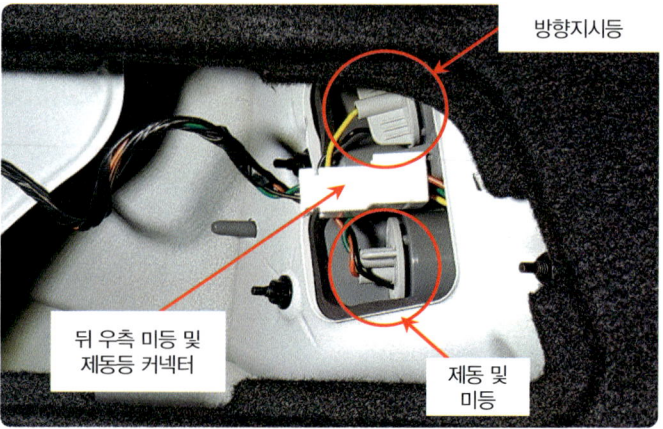
▲ 뒤 우측 미등 및 제동등(미등과 제동등 커넥터 공용)

미등 및 번호등 회로도 1 - K3

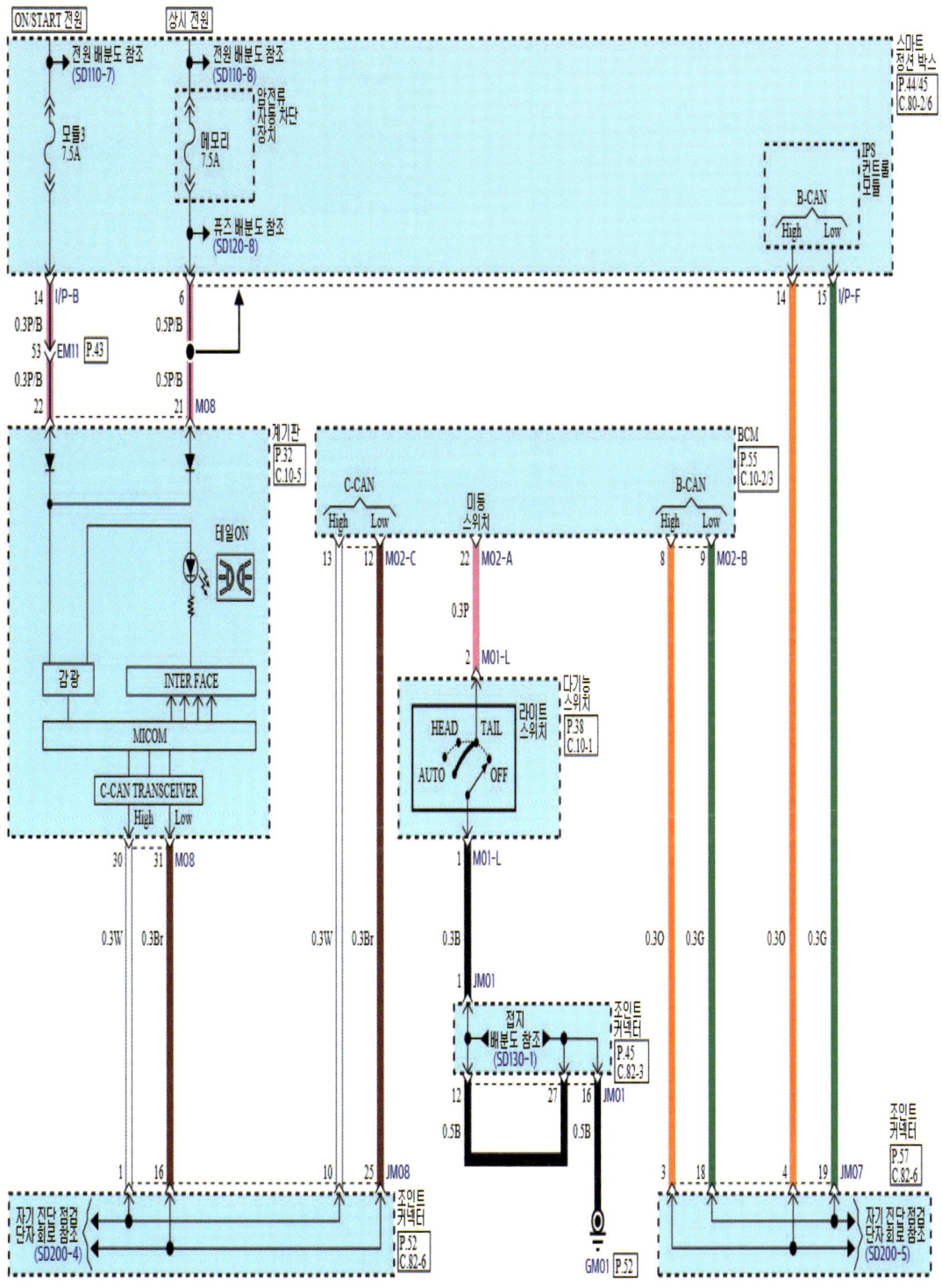

미등 회로도 2 - K3

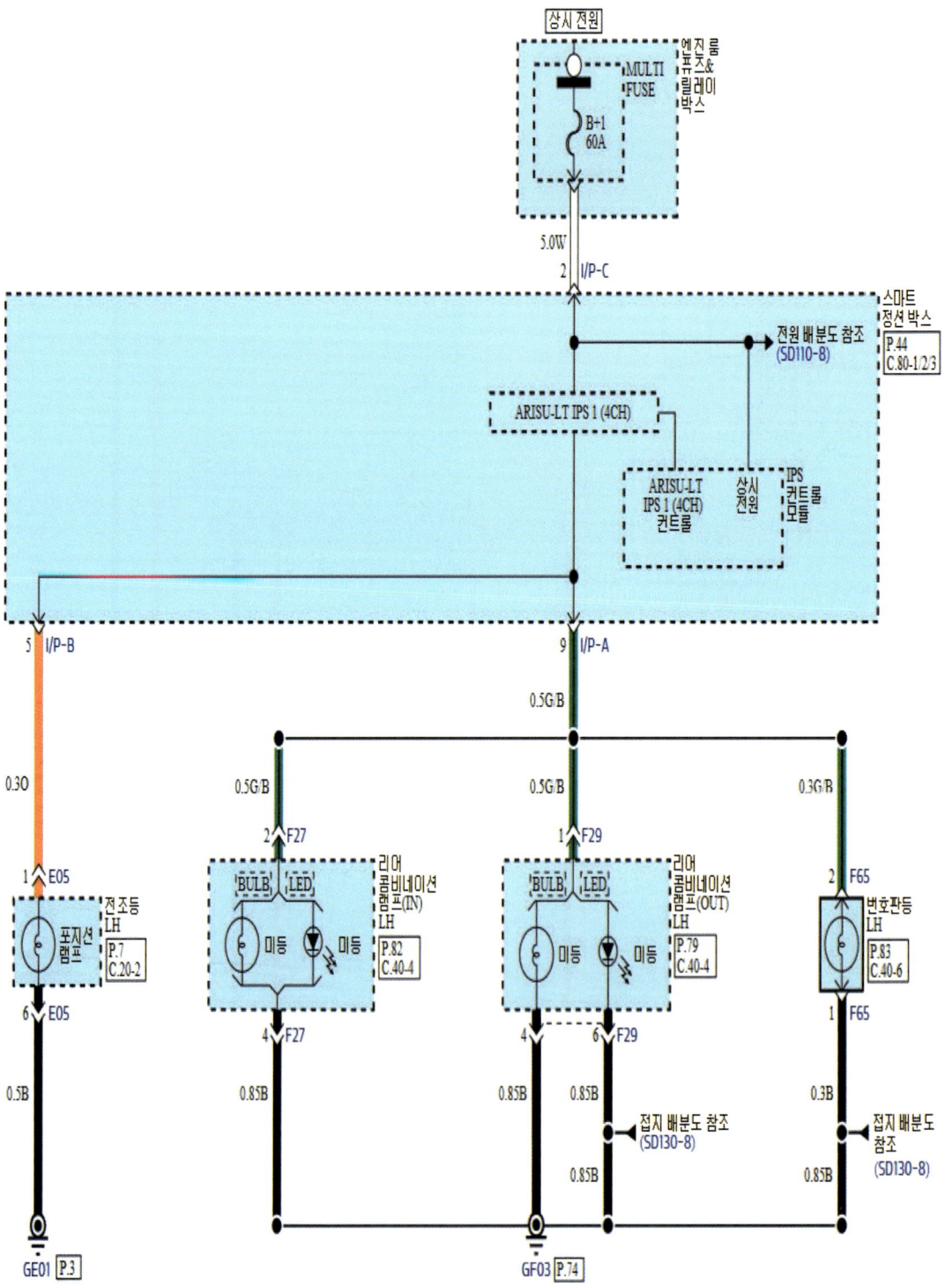

제동등 회로도 1 – K3

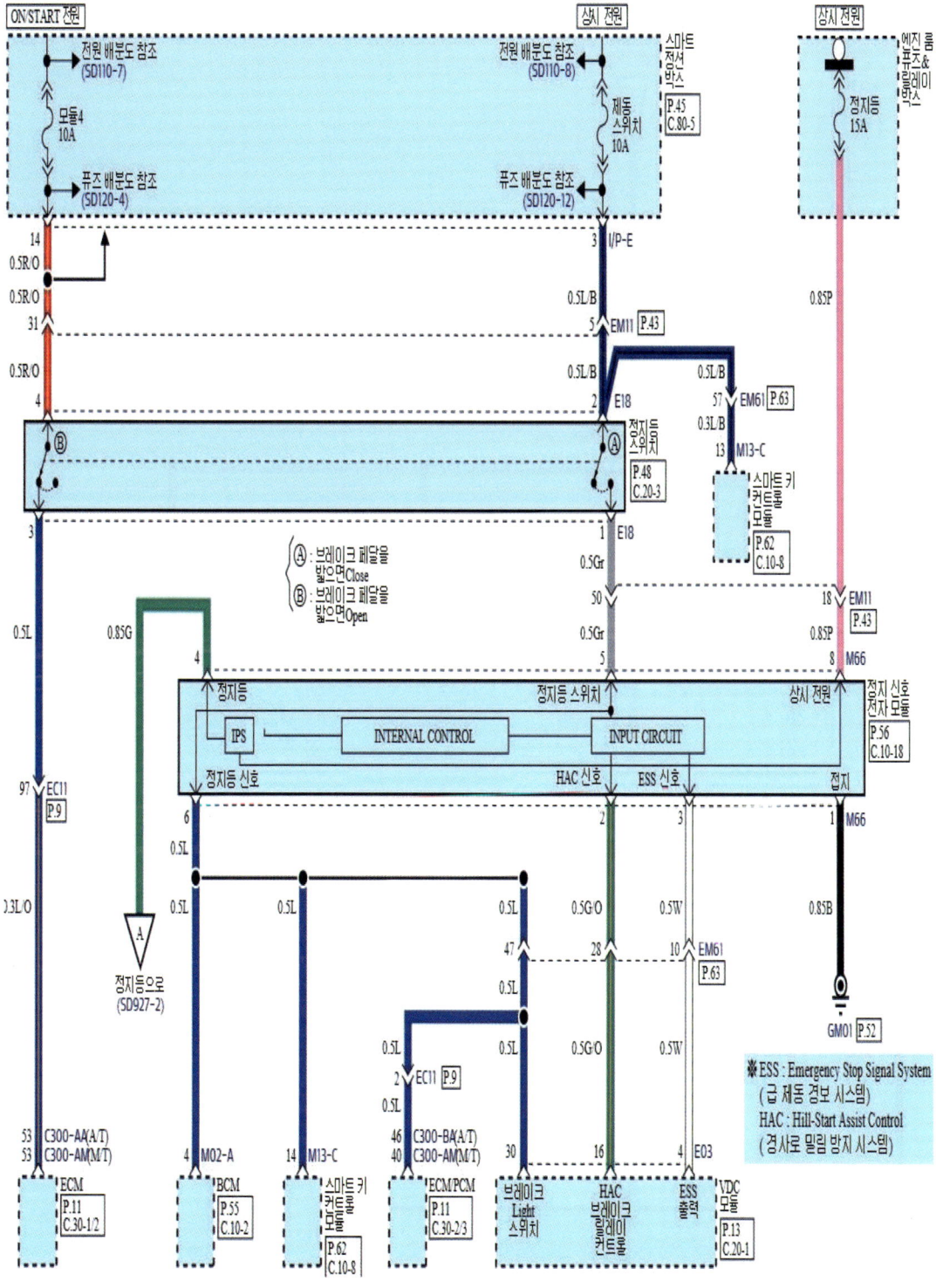

제동등 회로도 2 - K3

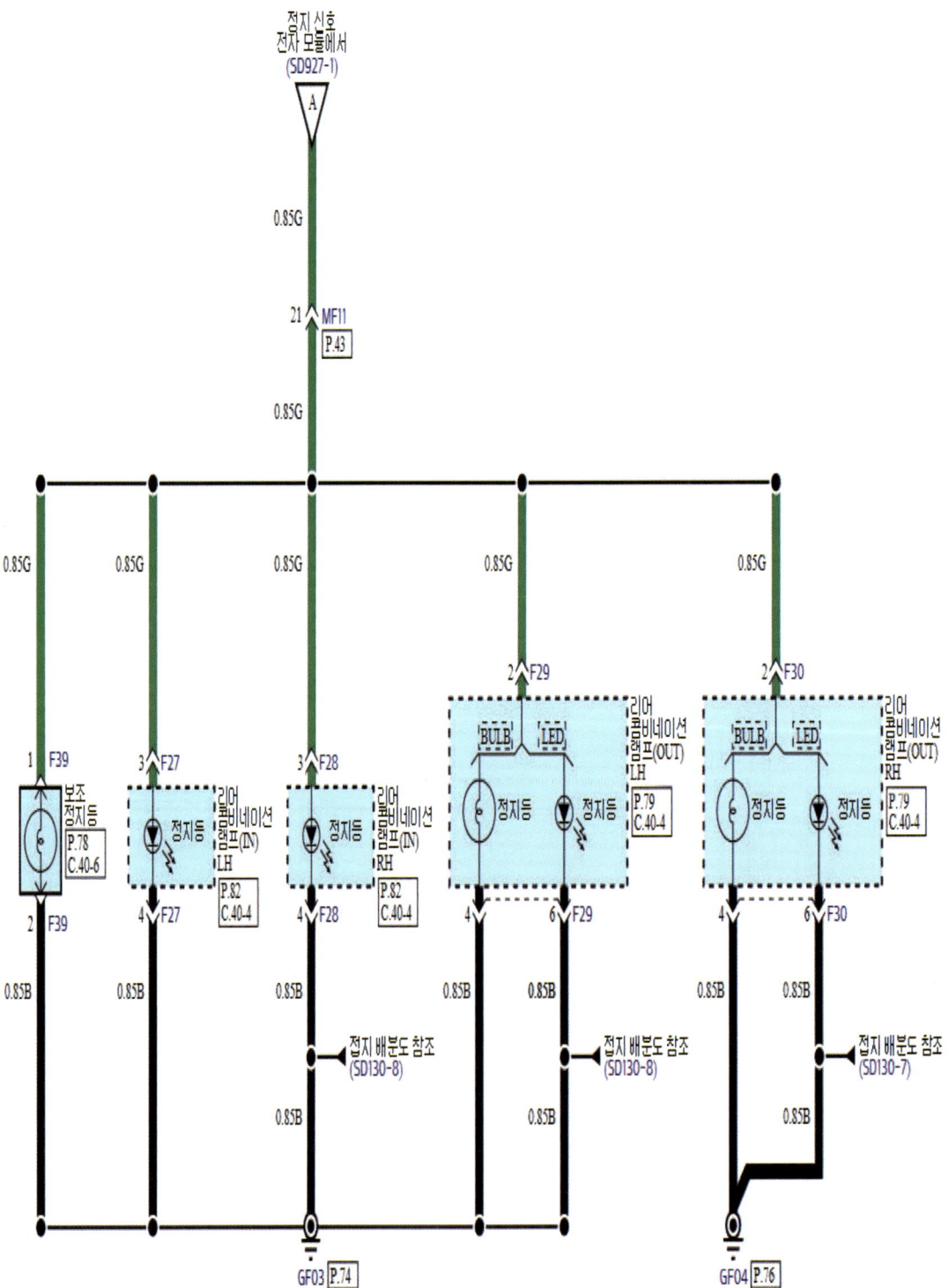

경음기 회로 점검

▶ 1~14안 4번 기록표는 없음
(차량에서 고장 부위를 찾아 시험위원에게 구두로 답변하면 됨)

시험결과 기록표 ▶ 이 답안지는 수험생 연습용으로 활용

항 목	① 측정(또는 점검)		② 판정 및 정비(또는 조치) 사항		득 점
	이상부위	내용 및 상태	판정(□에 "✓"표)	정비 및 조치할 사항	
경음기 회로			□ 양 호 □ 불 량		

자동차 번호 :   비 번호   시험위원 확인

측정 방법

① 차량의 운전석에 탑승하여 OFF 시 및 점화 스위치 ON 시 작동 조작해 본다.
② 스위치 작동에 따른 릴레이(없는 경우도 있음) 작동 여부를 확인한다.
③ 스위치 작동상태에서 각 부위의 작동여부를 청각으로 확인 후에 체크하여 둔다.
④ 점화 스위치를 OFF 후 엔진 룸 및 실내 룸 부의 퓨즈(단선) 및 릴레이 이상 유무는 멀티 테스터기를 이용하여 점검한다. (시험장에서는 퓨즈 및 릴레이가 있는지를 확인한다. 또한 퓨즈나 릴레이는 반드시 뽑아 보아 핀(다리)이 있는지를 확인한다. 핀을 잘라 놓는 경우도 있다.)
⑤ 경음기(혼) 스위치 및 경음기 커넥터 부를 가볍게 만져 보면서 커넥터 탈거 유무를 확인한다.
⑥ 경음기 부(좌/우 2곳) 접지 배선 이상 유무를 확인한다. (접지배선을 가볍게 만져보면서 단선 유무 및 접지상태를 확인한다.)

참고사항 및 집중 점검 부위

① 경음기(혼) 스위치는 스티어링 부(핸들)에 설치되어 있다. (혼 커버 분리 시 조심하여야 배선 이상 유무를 알 수 있다.)
② 경음기는 라디에이터 서포트부에 좌, 우 2곳 설치되어 있거나, 일부 차량은 앞 범퍼 코너부분 아래에 설치되어 있는 경우도 있다.
③ 대부분 차량은 점화 스위치 OFF 시에도 작동된다.
④ 일부 차량에서는 경음기 또는 horn, 경적 등의 명칭을 사용하기도 한다. (퓨즈 및 릴레이)

답안지 작성 예

항 목	① 측정(또는 점검)		② 판정 및 정비(또는 조치) 사항		득 점
	이상 부위	내용 및 상태	판정(□에 "✓"표)	정비 및 조치할 사항	
경음기 회로	경음기 릴레이	릴레이 없음 (탈거)	□ 양 호 ✓ 불 량	경음기 릴레이 장착 후 재점검(재진단)	

자동차 번호 :   비 번호   시험위원 확 인

전기 회로도 점검 관련

1. 회로도 점검 개요

시험장에서 특별히 "시동 걸지 마라", "실내는 점검 할 필요가 없다"고 하기 전에는 시험장에서 주어지는 전기 회로도 및 멀티 테스터기 등을 이용하여 반드시 작동 점검을 통해 회로 추적을 실시하여야 한다. 만일 작동 점검을 통한 회로 추적을 하지 않고 답안지를 작성하면 0점 처리될 수도 있다.

2. 차량 릴레이 및 퓨즈 점검(기아 자동차 : K3) – 모든 전기 회로 시험에 공통으로 참고

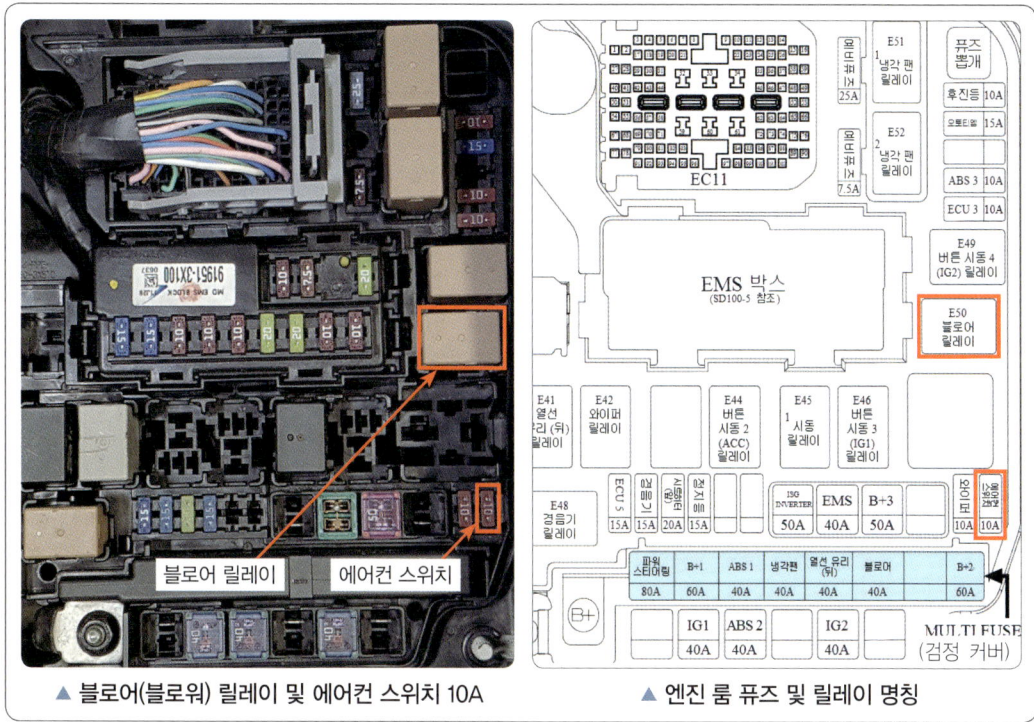

▲ 블로어(블로워) 릴레이 및 에어컨 스위치 10A

▲ 엔진 룸 퓨즈 및 릴레이 명칭

▲ K3 경음기 위치(앞 범퍼 우측)

경음기 회로도 - K3

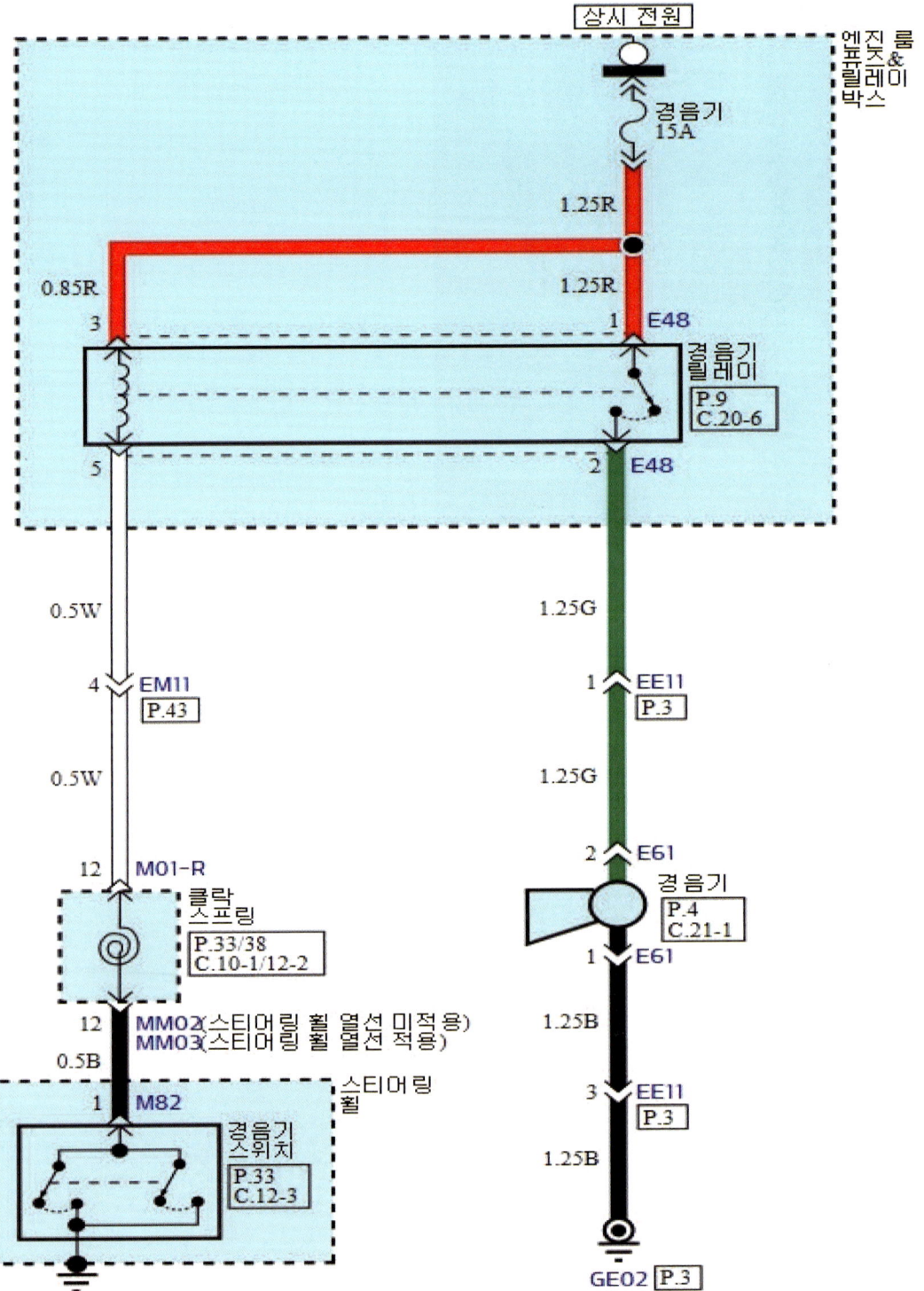

방향지시등 회로 점검

▶1~14안 4번 기록표는 없음
(차량에서 고장 부위를 찾아 시험위원에게 구두로 답변하면 됨)

시험결과 기록표 ▶이 답안지는 수험생 연습용으로 활용

자동차 번호 :

항 목	① 측정(또는 점검)		② 판정 및 정비(또는 조치) 사항		득 점
	이상 부위	내용 및 상태	판정(□에 "✓"표)	정비 및 조치할 사항	
방향지시등 회로			□ 양 호 □ 불 량		

측정 방법

① 차량의 운전석에 탑승하여 OFF 시 및 점화 스위치 ON 시 비상등을 작동해 본다.
② 스위치 작동에 따른 릴레이 작동 여부(점멸 반복)를 확인한다.
③ 스위치 작동상태에서 각 부위의 작동 여부를 육안으로 확인 후에 체크하여 둔다.
④ 점화 스위치를 OFF 후 메인전원 및 점화 스위치 이상 유무를 확인한다. (점화 스위치 ON 상태에서 각종 경고등이 점등되면 정상이다.)
⑤ 엔진 룸 및 실내 룸 부의 퓨즈(단선) 및 릴레이 이상 유무는 멀티 테스터기를 이용하여 점검한다. (시험장에서는 퓨즈 및 릴레이가 있는지를 확인한다. 또한 퓨즈나 릴레이는 반드시 뽑아 보아 핀(다리)이 있는지를 확인한다. 핀을 잘라 놓는 경우도 있다.)
⑥ 스위치 및 커넥터 부를 가볍게 만져보면서 커넥터 탈거 유무를 확인한다.
⑦ 전·후·좌·우 등의 방향지시등 필라멘트 단선 유무를 확인한다. (호박색 또는 주황색 램프 또는 케이스)
⑧ 접지배선을 가볍게 만져보면서 단선 유무 및 접지상태를 확인한다.
⑨ 세부 고장 원인 점검에 따른 이상 부위와 내용 및 상태 등을 답안지에 기록한다.

집중 점검 부위

① 방향지시등 스위치는 콤비네이션(다기능) 스위치 부에 설치되어 있다. (예전 차량은 다기능 스위치에 통합으로 되어 있었으나 현재 출고되는 차량은 각각의 스위치가 별도로 되어 있어 있기 때문에 해당하는 스위치의 명칭을 답안지에 기록해야 한다.)
① 방향지시등 릴레이는 대다수 운전석 하단부에 크기가 크고 3단자로 장착되어 있어 릴레이 장착도가 없어도 구별되기가 쉽다.

답안지 작성 예

	자동차 번호 :		비 번호		시험위원 확 인	
항 목	① 측정(또는 점검)		② 판정 및 정비(또는 조치) 사항			득 점
	이상 부위	내용 및 상태	판정(□에 "✓"표)	정비 및 조치할 사항		
방향지시등 회로	앞 좌 방향지시등	전구 탈거	□ 양 호 ✓ 불 량	방향지시등 전구 장착		

전기 회로도 점검 관련

1. 회로도 점검 개요

시험장에서 특별히 "시동 걸지 마라", "실내는 점검 할 필요가 없다"고 히기 전에는 시험장에서 주어지는 전기 회로도 및 멀티 테스터기 등을 이용하여 반드시 작동 점검을 통해 회로 추적을 실시하여야 한다. 만일 작동 점검을 통한 회로 추적을 하지 않고 답안지를 작성하면 0점 처리될 수도 있다.

2. 차량 릴레이 및 퓨즈 점검(기아 자동차 : K3) – 모든 전기 회로 시험에 공통으로 참고

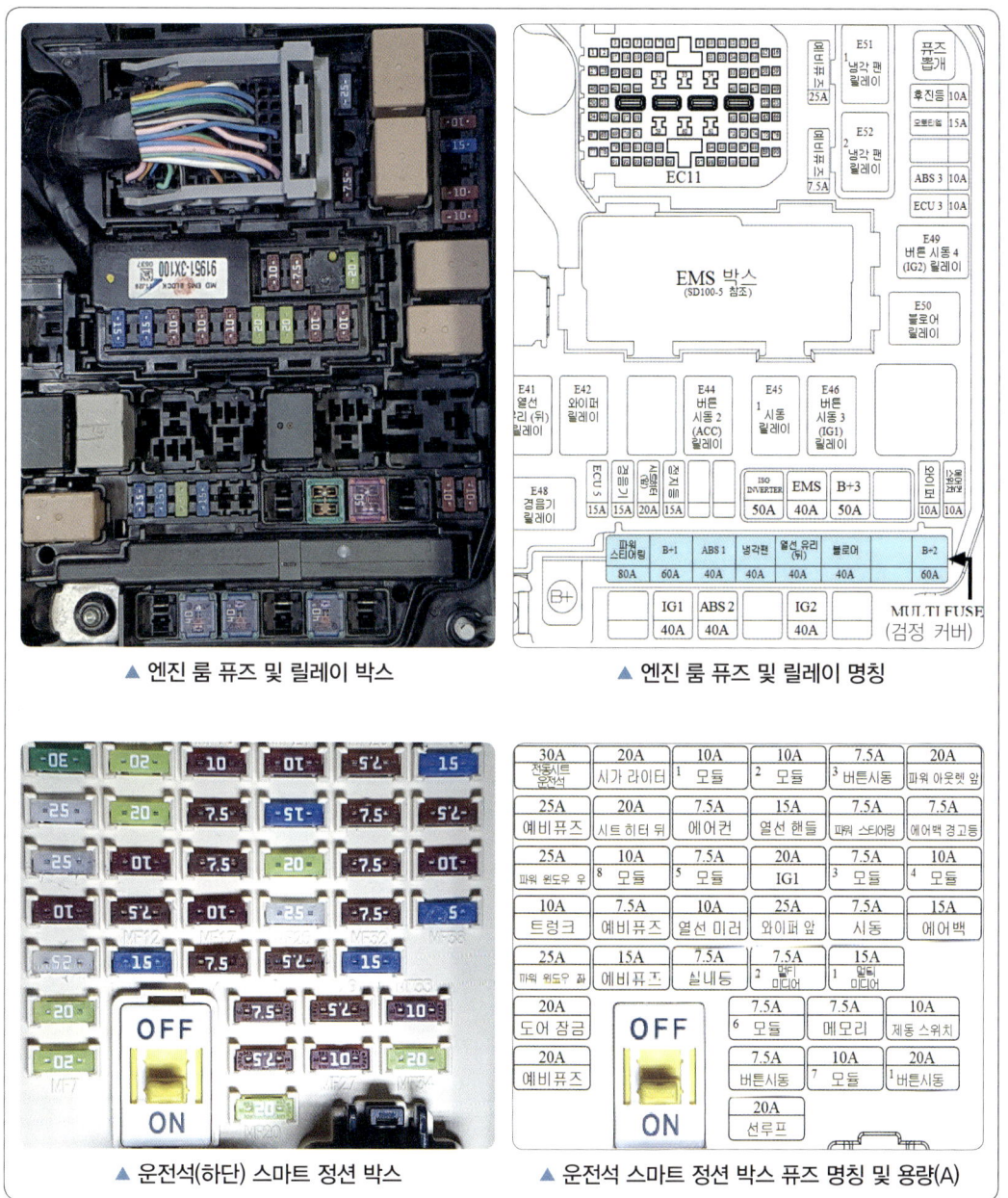

▲ 엔진 룸 퓨즈 및 릴레이 박스

▲ 엔진 룸 퓨즈 및 릴레이 명칭

▲ 운전석(하단) 스마트 정션 박스

▲ 운전석 스마트 정션 박스 퓨즈 명칭 및 용량(A)

▲ 방향지시등 스위치(다기능 스위치 좌측)

▲ 운전석 스마트 정션 박스 커버 탈거

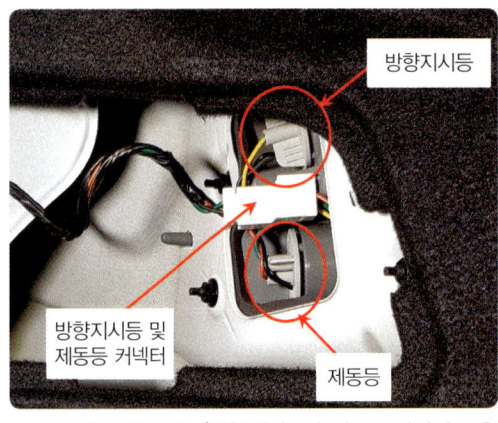
▲ 뒤 우측 방향지시등(방향지시등과 제동등 커넥터 공용)

▲ 앞 우측 방향지시등 전구 및 커넥터

방향 지시등 회로도 1 − K3

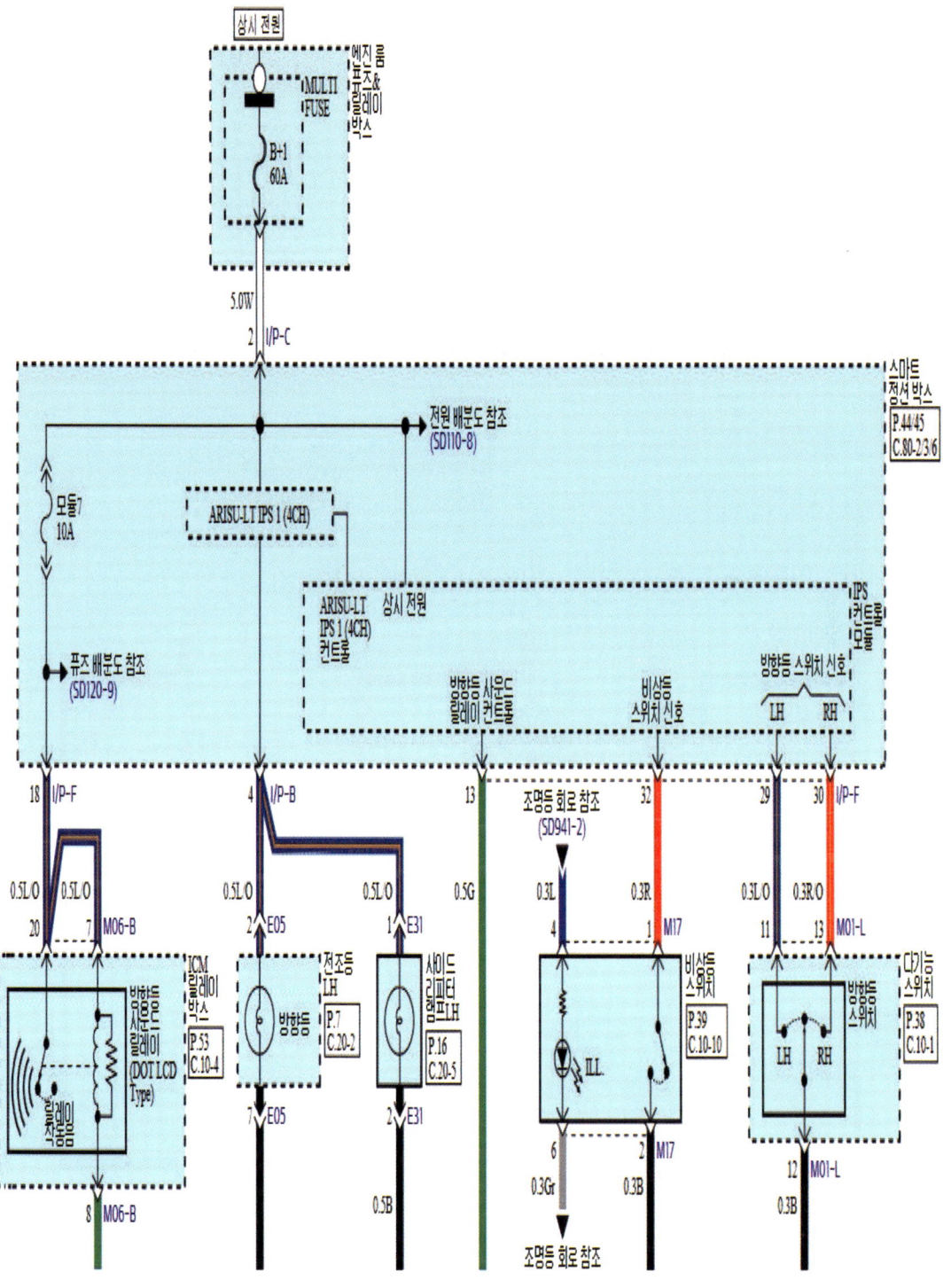

방향 지시등 회로도 2 - K3

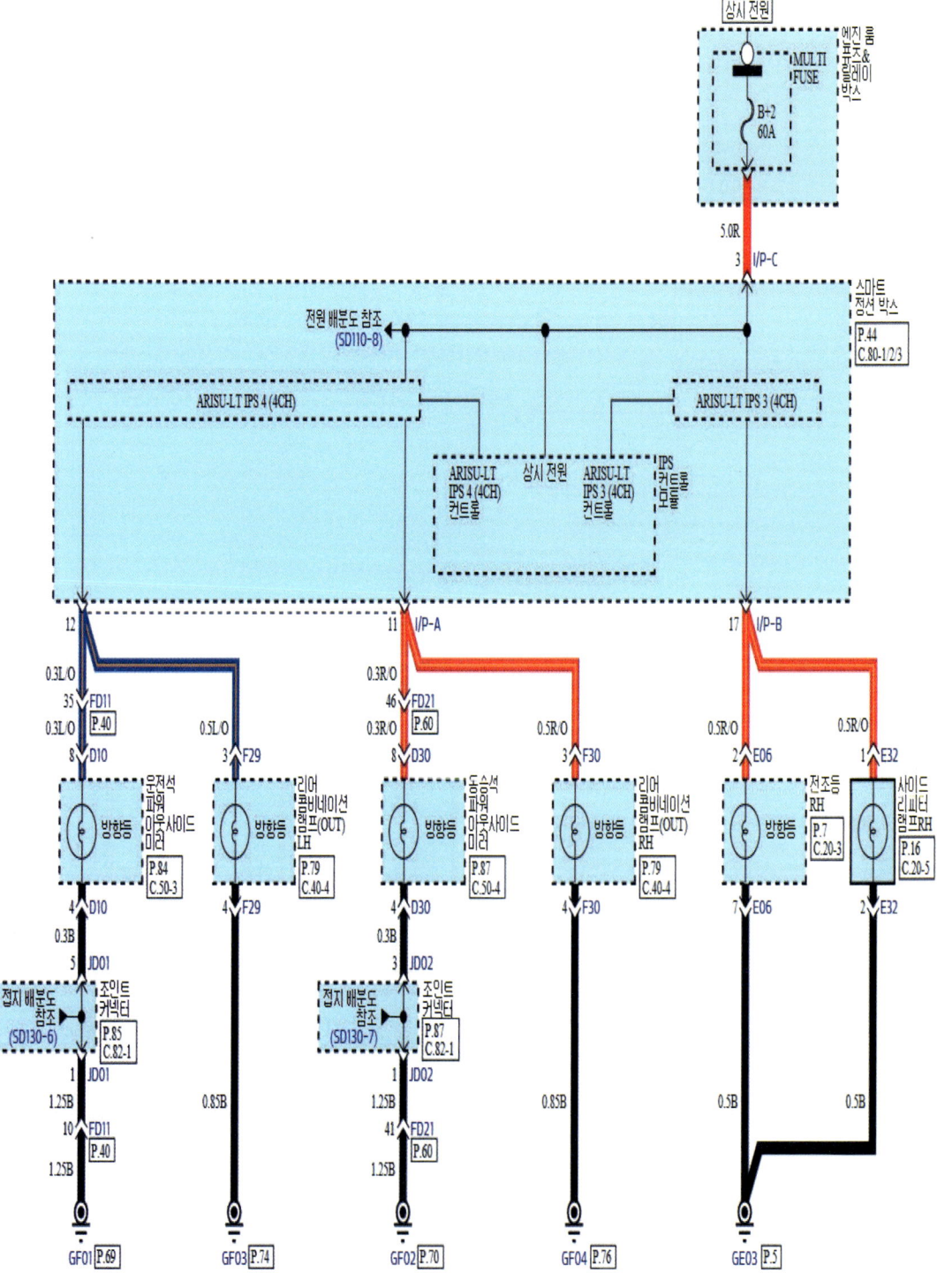

실내등 및 도어 오픈 경고등 회로 점검

▶ 1~14안 4번 기록표는 없음
(차량에서 고장 부위를 찾아 시험위원에게 구두로 답변하면 됨)

시험결과 기록표 ▶ 이 답안지는 수험생 연습용으로 활용

| 자동차 번호 : | | 비 번호 | | 시험위원 확 인 | |

항 목	① 측정(또는 점검)		② 판정 및 정비(또는 조치) 사항		득 점
	이상 부위	내용 및 상태	판정(□에 "✓"표)	정비 및 조치할 사항	
실내등 도어 오픈 경고등 회로			□ 양 호 □ 불 량		

측정 방법

① 주어진 차량을 IG 스위치를 OFF 상태로 놓고 실내등 스위치를 작동 점검하여 본다.
   작동순서 : ON ⇒ OFF ⇒ DOOR 위치순서
② 실내등 스위치를 "DOOR"에 놓고 운전석 도어 및 조수석 도어를 개폐시키면서 실내등의 점등 여부를 확인한다. (실내등은 IG 스위치 OFF 시에도 점등된다.)
③ 스위치 작동상태에서 각 부위의 작동여부를 육안으로 확인 후에 체크하여 둔다.
④ IG 스위치를 OFF 후 세부 고장원인 점검 및 회로 추적을 실시한다.
   ㉮ 메인 전원 및 IG 스위치 이상 유무를 확인한다. (IG 스위치 ON 상태에서 각종 경고등이 점등되면 정상)
   ㉯ 엔진 룸 및 실내 룸 부의 퓨즈 및 릴레이 이상 유무를 확인한다. (각 전류 용량확인 및 멀티 테스터기를 이용하여 도통시험을 한다.)
   ㉰ 각 스위치 및 커넥터 이상 유무를 확인한다. (커넥터 부를 만져보면서 탈거 유무 확인)
   ㉱ 전구 및 배선 이상 유무를 확인한다. (전구의 필라멘트 단선 유무 및 배선을 가볍게 만져보면서 단선 유무 및 접지 상태를 확인한다.)
⑤ 세부 고장 원인 점검에 따른 이상 부위와 내용 및 상태 등을 답안지에 기록한다.

답안지 작성 예

항목	① 측정(또는 점검)		② 판정 및 정비(또는 조치) 사항		득 점
	이상부위	내용 및 상태	판정(□에 "✓"표)	정비 및 조치할 사항	
실내등 도어 오픈 경고등 회로	스마트 정션박스 실내등 퓨즈 7.5A 퓨즈	퓨즈 탈거	□ 양 호 ☑ 불 량	퓨즈 장착 후 재점검	

자동차 번호 :   비 번호   시험위원 확 인

실내등 회로도 - K3

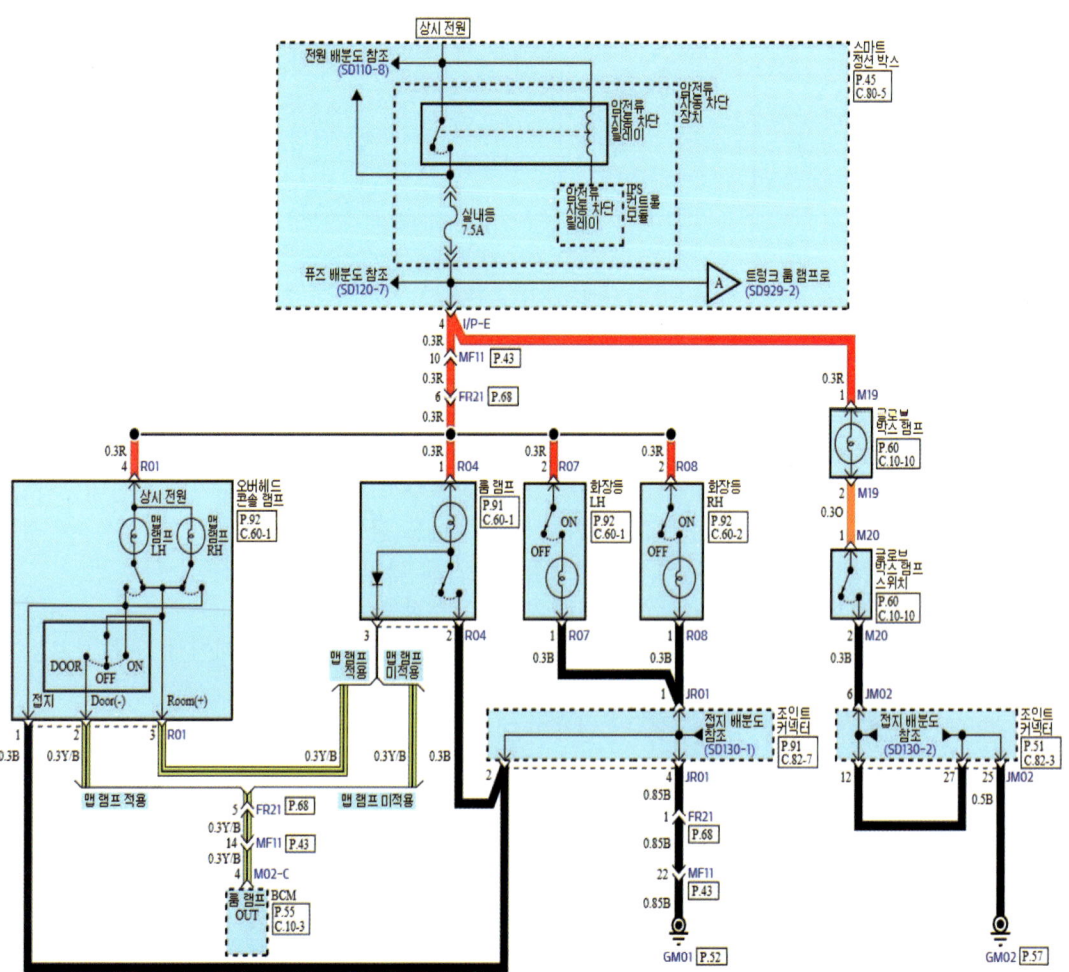

Industrial Engineer Motor Vehicles Maintenance

실전 답안지 작성안

자동차정비산업기사 작업형

제1안~제14안 실전 답안지 작성안

제1안

국가기술자격 실기시험문제

자격종목	자동차정비산업기사	과제명	자동차정비작업

비번호		시험일시		시험장명	

※ 시험시간 : 5시간 30분 [엔진 : 140분   섀시 : 120분   전기 : 70분]

1. 요구사항

가. 엔진

1) 주어진 엔진을 기록표의 측정항목까지 분해하여 기록표의 요구사항을 측정 및 점검하고 본래 상태로 조립하시오.
2) 주어진 자동차의 전자제어 엔진에서 시험위원의 지시에 따라 1가지 부품을 탈거한 후(시험위원에게 확인), 다시 부착하고 시동에 필요한 관련 부분의 이상개소(시동 회로, 점화 회로, 연료 장치 중 2개소)를 점검 및 수리하여 시동하시오.
3) "2)"의 시동된 엔진에서 공회전속도를 확인하고 시험위원의 지시에 따라 배기가스를 측정하여 기록표에 기록하시오. (단, 시동이 정상적으로 되지 않은 경우 본 항의 작업은 할 수 없음)
4) 주어진 자동차의 엔진에서 맵 센서의 파형을 분석하여 그 결과를 기록표에 기록하시오. (측정조건 : 급가감속 시)
5) 주어진 전자제어 디젤 엔진에서 인젝터를 탈거한 후(시험위원에게 확인), 다시 부착하여 시동을 걸고, 공회전 시 연료압력을 점검하여 기록표에 기록하시오.

나. 섀시

1) 주어진 자동차에서 전륜 현가장치의 쇼크 업소버를 탈거한 후(시험위원에게 확인), 다시 부착하여 작동상태를 확인하시오.
2) 주어진 종감속 장치에서 링 기어의 백래시와 런 아웃을 측정하여 기록표에 기록한 후, 백래시가 규정값이 되도록 조정하시오.
3) ABS가 설치된 주어진 자동차에서 브레이크 패드를 탈거한 후(시험위원에게 확인), 다시 부착하여 브레이크 작동상태를 점검하시오.
4) "3)"의 작업 자동차에서 시험위원 지시에 따라 전(앞) 또는 후(뒤) 제동력을 측정하여 기록표에 기록하시오.
5) 주어진 자동차의 자동변속기에서 자기진단기(스캐너)를 이용하여 각종 센서 및 시스템 상태를 점검하고 기록표에 기록하시오.

다. 전기

1) 주어진 자동차에서 시동 모터를 탈거한 후(시험위원에게 확인), 다시 부착하여 작동상태를 확인하고, 크랭킹 시 전류소모 및 전압 강하 시험하여 기록표에 기록하시오.
2) 주어진 자동차에서 전조등시험기로 전조등을 점검하여 기록표에 기록하시오.
3) 주어진 자동차에서 감광식 룸램프 기능이 작동 시 편의장치(ETACS 또는 ISU) 커넥터에서 작동전압의 변화를 측정하고 이상 여부를 확인하여 기록표에 기록하시오.
4) 주어진 자동차에서 와이퍼 회로를 점검하여 이상개소(2곳)를 찾아서 수리하시오.

제1안

국가기술자격 실기시험 답안지

종목	자동차정비산업기사	비번호		시험위원 확 인	

엔진 1. 크랭크축 오일 간극 측정

엔진 번호 :

비 번호		시험위원 확 인	

항 목	① 측정(또는 점검)		② 판정 및 정비(또는 조치) 사항		득 점
	측정값	규정(정비한계)값	판정(□에 "✓"표)	정비 및 조치할 사항	
크랭크축 메인 저널 오일 간극			□ 양 호 □ 불 량		

엔진 3. 배기가스 점검

자동차 번호 :

비 번호		시험위원 확 인	

항 목	① 측정(또는 점검)		② 판정 (□에 "✓"표)	득 점
	측정값	기준값		
CO			□ 양 호 □ 불 량	
HC				

엔진 4. 맵 센서 파형 측정 분석

자동차 번호 :

비 번호		시험위원 확 인	

항 목	파형 상태	득 점
파형 측정	요구사항 조건에 맞는 파형을 프린트하여 아래 사항을 분석 후 뒷면에 첨부 ① 파형에 불량 요소가 있는 경우에는 반드시 표기 및 설명하여야 함. ② 파형의 주요 특징에 대하여 표기 및 설명하여야 함. ③ 분석 내용이 없을 시 채점 대상에서 제외함.	

엔진 5. 전자제어 디젤 엔진 점검

자동차 번호 :

비 번호		시험위원 확 인	

항 목	① 측정(또는 점검)		② 판정 및 정비(또는 조치) 사항		득 점
	측정값	규정(정비한계)값	판정(□에 "✓"표)	정비 및 조치할 사항	
연료압력 (고압)			□ 양 호 □ 불 량		

섀시 2. 링 기어 점검

자동차 번호 :　　비 번호　　시험위원 확인

항 목	① 측정(또는 점검)		② 판정 및 정비(또는 조치) 사항		득 점
	측정값	규정(정비한계)값	판정(□에 "✓"표)	정비 및 조치할 사항	
백래시			□ 양 호 □ 불 량		
런아웃					

섀시 4. 제동력 점검

자동차 번호 :　　비 번호　　시험위원 확인

항 목	① 측정(또는 점검)			② 판정 및 정비(또는 조치) 사항		득 점
	구분	측정값	기준값 (□에 "✓"표)	산출근거	판정 (□에 "✓"표)	
제동력 위치 (□에 "✓"표) □ 앞 □ 뒤	좌		□ 앞 □ 뒤　축 중의	편차	□ 양 호 □ 불 량	
	우		제동력 편차	합		
			제동력 합			

- 측정 위치는 시험 위원이 지정하는 위치의 □에 "✓"표시합니다.
- 자동차검사기준 및 방법에 의하여 기록·판정합니다.
- 측정값의 단위는 시험장비 기준으로 기록합니다.
- 산출근거에는 단위를 기록하지 않아도 됩니다.

섀시 5. 자동변속기 점검

자동차 번호 :　　비 번호　　시험위원 확인

항 목	① 측정(또는 점검)		② 판정 및 정비(또는 조치) 사항	득 점
	고장 부분	내용 및 상태	정비 및 조치할 사항	
자기진단				

전기 1. 시동 모터 점검

| 자동차 번호 : | | | 비 번호 | | 시험위원 확 인 | |

항 목	① 측정(또는 점검)		② 판정 및 정비(또는 조치) 사항		득 점
	측정값	규정(정비한계)값	판정(□에 "✓"표)	정비 및 조치할 사항	
전압 강하			□ 양 호 □ 불 량		
전류 소모					

전기 2. 전조등 점검

| 자동차 번호 : | | | 비 번호 | | 시험위원 확 인 | |

① 측정(또는 점검)				② 판정 (□에 "✓"표)	득 점
항 목		측정값	기준값		
(□에 "✓") 위치 □ 좌 □ 우 설치 높이 □ ≤ 1.0 m □ > 1.0 m	광도		_____ 이상	□ 양 호 □ 불 량	
	진폭			□ 양 호 □ 불 량	

● 측정 위치는 시험 위원이 지정하는 위치의 □에 "✓"표시합니다.
● 자동차검사기준 및 방법에 의하여 기록·판정합니다.

전기 3. 감광식 룸 램프 점검

| 자동차 번호 : | | | 비 번호 | | 시험위원 확 인 | |

항 목	① 측정(또는 점검)		② 판정 및 정비(또는 조치) 사항		득 점
	감광 시간	전압 변화	판정(□에 "✓"표)	정비 및 조치할 사항	
작동변화		→	□ 양 호 □ 불 량		

제2안	국가기술자격 실기시험문제		
자격종목	자동차정비산업기사	과제명	자동차정비작업
비번호		시험일시	시험장명

※ 시험시간 : 5시간 30분 [엔진 : 140분   섀시 : 120분   전기 : 70분]

1. 요구사항

가. 엔진

1) 주어진 엔진을 기록표의 측정항목까지 분해하여 기록표의 요구사항을 측정 및 점검하고 본래 상태로 조립하시오.
2) 주어진 자동차의 전자제어 엔진에서 시험위원의 지시에 따라 1가지 부품을 탈거한 후(시험위원에게 확인), 다시 부착하고 시동에 필요한 관련 부분의 이상개소(시동 회로, 점화 회로, 연료 장치 중 2개소)를 점검 및 수리하여 시동하시오.
3) "2"의 시동된 엔진에서 공전속도를 확인하고 시험위원의 지시에 따라 인젝터 파형을 측정 및 분석하여 기록표에 기록하시오. (단, 시동이 정상적으로 되지 않은 경우 본 항의 작업은 할 수 없음)
4) 주어진 자동차의 엔진에서 맵 센서의 파형을 분석하여 그 결과를 기록표에 기록하시오. (측정조건 : 급가감속 시)
5) 주어진 전자제어 디젤 엔진에서 연료압력센서를 탈거한 후(시험위원에게 확인), 다시 부착하여 시동을 걸고, 매연을 측정하여 기록표에 기록하시오.

나. 섀시

1) 주어진 자동차에서 후륜 현가장치의 쇼크 업소버 스프링을 탈거한 후(시험위원에게 확인), 다시 부착하여 작동상태를 확인하시오.
2) 주어진 자동차에서 최소 회전 반경을 측정하여 기록표에 기록하고, 타이로드 엔드를 탈거한 후(시험위원에게 확인), 다시 부착하여 토(toe)가 규정값이 되도록 조정하시오.
3) ABS가 설치된 주어진 자동차에서 브레이크 패드를 탈거한 후(시험위원에게 확인), 다시 부착하여 브레이크 작동상태를 점검하시오.
4) "3"의 작업 자동차에서 시험위원 지시에 따라 전(앞) 또는 후(뒤) 제동력을 측정하여 기록표에 기록하시오.
5) 주어진 자동차의 ABS에서 자기진단기(스캐너)를 이용하여 각종 센서 및 시스템 작동 상태를 점검하고 기록표에 기록하시오.

다. 전기

1) 주어진 자동차에서 발전기를 탈거한 후(시험위원에게 확인), 다시 부착하여 작동상태를 확인하고, 출력 전압 및 출력 전류를 점검하여 기록표에 기록하시오.
2) 주어진 자동차에서 전조등 시험기로 전조등을 점검하여 기록표에 기록하시오.
3) 주어진 자동차에서 도어 센트롤 록킹(도어 중앙 잠금장치) 스위치 조작시 편의장치(ETACS 또는 ISU) 및 운전석 도어모듈(DDM) 커넥터에서 작동신호를 측정하고 이상 여부를 확인하여 기록표에 기록하시오.
4) 주어진 자동차에서 에어컨 작동 회로를 점검하여 이상개소(2곳)를 찾아서 수리하시오.

제2안   국가기술자격 실기시험 답안지

종목	자동차정비산업기사	비번호		시험위원 확　인	

엔진 1. 크랭크축 측정

엔진 번호 :　　　비 번호　　　시험위원 확 인

항 목	① 측정(또는 점검)		② 판정 및 정비(또는 조치) 사항		득 점
	측정값	규정(정비한계)값	판정(□에 "✓"표)	정비 및 조치할 사항	
크랭크축 방향 유격			□ 양 호 □ 불 량		

엔진 3. 인젝터 점검

엔진 번호 :　　　비 번호　　　시험위원 확 인

항 목	① 측정(또는 점검)		② 판정 및 정비(또는 조치) 사항		득 점
	측정값	규정(정비한계)값	판정(□에 "✓"표)	정비 및 조치할 사항	
분사시간			□ 양 호 □ 불 량		
서지전압					

엔진 4. 맵 센서 파형 분석

자동차 번호 :　　　비 번호　　　시험위원 확 인

항 목	파형상태	득 점
파형 측정	요구사항 조건에 맞는 파형을 프린트하여 아래 사항을 분석 후 뒷면에 첨부 ① 파형에 불량 요소가 있는 경우에는 반드시 표기 및 설명하여야 함. ② 파형의 주요 특징에 대하여 표기 및 설명하여야 함. ③ 분석 내용이 없을 시 채점 대상에서 제외함.	

엔진 5. 매연 점검

자동차 번호 :　　　비 번호　　　시험위원 확 인

① 측정(또는 점검)				② 고장 및 정비(또는 조치) 사항			득 점
차종	연식	기준값	측정값	측정	산출근거(계산) 기록	판정 (□에 "✓"표)	
				1회 : 2회 : 3회 :		□ 양 호 □ 불 량	

섀시 2. 최소 회전 반경 측정

자동차 번호 :   비 번호: 시험위원 확인:

항 목	① 측정(또는 점검)			② 산출근거 및 판정		득 점
	측정값		기준값 (최소 회전 반경)	산출근거	판정 (□에 "✓"표)	
회전방향 (□에 "✓"표) □ 좌 □ 우	r				□ 양 호 □ 불 량	
	측거					
	최대 조향시 각도	좌 (바퀴)				
		우 (바퀴)				
	최소 회전 반경					

- 회전 방향 및 바퀴의 접지면 중심과 킹핀과의 거리(r)는 시험위원이 제시합니다.
- 자동차검사기준 및 방법에 의하여 기록·판정합니다.
- 산출근거에는 단위를 기록하지 않아도 됩니다.

섀시 4. 제동력 점검

자동차 번호 :   비 번호: 시험위원 확인:

항 목	① 측정(또는 점검)			② 판정 및 정비(또는 조치) 사항		득 점
	구분	측정값	기준값 (□에 "✓"표)	산출근거	판정 (□에 "✓"표)	
제동력 위치 (□에 "✓"표) □ 앞 □ 뒤	좌		□ 앞 □ 뒤	축 중의 편차	□ 양 호 □ 불 량	
	우		제동력 편차	합		
			제동력 합			

- 측정 위치는 시험 위원이 지정하는 위치의 □에 "✓"표시합니다.
- 자동차검사기준 및 방법에 의하여 기록·판정합니다.
- 측정값의 단위는 시험장비 기준으로 기록합니다.
- 산출근거에는 단위를 기록하지 않아도 됩니다.

섀시 5. ABS 전자제어 제동장치 점검

자동차 번호 :   비 번호: 시험위원 확인:

항 목	① 측정(또는 점검)		② 판정 및 정비(또는 조치) 사항	득 점
	고장 부분	내용 및 상태	정비 및 조치할 사항	
자기진단				

전기 1. 발전기 점검

자동차 번호 :　　　　비 번호　　　　시험위원 확인

항 목	① 측정(또는 점검)		② 판정 및 정비(또는 조치) 사항		득 점
	측정값	규정(정비한계)값	판정(□에 "✓"표)	정비 및 조치할 사항	
발전 전류			□ 양 호 □ 불 량		
발전 전압					

전기 2. 전조등 점검

자동차 번호 :　　　　비 번호　　　　시험위원 확인

① 측정(또는 점검)				② 판정 (□에 "✓"표)	득 점
항 목		측정값	기준값		
(□에 "✓") 위치 □ 좌 □ 우 설치 높이 □ ≤ 1.0 m □ > 1.0 m	광도		_____ 이상	□ 양 호 □ 불 량	
	진폭			□ 양 호 □ 불 량	

● 측정 위치는 시험 위원이 지정하는 위치의 □에 "✓"표시합니다.
● 자동차검사기준 및 방법에 의하여 기록·판정합니다.

전기 3. 센트럴 도어 록킹 스위치 회로 점검

자동차 번호 :　　　　비 번호　　　　시험위원 확인

항 목		① 측정(또는 점검)		② 판정 및 정비(또는 조치) 사항		득 점
		측정값	규정(정비한계)값	판정(□에 "✓"표)	정비 및 조치할 사항	
록 (Lock)	ON			□ 양 호 □ 불 량		
	OFF					
언록 (UnLock)	ON					
	OFF					

제3안 국가기술자격 실기시험문제

자격종목	자동차정비산업기사	과제명	자동차정비작업
비번호		시험일시		시험장명	

※ 시험시간 : 5시간 30분 [엔진 : 140분   섀시 : 120분   전기 : 70분]

1. 요구사항

가. 엔진

1) 주어진 엔진을 기록표의 측정항목까지 분해하여 기록표의 요구사항을 측정 및 점검하고 본래 상태로 조립하시오.
2) 주어진 자동차의 전자제어 엔진에서 시험위원의 지시에 따라 1가지 부품을 탈거한 후(시험위원에게 확인), 다시 부착하고 시동에 필요한 관련 부분의 이상개소(시동 회로, 점화 회로, 연료 장치 중 2개소)를 점검 및 수리하여 시동하시오.
3) "2)"의 시동된 엔진에서 공전속도를 확인하고, 시험위원의 지시에 따라 공회전 시 배기가스를 측정하여 기록표에 기록하시오. (단, 시동이 정상적으로 되지 않은 경우 본 항의 작업은 할 수 없음)
4) 주어진 자동차의 엔진에서 산소센서의 파형을 출력·분석하여 그 결과를 기록표에 기록하시오. (측정조건 : 공회전 상태)
5) 주어진 전자제어 디젤 엔진에서 연료압력 조절 밸브를 탈거한 후(시험위원에게 확인), 다시 부착하여 시동을 걸고, 공회전 시 연료압력을 점검하여 기록표에 기록하시오

나. 섀시

1) 주어진 자동차에서 전륜 현가장치의 코일 스프링을 탈거한 후(시험위원에게 확인), 다시 부착하여 작동상태를 확인하시오.
2) 주어진 자동차에서 휠 얼라인먼트 시험기로 캠버와 토(toe) 값을 측정하여 기록표에 기록한 후, 타이로드 엔드를 탈거한 후(시험위원에게 확인), 다시 부착하여 토(toe)가 규정값이 되도록 조정하시오.
3) 주어진 자동차에서 브레이크 휠 실린더(또는 캘리퍼)를 탈거한 후(시험위원에게 확인), 다시 부착하여 브레이크 작동상태를 점검하시오.
4) "3)"의 작업 자동차에서 시험위원 지시에 따라 전(앞) 또는 후(뒤) 제동력을 측정하여 기록표에 기록하시오.
5) 주어진 자동차의 자동변속기에서 자기진단기(스캐너)를 이용하여 각종 센서 및 시스템 상태를 점검하고 기록표에 기록하시오.

다. 전기

1) 주어진 자동차에서 시동 모터를 탈거한 후(시험위원에게 확인), 다시 부착하여 작동상태를 확인하고, 크랭킹 시 전류소모 및 전압 강하 시험하여기록표에 기록하시오.
2) 주어진 자동차에서 전조등시험기로 전조등을 점검하여 기록표에 기록하시오.
3) 주어진 자동차의 에어컨 회로에서 외기온도 입력 신호값을 점검하여 이상 여부를 확인하여 기록표에 기록하시오.
4) 주어진 자동차에서 전조등 회로를 점검하여 이상개소(2곳)를 찾아서 수리하시오.

제3안 국가기술자격 실기시험 답안지

종목	자동차정비산업기사	비번호		시험위원 확 인	

엔진 1. 크랭크축 측정

엔진 번호 :

비 번호		시험위원 확 인	

항 목	① 측정(또는 점검)		② 판정 및 정비(또는 조치) 사항		득 점
	측정값	규정(정비한계)값	판정(□에 "✓"표)	정비 및 조치할 사항	
캠축 휨			□ 양 호 □ 불 량		

엔진 3. 배기가스 점검

자동차 번호 :

비 번호		시험위원 확 인	

항 목	① 측정(또는 점검)		② 판정(□에 "✓"표)	득 점
	측정값	기준값		
CO			□ 양 호 □ 불 량	
HC				

엔진 4. 산소 센서 파형 분석

자동차 번호 :

비 번호		시험위원 확 인	

항 목	파형상태	득 점
파형 측정	요구사항 조건에 맞는 파형을 프린트하여 아래 사항을 분석 후 뒷면에 첨부 ① 파형에 불량 요소가 있는 경우에는 반드시 표기 및 설명하여야 함. ② 파형의 주요 특징에 대하여 표기 및 설명하여야 함. ③ 분석 내용이 없을 시 채점 대상에서 제외함.	

엔진 5. 연료압력 점검

자동차 번호 :

비 번호		시험위원 확 인	

항 목	① 측정(또는 점검)		② 판정 및 정비(또는 조치) 사항		득 점
	측정값	규정(정비한계)값	판정(□에 "✓"표)	정비 및 조치할 사항	
연료압력 (고압)			□ 양 호 □ 불 량		

섀시 2. 휠 얼라인먼트 점검

자동차 번호 :   비 번호   시험위원 확인

항 목	① 측정(또는 점검)		② 판정 및 정비(또는 조치) 사항		득 점
	측정값	규정(정비한계)값	판정(□에 "✓"표)	정비 및 조치할 사항	
캠 버			□ 양 호		
토(toe)			□ 불 량		

섀시 4. 제동력 점검

자동차 번호 :   비 번호   시험위원 확인

항 목	구분	측정값	기준값 (□에 "✓"표)	산출근거	판정 (□에 "✓"표)	득 점
제동력 위치 (□에 "✓"표) □ 앞 □ 뒤	좌		□ 앞 □ 뒤 축 중의	편차	□ 양 호 □ 불 량	
	우		제동력 편차	합		
			제동력 합			

● 측정 위치는 시험 위원이 지정하는 위치의 □에 "✓"표시합니다.
● 자동차검사기준 및 방법에 의하여 기록·판정합니다.
● 측정값의 단위는 시험장비 기준으로 기록합니다.
● 산출근거에는 단위를 기록하지 않아도 됩니다.

섀시 5. 자동변속기 점검

자동차 번호 :   비 번호   시험위원 확인

항 목	① 측정(또는 점검)		② 판정 및 정비(또는 조치) 사항	득 점
	고장 부분	내용 및 상태	정비 및 조치할 사항	
자기진단				

전기 1. 시동 모터 점검

자동차 번호 :　　　비 번호　　　시험위원 확인

항 목	① 측정(또는 점검)		② 판정 및 정비(또는 조치) 사항		득 점
	측정값	규정(정비한계)값	판정(□에 "✓"표)	정비 및 조치할 사항	
전압 강하			□ 양 호 □ 불 량		
전류 소모					

전기 2. 전조등 점검

자동차 번호 :　　　비 번호　　　시험위원 확인

① 측정(또는 점검)				② 판정 (□에 "✓"표)	득 점
항 목		측정값	기준값		
(□에 "✓") 위치 □ 좌 □ 우 설치 높이 □ ≤ 1.0 m □ > 1.0 m	광도		_____ 이상	□ 양 호 □ 불 량	
	진폭			□ 양 호 □ 불 량	

● 측정 위치는 시험 위원이 지정하는 위치의 □에 "✓"표시합니다.
● 자동차검사기준 및 방법에 의하여 기록·판정합니다.

전기 3. 전자동 에어컨 회로 점검

자동차 번호 :　　　비 번호　　　시험위원 확인

항 목	① 측정(또는 점검)		② 판정 및 정비(또는 조치) 사항		득 점
	측정값	규정(정비한계)값	판정(□에 "✓"표)	정비 및 조치할 사항	
외기온도 입력 신호값			□ 양 호 □ 불 량		

제4안 국가기술자격 실기시험문제

자격종목	자동차정비산업기사	과제명	자동차정비작업
비번호		시험일시		시험장명	

※ 시험시간 : 5시간 30분 [엔진 : 140분   섀시 : 120분   전기 : 70분]

1. 요구사항

가. 엔진

1) 주어진 엔진을 기록표의 측정항목까지 분해하여 기록표의 요구사항을 측정 및 점검하고 본래 상태로 조립하시오.
2) 주어진 자동차의 전자제어 엔진에서 시험위원의 지시에 따라 1가지 부품을 탈거한 후(시험위원에게 확인), 다시 부착하고 시동에 필요한 관련 부분의 이상개소(시동 회로, 점화 회로, 연료 장치 중 2개소)를 점검 및 수리하여 시동하시오.
3) "2)"의 시동된 엔진에서 공회전 상태를 확인하고, 시험위원의 지시에 따라 인젝터 파형을 분석하여 기록표에 기록하시오. (단, 시동이 정상적으로 되지 않은 경우 본 항의 작업은 할 수 없음)
4) 주어진 자동차의 엔진에서 스텝모터(또는 ISA)의 파형을 출력·분석하여그 결과를 기록표에 기록하시오. (측정조건 : 공회전 상태)
5) 주어진 전자제어 디젤 엔진에서 연료압력센서를 탈거한 후(시험위원에게 확인), 다시 부착하여 시동을 걸고, 매연을 점검하여 기록표에 기록하시오.

나. 섀시

1) 주어진 전륜구동 자동차에서 드라이브 액슬 축을 탈거하고 액슬 축 부트를 탈거한 후(시험위원에게 확인), 다시 부착하여 작동상태를 확인하시오.
2) 주어진 자동차에서 휠 얼라인먼트 시험기로 셋백(setback)과 토(toe) 값을 측정하여 기록표에 기록하고, 타이로드 엔드를 탈거한 후(시험위원에게 확인), 다시 부착하여 토(toe)가 규정값이 되도록 조정하시오.
3) 주어진 자동차에서 브레이크 라이닝 슈(또는 패드)를 탈거한 후(시험위원에게 확인), 다시 부착하여 브레이크 작동상태를 점검하시오.
4) "3)"의 작업 자동차에서 시험위원 지시에 따라 전(앞) 또는 후(뒤) 제동력을 측정하여 기록표에 기록하시오.
5) 주어진 자동차의 ABS에서 자기진단기(스캐너)를 이용하여 각종 센서 및 시스템의 작동 상태를 점검하고 기록표에 기록하시오.

다. 전기

1) 주어진 발전기를 분해한 후 정류 다이오드 및 로터 코일의 상태를 점검하여 기록표에 기록하고, 다시 본래대로 조립하여 작동상태를 확인하시오.
2) 주어진 자동차에서 전조등시험기로 전조등을 점검하여 기록표에 기록하시오.
3) 주어진 자동차에서 열선 스위치 조작 시 편의장치(ETACS 또는 ISU) 커넥터에서 스위치 입력신호(전압)를 측정하고 이상 여부를 확인하여 기록표에 기록하시오.
4) 주어진 자동차에서 파워윈도우 회로를 점검하여 이상개소(2곳)를 찾아서 수리하시오.

제4안 국가기술자격 실기시험 답안지

종목	자동차정비산업기사	비번호		시험위원 확 인	

엔진 1. 피스톤링 측정

엔진 번호 :   비 번호: 시험위원 확인:

항목	① 측정(또는 점검)		② 판정 및 정비(또는 조치) 사항		득점
	측정값	규정(정비한계)값	판정(□에 "✓"표)	정비 및 조치할 사항	
피스톤링 엔드 갭 (이음 간극)			□ 양 호 □ 불 량		

엔진 3. 인젝터 점검

엔진 번호 :   비 번호: 시험위원 확인:

항목	① 측정(또는 점검)		② 판정 및 정비(또는 조치) 사항		득점
	측정값	규정(정비한계)값	판정(□에 "✓"표)	정비 및 조치할 사항	
분사시간			□ 양 호 □ 불 량		
서지전압					

엔진 4. 스텝 모터(또는 ISA)의 파형

자동차 번호 :   비 번호: 시험위원 확인:

항목	파형상태	득점
파형 측정	요구사항 조건에 맞는 파형을 프린트하여 아래 사항을 분석 후 뒷면에 첨부 ① 파형에 불량 요소가 있는 경우에는 반드시 표기 및 설명하여야 함. ② 파형의 주요 특징에 대하여 표기 및 설명하여야 함. ③ 분석 내용이 없을 시 채점 대상에서 제외함.	

엔진 5. 매연 점검

자동차 번호 :   비 번호: 시험위원 확인:

① 측정(또는 점검)				② 고장 및 정비(또는 조치) 사항			득점
차종	연식	기준값	측정값	측정	산출근거(계산) 기록	판정 (□에 "✓"표)	
				1회 : 2회 : 3회 :		□ 양 호 □ 불 량	

섀시 2. 휠 얼라인먼트 점검

자동차 번호 :   비 번호: 시험위원 확인:

항 목	① 측정(또는 점검)		② 판정 및 정비(또는 조치) 사항		득 점
	측정값	규정(정비한계)값	판정(□에 "✓"표)	정비 및 조치할 사항	
셋 백			□ 양 호 □ 불 량		
토(toe)					

섀시 4. 제동력 점검

자동차 번호 :   비 번호: 시험위원 확인:

항 목		① 측정(또는 점검)		② 판정 및 정비(또는 조치) 사항		득 점
	구분	측정값	기준값 (□에 "✓"표)	산출근거	판정 (□에 "✓"표)	
제동력 위치 (□에 "✓"표) □ 앞 □ 뒤	좌		□ 앞 □ 뒤 축 중의	편차	□ 양 호 □ 불 량	
	우	제동력 편차		합		
		제동력 합				

● 측정 위치는 시험 위원이 지정하는 위치의 □에 "✓"표시합니다.
● 자동차검사기준 및 방법에 의하여 기록·판정합니다.
● 측정값의 단위는 시험장비 기준으로 기록합니다.
● 산출근거에는 단위를 기록하지 않아도 됩니다.

섀시 5. ABS 전자제어 제동장치 점검

자동차 번호 :   비 번호: 시험위원 확인:

항 목	① 측정(또는 점검)		② 판정 및 정비(또는 조치) 사항	득 점
	고장 부분	내용 및 상태	정비 및 조치할 사항	
자기진단				

전기 1. 발전기 점검

항목	① 측정(또는 점검)		② 판정 및 정비(또는 조치) 사항		득 점
	측정값	규정(정비한계)값	판정 (□에 "✓"표)	정비 및 조치할 사항	
(+)다이오드	양: 개 부: 개		□ 양 호 □ 불 량		
(−)다이오드	양: 개 부: 개				
로터코일 저항					

자동차 번호 :   비 번호   시험위원 확인

전기 2. 전조등 점검

자동차 번호 :   비 번호   시험위원 확인

① 측정(또는 점검)			② 판정 (□에 "✓"표)	득 점
항 목	측정값	기준값		
(□에 "✓") 위치 □ 좌 □ 우 설치 높이 □ ≤ 1.0 m □ > 1.0 m	광도	_____ 이상	□ 양 호 □ 불 량	
	진폭		□ 양 호 □ 불 량	

● 측정 위치는 시험 위원이 지정하는 위치의 □에 "✓" 표시합니다
● 자동차검사기준 및 방법에 의하여 기록·판정합니다.

전기 3. 열선 스위치 입력신호 점검

자동차 번호 :   비 번호   시험위원 확인

항목		① 측정(또는 점검)		② 판정 및 정비(또는 조치) 사항		득 점
		측정값	규정(정비한계)값	판정(□에 "✓"표)	정비 및 조치할 사항	
열선 스위치	ON			□ 양 호 □ 불 량		
	OFF					

제5안	국가기술자격 실기시험문제		
자격종목	자동차정비산업기사	과제명	자동차정비작업
비번호		시험일시		시험장명	

※ 시험시간 : 5시간 30분 [엔진 : 140분 섀시 : 120분 전기 : 70분]

1. 요구사항

가. 엔진

1) 주어진 엔진을 기록표의 측정항목까지 분해하여 기록표의 요구사항을 측정 및 점검하고 본래 상태로 조립하시오.
2) 주어진 자동차의 전자제어 엔진에서 시험위원의 지시에 따라 1가지 부품을 탈거한 후(시험위원에게 확인), 다시 부착하고 시동에 필요한 관련 부분의 이상개소(시동 회로, 점화 회로, 연료 장치 중 2개소)를 점검 및 수리하여 시동하시오.
3) "2"의 시동된 엔진에서 공회전 상태를 확인하고, 시험위원의 지시에 따라 배기가스를 측정하고 기록표에 기록하시오. (단, 시동이 정상적으로 되지 않은 경우 본 항의 작업은 할 수 없음)
4) 주어진 자동차의 엔진에서 점화코일의 1차 파형을 측정하고 그 결과를 분석하여 출력물에 기록·판정하시오. (측정조건 : 공회전 상태)
5) 주어진 전자제어 디젤 엔진에서 연료압력센서를 탈거한 후(시험위원에게 확인), 다시 부착하여 시동을 걸고, 인젝터 리턴(백리크)량을 측정하여 기록표에 기록하시오.

나. 섀시

1) 주어진 자동차의 유압 클러치에서 클러치 마스터 실린더를 탈거한 후(시험위원에게 확인), 다시 부착하여 작동 상태를 확인하시오.
2) 주어진 자동차에서 휠 얼라인먼트 시험기로 캐스터와 토(toe) 값을 측정하여 기록표에 기록한 후, 타이로드 엔드를 교환하여 토(toe)가 규정값이 되도록 조정하시오.
3) 주어진 자동차에서 후륜의 브레이크 휠 실린더를 교환(탈·부착)하고, 브레이크 및 허브 베어링 작동상태를 점검하시오.
4) "3"의 작업 자동차에서 시험위원 지시에 따라 전(앞) 또는 후(뒤) 제동력을 측정하여 기록표에 기록하시오.
5) 주어진 자동차의 자동변속기에서 자기진단기(스캐너)를 이용하여 각종 센서 및 시스템 상태를 점검하고 기록표에 기록하시오.

다. 전기

1) 자동차에서 에어컨 벨트와 블로어 모터를 탈거한 후(시험위원에게 확인), 다시 부착하여 작동상태를 확인하고, 에어컨의 압력을 측정하여 기록표에 기록하시오.
2) 주어진 자동차에서 전조등시험기로 전조등을 점검하여 기록표에 기록하시오.
3) 주어진 자동차에서 와이퍼 간헐(INT) 시간조정 스위치 조작 시 편의장치(ETACS 또는 ISU) 커넥터에서 스위치 신호(전압)를 측정하고 이상 여부를 확인하여 기록표에 기록하시오.
4) 주어진 자동차에서 미등 및 제동등(브레이크) 회로를 점검하여 이상개소(2곳)를 찾아서 수리하시오.

제5안 국가기술자격 실기시험 답안지

종목	자동차정비산업기사	비번호		시험위원 확인	

엔진 1. 오일펌프 점검

엔진 번호 :

항 목	① 측정(또는 점검)		② 판정 및 정비(또는 조치) 사항		득 점
	측정값	규정(정비한계)값	판정(□에 "✓"표)	정비 및 조치할 사항	
오일펌프 사이드 간극			□ 양 호 □ 불 량		

엔진 3. 배기가스 점검

자동차 번호 :

항 목	① 측정(또는 점검)		② 판정 (□에 "✓"표)	득 점
	측정값	기준값		
CO			□ 양 호 □ 불 량	
HC				

엔진 4. 점화 1차 코일 파형 분석

자동차 번호 :

항 목	파형상태	득 점
파형 측정	요구사항 조건에 맞는 파형을 프린트하여 아래 사항을 분석 후 뒷면에 첨부 ① 파형에 불량 요소가 있는 경우에는 반드시 표기 및 설명하여야 함. ② 파형의 주요 특징에 대하여 표기 및 설명하여야 함. ③ 분석 내용이 없을 시 채점 대상에서 제외함.	

엔진 5. 디젤 엔진 점검

자동차 번호 :

항 목	① 측정(또는 점검)							② 판정 및 정비(또는 조치) 사항		득 점
	측정값						규정(정비한계)값	판정(□에 "✓"표)	정비 및 조치 할 사항	
인젝터 리턴 양 (백리크)	1	2	3	4	5	6		□ 양 호 □ 불 량		

섀시 2. 휠 얼라인먼트 점검

자동차 번호 :   비 번호   시험위원 확 인

항 목	① 측정(또는 점검)		② 판정 및 정비(또는 조치) 사항		득 점
	측정값	규정(정비한계)값	판정(□에 "√"표)	정비 및 조치할 사항	
캐스터			☐ 양 호 ☐ 불 량		
토(toe)					

섀시 4. 제동력 점검

자동차 번호 :   비 번호   시험위원 확 인

항 목	① 측정(또는 점검)				② 판정 및 정비(또는 조치) 사항		득 점
	구분	측정값	기준값 (□에 "√"표)		산출근거	판정 (□에 "√"표)	
제동력 위치 (□에 "√"표) ☐ 앞 ☐ 뒤	좌		☐ 앞 ☐ 뒤	축 중의 편차		☐ 양 호 ☐ 불 량	
	우		제동력 편차	합			
			제동력 합				

- 측정 위치는 시험 위원이 지정하는 위치의 □에 "√"표시합니다.
- 자동차검사기준 및 방법에 의하여 기록·판정합니다.
- 측정값의 단위는 시험장비 기준으로 기록합니다.
- 산출근거에는 단위를 기록하지 않아도 됩니다.

섀시 5. 자동변속기 점검

자동차 번호 :   비 번호   시험위원 확 인

항 목	① 측정(또는 점검)		② 판정 및 정비(또는 조치) 사항	득 점
	고장 부분	내용 및 상태	정비 및 조치할 사항	
자기진단				

전기 1. 에어컨 라인 압력 점검

자동차 번호 :   비 번호 :   시험위원 확인 :

항 목	① 측정(또는 점검)		② 판정 및 정비(또는 조치) 사항		득 점
	측정값	규정(정비한계)값	판정(□에 "✓"표)	정비 및 조치할 사항	
저 압			□ 양 호		
고 압			□ 불 량		

전기 2. 전조등 점검

자동차 번호 :   비 번호 :   시험위원 확인 :

① 측정(또는 점검)				② 판정 (□에 "✓"표)	득 점
항 목		측정값	기준값		
(□에 "✓") 위치 □ 좌 □ 우 설치 높이 □ ≤ 1.0 m □ > 1.0 m	광도		_____ 이상	□ 양 호 □ 불 량	
	진폭			□ 양 호 □ 불 량	

● 측정 위치는 시험 위원이 지정하는 위치의 □에 "✓"표시합니다.
● 자동차검사기준 및 방법에 의하여 기록·판정합니다.

전기 3. 와이퍼 스위치 신호 점검

자동차 번호 :   비 번호 :   시험위원 확인 :

항 목		① 측정(또는 점검)	② 판정 및 정비(또는 조치) 사항		득 점
			판정(□에 "✓"표)	정비 및 조치할 사항	
와이퍼 간헐 시간 조정 스위치 작동 신호(전압)	INT S/W 전압	ON 시 : OFF 시 :	□ 양 호 □ 불 량		
	INT 스위치 위치별 전압	SLOW : FAST :			

제6안	국가기술자격 실기시험문제		
자격종목	자동차정비산업기사	과제명	자동차정비작업
비번호		시험일시		시험장명	

※ 시험시간 : 5시간 30분 [엔진 : 140분 섀시 : 120분 전기 : 70분]

1. 요구사항

가. 엔진

1) 주어진 엔진을 기록표의 측정항목까지 분해하여 기록표의 요구사항을 측정 및 점검하고 본래 상태로 조립하시오.
2) 주어진 자동차의 전자제어 엔진에서 시험위원의 지시에 따라 1가지 부품을 탈거한 후(시험위원에게 확인), 다시 부착하고 시동에 필요한 관련 부분의 이상개소(시동 회로, 점화 회로, 연료 장치 중 2개소)를 점검 및 수리하여 시동하시오.
3) "2)"의 시동된 엔진에서 공회전 상태를 확인하고, 시험위원의 지시에 따라 연료 공급 시스템의 연료압력을 측정하여 기록표에 기록하시오. (단, 시동이 정상적으로 되지 않은 경우 본 항의 작업은 할 수 없음)
4) 주어진 자동차의 엔진에서 점화코일의 1차 파형을 측정하고 그 결과를 분석하여 출력물에 기록·판정하시오. (측정조건 : 공회전 상태)
5) 주어진 전자제어 디젤 엔진에서 연료압력 조절 밸브를 탈거한 후(시험위원에게 확인), 다시 부착하여 시동을 걸고, 매연을 측정하여 기록표에 기록하시오.

나. 섀시

1) 주어진 자동변속기에서 밸브 보디의 변속조절 솔레노이드 밸브, 오일펌프 및 필터를 탈거한 후(시험위원에게 확인), 다시 부착하여 자기진단기(스캐너)를 이용하여 변속레버의 작동상태를 확인하시오.
2) 주어진 자동차의 브레이크에서 페달 자유 간극을 측정하여 기록표에 기록한 후, 페달 자유 간극과 페달 높이가 규정값이 되도록 조정하시오.
3) 주어진 자동차에서 전륜의 브레이크 캘리퍼를 탈거한 후(시험위원에게 확인), 다시 부착하여 브레이크 작동상태를 점검하시오.
4) "3)"의 작업 자동차에서 시험위원 지시에 따라 전(앞) 또는 후(뒤) 제동력을 측정하여 기록표에 기록하시오.
5) 주어진 자동차의 ABS에서 자기진단기(스캐너)를 이용하여 각종 센서 및 시스템의 작동 상태를 점검하고 기록표에 기록하시오.

다. 전기

1) 주어진 기동 모터를 분해한 후 전기자 코일과 솔레노이드(풀인, 홀드인) 상태를 점검하여 기록표에 기록하고, 본래 상태로 조립하여 작동상태를 확인하시오.
2) 주어진 자동차에서 전조등시험기로 전조등을 점검하여 기록표에 기록하시오.
3) 주어진 자동차에서 점화 키 홀 조명 기능이 작동 시 편의장치(ETACS 또는 ISU) 커넥터에서 출력신호(전압)를 측정하고 이상 여부를 확인하여 기록표에 기록하시오.
4) 주어진 자동차에서 경음기 회로를 점검하여 이상개소(2곳)를 찾아서 수리하시오.

제6안   국가기술자격 실기시험 답안지

종목	자동차정비산업기사	비번호		시험위원 확 인	

엔진 1. 캠 높이 측정

엔진 번호 :　　　　　　　　비 번호 □　　시험위원 확인 □

항 목	① 측정(또는 점검)		② 판정 및 정비(또는 조치) 사항		득 점
	측정값	규정(정비한계)값	판정(□에 "√"표)	정비 및 조치할 사항	
캠축 양정			□ 양 호 □ 불 량		

엔진 1. 연료 공급 시스템 점검

자동차 번호 :　　　　　　　　비 번호 □　　시험위원 확인 □

항 목	① 측정(또는 점검)		② 판정 및 정비(또는 조치) 사항		득 점
	측정값	규정(정비한계)값	판정(□에 "√"표)	정비 및 조치할 사항	
연료 압력			□ 양 호 □ 불 량		

엔진 4. 점화 코일 1차 파형 분석

자동차 번호 :　　　　　　　　비 번호 □　　시험위원 확인 □

항 목	파형상태	득 점
파형 측정	요구사항 조건에 맞는 파형을 프린트하여 아래 사항을 분석 후 뒷면에 첨부 ① 파형에 불량 요소가 있는 경우에는 반드시 표기 및 설명하여야 함. ② 파형의 주요 특징에 대하여 표기 및 설명하여야 함. ③ 분석 내용이 없을 시 채점 대상에서 제외함.	

엔진 5. 매연 점검

자동차 번호 :　　　　　　　　비 번호 □　　시험위원 확인 □

① 측정(또는 점검)				② 고장 및 정비(또는 조치) 사항			득 점
차종	연식	기준값	측정값	측정	산출근거(계산) 기록	판정 (□에 "√"표)	
				1회 : 2회 : 3회 :		□ 양 호 □ 불 량	

섀시 2. 클러치 페달 자유 간극 점검

자동차 번호 : 비 번호: 시험위원 확인:

항 목	① 측정(또는 점검)		② 판정 및 정비(또는 조치) 사항		득 점
	측정값	규정(정비한계)값	판정 (□에 "√"표)	정비 및 조치할 사항	
클러치 페달 자유 간극			□ 양 호 □ 불 량		

섀시 4. 제동력 점검

자동차 번호 : 비 번호: 시험위원 확인:

항 목	구분	측정값	기준값 (□에 "√"표)	산출근거	판정 (□에 "√"표)	득 점
제동력 위치 (□에 "√"표) □ 앞 □ 뒤	좌		□ 앞 □ 뒤 축 중의	편차	□ 양 호 □ 불 량	
	우		제동력 편차	합		
			제동력 합			

- 측정 위치는 시험 위원이 지정하는 위치의 □에 "√"표시합니다.
- 자동차검사기준 및 방법에 의하여 기록·판정합니다.
- 측정값의 단위는 시험장비 기준으로 기록합니다.
- 산출근거에는 단위를 기록하지 않아도 됩니다.

섀시 5. ABS 전자제어 제동장치 점검

자동차 번호 : 비 번호: 시험위원 확인:

항 목	① 측정(또는 점검)		② 판정 및 정비(또는 조치) 사항	득 점
	고장 부분	내용 및 상태	정비 및 조치할 사항	
자기진단				

전기 1. 기동 모터 점검

자동차 번호 :　　비 번호　　시험위원 확인

항 목		① 측정(또는 점검) 상태	② 판정 및 정비(또는 조치) 사항		득 점
			판정 (□에 "✓"표)	정비 및 조치할 사항	
전기자 코일 (단선, 단락, 접지)			□ 양 호 □ 불 량		
솔레 노이드	풀인				
	홀드인				

전기 2. 전조등 점검

자동차 번호 :　　비 번호　　시험위원 확인

① 측정(또는 점검)				② 판정 (□에 "✓"표)	득 점
항 목		측정값	기준값		
(□에 "✓") 위치 □ 좌 □ 우 설치 높이 □ ≤ 1.0 m □ > 1.0 m	광도		_____ 이상	□ 양 호 □ 불 량	
	진폭			□ 양 호 □ 불 량	

● 측정 위치는 시험 위원이 지정하는 위치의 □에 "✓"표시합니다.
● 자동차검사기준 및 방법에 의하여 기록·판정합니다.

전기 3. 점화 키 홀 조명 회로 점검

자동차 번호 :　　비 번호　　시험위원 확인

항 목	① 측정(또는 점검)	② 판정 및 정비(또는 조치) 사항		득 점
		판정 (□에 "✓"표)	정비 및 조치할 사항	
점화 키 홀 조명 출력 신호(전압)	작동 시 : 비작동 시 :	□ 양 호 □ 불 량		

| 제7안 | 국가기술자격 실기시험문제 |

자격종목	자동차정비산업기사	과제명	자동차정비작업
비번호		시험일시		시험장명	

※ 시험시간 : 5시간 30분 [엔진 : 140분   섀시 : 120분   전기 : 70분]

1. 요구사항

가. 엔진

1) 주어진 엔진을 기록표의 측정항목까지 분해하여 기록표의 요구사항을 측정 및 점검하고 본래 상태로 조립하시오.
2) 주어진 자동차의 전자제어 엔진에서 시험위원의 지시에 따라 1가지 부품을 탈거한 후(시험위원에게 확인), 다시 부착하고 시동에 필요한 관련 부분의 이상개소(시동 회로, 점화 회로, 연료 장치 중 2개소)를 점검 및 수리하여 시동하시오.
3) "2)"의 시동된 엔진에서 공회전 상태를 확인하고, 시험위원의 지시에 따라 공회전 시 배기가스를 측정하여 기록표에 기록하시오. (단, 시동이 정상적으로 되지 않은 경우 본 항의 작업은 할 수 없음)
4) 주어진 자동차의 엔진에서 흡입공기 유량센서의 파형을 출력·분석하여 그 결과를 기록표에 기록하시오. (측정조건 : 공회전 상태)
5) 주어진 전자제어 디젤 엔진에서 연료압력 조절 밸브를 탈거한 후(시험위원에게 확인), 다시 부착하여 시동을 걸고, 인젝터 리턴(백리크)량을 측정하여 기록표에 기록하시오.

나. 섀시

1) 주어진 엔진에서 클러치 어셈블리를 탈거한 후(시험위원에게 확인), 다시 부착하여 클러치 디스크의 장착 상태를 확인하시오.
2) 주어진 자동차에서 최소 회전 반경을 측정하여 기록표에 기록하고, 타이로드 엔드를 탈거한 후(시험위원에게 확인), 다시 부착하여 토(toe)가 규정값이 되도록 조정하시오.
3) 주어진 자동차에서 시험위원의 지시에 따라 브레이크 마스터 실린더를 탈거한 후(시험위원에게 확인), 다시 부착하여 브레이크 작동상태를 점검하시오.
4) "3)"의 작업 자동차에서 시험위원 지시에 따라 전(앞) 또는 후(뒤)제동력을 측정하여 기록표에 기록하시오.
5) 주어진 자동차의 자동변속기에서 자기진단기(스캐너)를 이용하여 각종 센서 및 시스템 상태를 점검하고 기록표에 기록하시오.

다. 전기

1) 주어진 발전기를 분해한 후 다이오드 및 브러시의 상태를 점검하여 기록표에 기록하고, 다시 본래대로 조립하여 작동상태를 확인하시오.
2) 주어진 자동차에서 전조등 시험기로 전조등을 점검하여 기록표에 기록하시오.
3) 주어진 자동차의 에어컨 컴프레서가 작동 중일 때 에바포레이터(증발기) 온도 센서 출력 값을 점검하여 이상 여부를 확인하여 기록표에 기록하시오.
4) 주어진 자동차에서 방향지시등 회로를 점검하여 이상개소(2곳)를 찾아서 수리하시오.

제7안 국가기술자격 실기시험 답안지

종목	자동차정비산업기사	비번호		시험위원 확인	

엔진 1. 실린더 헤드 변형 측정

엔진 번호 :

비 번호		시험위원 확 인	

항 목	① 측정(또는 점검)		② 판정 및 정비(또는 조치) 사항		득 점
	측정값	규정(정비한계)값	판정(□에 "✓"표)	정비 및 조치할 사항	
실린더 헤드 변형도			□ 양 호 □ 불 량		

엔진 3. 배기가스 점검

자동차 번호 :

비 번호		시험위원 확 인	

항 목	① 측정(또는 점검)		② 판정(□에 "✓"표)	득 점
	측정값	기준값		
CO			□ 양 호 □ 불 량	
HC				

엔진 4. 공기 유량 센서 파형 분석

자동차 번호 :

비 번호		시험위원 확 인	

항 목	파형상태	득 점
파형 측정	요구사항 조건에 맞는 파형을 프린트하여 아래 사항을 분석 후 뒷면에 첨부 ① 파형에 불량 요소가 있는 경우에는 반드시 표기 및 설명하여야 함. ② 파형의 주요 특징에 대하여 표기 및 설명하여야 함. ③ 분석 내용이 없을 시 채점 대상에서 제외함.	

엔진 5. 인젝터 리턴 량(백 리크) 측정

자동차 번호 :

비 번호		시험위원 확 인	

항 목	① 측정(또는 점검)							② 판정 및 정비(또는 조치) 사항		득 점
	측정값						규정(정비한계)값	판정(□에 "✓"표)	정비 및 조치 할 사항	
인젝터 리턴 량 (백 리크)	1	2	3	4	5	6		□ 양 호 □ 불 량		

섀시 2. 최소 회전 반경 측정

자동차 번호 :				비 번호		시험위원 확 인	

항 목	① 측정(또는 점검)			② 산출근거 및 판정		득 점
	측정값		기준값 (최소 회전 반경)	산출근거	판정 (□에 "✓"표)	
회전방향 (□에 "✓"표) □ 좌 □ 우	r				□ 양 호 □ 불 량	
	측거					
	최대 조향 시 각도	좌 (바퀴)				
		우 (바퀴)				
	최소 회전 반경					

섀시 4. 제동력 점검

자동차 번호 :				비 번호		시험위원 확 인	

항 목	① 측정(또는 점검)			② 판정 및 정비(또는 조치) 사항		득 점
	구분	측정값	기준값 (□에 "✓"표)	산출근거	판정 (□에 "✓"표)	
제동력 위치 (□에 "✓"표) □ 앞 □ 뒤	좌		□ 앞 □ 뒤 축 중의	편차	□ 양 호 □ 불 량	
	우		제동력 편차	합		
			제동력 합			

- 측정 위치는 시험 위원이 지정하는 위치의 □에 "✓"표시합니다.
- 자동차검사기준 및 방법에 의하여 기록·판정합니다.
- 측정값의 단위는 시험장비 기준으로 기록합니다.
- 산출근거에는 단위를 기록하지 않아도 됩니다.

섀시 5. 자동변속기 점검

자동차 번호 :			비 번호		시험위원 확 인	

항 목	① 측정(또는 점검)		② 판정 및 정비(또는 조치) 사항	득 점
	고장 부분	내용 및 상태	정비 및 조치할 사항	
자기진단				

전기 1. 발전기 점검

자동차 번호 : 비 번호 [ ] 시험위원 확인 [ ]

항 목	① 측정(또는 점검)	② 판정 및 정비(또는 조치) 사항		득 점
		판정 (□에 "✓"표)	정비 및 조치할 사항	
(+)다이오드	양 : 개 부 : 개	□ 양 호 □ 불 량		
(−)다이오드	양 : 개 부 : 개			
다이오드(여자)	양 : 개 부 : 개			
브러시 마모				

전기 2. 전조등 점검

자동차 번호 : 비 번호 [ ] 시험위원 확인 [ ]

① 측정(또는 점검)			② 판정 (□에 "✓"표)	득 점
항 목	측정값	기준값		
(□에 "✓") 위치 □ 좌 □ 우 설치 높이 □ ≤ 1.0 m □ > 1.0 m	광도	_____ 이상	□ 양 호 □ 불 량	
	진폭		□ 양 호 □ 불 량	

- 측정 위치는 시험 위원이 지정하는 위치의 □에 "✓"표시합니다.
- 자동차검사기준 및 방법에 의하여 기록·판정합니다.

전기 4. 에어컨 이배퍼레이터 회로 점검

자동차 번호 : 비 번호 [ ] 시험위원 확인 [ ]

항 목	① 측정(또는 점검)		② 판정 및 정비(또는 조치) 사항		득 점
	측정값	내용 및 상태	판정 (□에 "✓"표)	정비 및 조치할 사항	
이배퍼레이터 온도 센서 출력값			□ 양 호 □ 불 량		

제8안 국가기술자격 실기시험문제

자격종목	자동차정비산업기사	과제명	자동차정비작업
비번호		시험일시		시험장명	

※ 시험시간 : 5시간 30분 [엔진 : 140분   섀시 : 120분   전기 : 70분]

1. 요구사항

가. 엔진

1) 주어진 엔진을 기록표의 측정항목까지 분해하여 기록표의 요구사항을 측정 및 점검하고 본래 상태로 조립하시오.
2) 주어진 자동차의 전자제어 엔진에서 시험위원의 지시에 따라 1가지 부품을 탈거한 후(시험위원에게 확인), 다시 부착하고 시동에 필요한 관련 부분의 이상개소(시동 회로, 점화 회로, 연료 장치 중 2개소)를 점검 및 수리하여 시동하시오.
3) "2"의 시동된 엔진에서 증발가스 제어장치의 퍼지 컨트롤 솔레노이드 밸브를 점검하여 기록표에 기록하시오. (단, 시동이 정상적으로 되지 않은 경우 본 항의 작업은 할 수 없음)
4) 주어진 자동차의 엔진에서 점화코일의 1차 파형을 측정하고 그 결과를 분석하여 출력물에 기록·판정하시오. (측정조건 : 공회전 상태)
5) 주어진 전자제어 디젤 엔진에서 인젝터를 탈거한 후(시험위원에게 확인), 다시 부착하여 시동을 걸고 매연을 측정하여 기록표에 기록하시오.

나. 섀시

1) 주어진 자동차에서 파워 스티어링 오일펌프 및 벨트를 탈거한 후(시험위원에게 확인), 다시 부착하고 에어빼기 작업을 하여 작동상태를 확인하시오.
2) 주어진 종 감속 장치에서 링 기어의 백래시와 런 아웃을 측정하여 기록표에 기록한 후, 백래시가 규정값이 되도록 조정하시오.
3) 주어진 자동차에서 후륜의 주차 브레이크 레버(또는 브레이크 슈)를 탈거한 후(시험위원에게 확인), 다시 부착하여 작동상태를 점검하시오.
4) "3"의 작업 자동차에서 시험위원 지시에 따라 전(앞) 또는 후(뒤) 제동력을 측정하여 기록표에 기록하시오.
5) 주어진 자동차의 ABS에서 자기진단기(스캐너)를 이용하여 각종 센서 및 시스템 작동 상태를 점검하고 기록표에 기록하시오.

다. 전기

1) 주어진 자동차에서 와이퍼 모터를 탈거한 후(시험위원에게 확인), 다시 부착하여 와이퍼 브러시의 작동상태를 확인하고, 와이퍼 작동 시 소모 전류를 점검하여 기록표에 기록하시오.
2) 주어진 자동차에서 전조등시험기로 전조등을 점검하여 기록표에 기록하시오.
3) 주어진 자동차의 에어컨 회로에서 외기온도 입력 신호값을 점검하여 이상 여부를 확인하여 기록표에 기록하시오.
4) 주어진 자동차에서 미등 및 번호등 회로를 점검하여 이상개소(2곳)를 찾아서 수리하시오.

제8안 국가기술자격 실기시험 답안지

종목	자동차정비산업기사	비번호		시험위원 확 인	

엔진 1. 실린더 측정

엔진 번호 :

비 번호		시험위원 확 인	

항 목	① 측정(또는 점검)		② 판정 및 정비(또는 조치) 사항		득 점
	측정값	규정(정비한계)값	판정(□에 "√"표)	정비 및 조치할 사항	
실린더 마모량			□ 양 호 □ 불 량		

엔진 3. 증발가스 제어장치 점검

자동차 번호 :

비 번호		시험위원 확 인	

항 목	① 측정(또는 점검)		② 판정 및 정비(또는 조치) 사항		득 점
	공급전압	진공유지 또는 진공해제 기록	판정 (□에 "√"표)	정비 및 조치할 사항	
퍼지 컨트롤 솔레노이드 밸브	작동 시 : 비작동 시 :		□ 양 호 □ 불 량		

엔진 4. 점화 1차 파형 분석

자동차 번호 :

비 번호		시험위원 확 인	

항 목	파형상태	득 점
파형 측정	요구사항 조건에 맞는 파형을 프린트하여 아래 사항을 분석 후 뒷면에 첨부 ① 파형에 불량 요소가 있는 경우에는 반드시 표기 및 설명하여야 함. ② 파형의 주요 특징에 대하여 표기 및 설명하여야 함. ③ 분석 내용이 없을 시 재섬 대상에서 세외함.	

엔진 5. 매연 점검

자동차 번호 :

비 번호		시험위원 확 인	

① 측정(또는 점검)				② 고장 및 정비(또는 조치) 사항			득 점
차종	연식	기준값	측정값	측정	산출근거(계산) 기록	판정 (□에 "√"표)	
				1회 : 2회 : 3회 :		□ 양 호 □ 불 량	

섀시 2. 종감속 장치 점검

자동차 번호 :   비 번호   시험위원 확인

항 목	① 측정(또는 점검)		② 판정 및 정비(또는 조치) 사항		득 점
	측정값	규정(정비한계)값	판정 (□에 "✓"표)	정비 및 조치할 사항	
백래시			□ 양 호 □ 불 량		
런아웃					

섀시 4. 제동력 점검

자동차 번호 :   비 번호   시험위원 확인

항 목	① 측정(또는 점검)			② 판정 및 정비(또는 조치) 사항		득 점
	구분	측정값	기준값 (□에 "✓"표)	산출근거	판정 (□에 "✓"표)	
제동력 위치 (□에 "✓"표) □ 앞 □ 뒤	좌		□ 앞 □ 뒤 축 중의	편차	□ 양 호 □ 불 량	
	우		제동력 편차	합		
			제동력 합			

● 측정 위치는 시험 위원이 지정하는 위치의 □에 "✓"표시합니다.
● 자동차검사기준 및 방법에 의하여 기록·판정합니다.
● 측정값의 단위는 시험장비 기준으로 기록합니다.
● 산출근거에는 단위를 기록하지 않아도 됩니다.

섀시 5. 자동변속기 점검

자동차 번호 :   비 번호   시험위원 확인

항 목	① 측정(또는 점검)		② 판정 및 정비(또는 조치) 사항	득 점
	고장 부분	내용 및 상태	정비 및 조치할 사항	
자기진단				

전기 1. 와이퍼 모터 소모 전류 점검

자동차 번호 :   비 번호   시험위원 확인

항 목		① 측정(또는 점검)		② 판정 및 정비(또는 조치) 사항		득 점
		측정값	규정(정비한계)값	판정 (□에 "√"표)	정비 및 조치할 사항	
소모 전류	LOW 모드			□ 양 호 □ 불 량		
	HIGH 모드					

전기 2. 전조등 점검

자동차 번호 :   비 번호   시험위원 확인

항 목		① 측정(또는 점검)		② 판정 (□에 "√"표)	득 점
		측정값	기준값		
(□에 "√") 위치 □ 좌 □ 우 설치 높이 □ ≤ 1.0 m □ > 1.0 m	광도		_____ 이상	□ 양 호 □ 불 량	
	진폭			□ 양 호 □ 불 량	

● 측정 위치는 시험 위원이 지정하는 위치의 □에 "√"표시합니다.
● 자동차검사기준 및 방법에 의하여 기록·판정합니다.

전기 3. 전자동 에어컨 회로 점검

자동차 번호 :   비 번호   시험위원 확인

항 목	① 측정(또는 점검)		② 판정 및 정비(또는 조치) 사항		득 점
	측정값	규정(정비한계)값	판정 (□에 "√"표)	정비 및 조치할 사항	
외기온도 입력 신호값			□ 양 호 □ 불 량		

제9안 국가기술자격 실기시험문제

자격종목	자동차정비산업기사	과제명	자동차정비작업
비번호		시험일시		시험장명	

※ 시험시간 : 5시간 30분 [엔진 : 140분 샤시 : 120분 전기 : 70분]

1. 요구사항

가. 엔진

1) 주어진 엔진을 기록표의 측정항목까지 분해하여 기록표의 요구사항을 측정 및 점검하고 본래 상태로 조립하시오.
2) 주어진 자동차의 전자제어 엔진에서 시험위원의 지시에 따라 1가지 부품을 탈거한 후(시험위원에게 확인), 다시 부착하고 시동에 필요한 관련 부분의 이상개소(시동 회로, 점화 회로, 연료 장치 중 2개소)를 점검 및 수리하여 시동하시오.
3) "2)"의 시동된 엔진에서 공회전 상태를 확인하고, 공회전 시 배기가스를 측정하여 기록표에 기록하시오. (단, 시동이 정상적으로 되지 않은 경우 본 항의 작업은 할 수 없음)
4) 주어진 자동차의 엔진에서 스텝 모터(또는 ISA)의 파형을 출력·분석하여 그 결과를 기록표에 기록하시오. (측정조건 : 공회전 상태)
5) 주어진 전자제어 디젤 엔진에서 연료압력센서를 탈거한 후(시험위원에게 확인), 다시 부착하여 시동을 걸고, 공전속도를 점검하여 기록표에 기록하시오.

나. 샤시

1) 주어진 자동차에서 파워 스티어링 오일펌프 및 벨트를 탈거한 후(시험위원에게 확인), 다시 부착하고 에어빼기 작업을 하여 작동상태를 확인하시오.
2) 주어진 종 감속 장치에서 링 기어의 백래시와 런 아웃을 측정하여 기록표에 기록한 후, 백래시가 규정값이 되도록 조정하시오.
3) 주어진 자동차에서 전륜의 브레이크 캘리퍼를 탈거한 후(시험위원에게 확인), 다시 부착하고 브레이크 작동 상태를 점검하시오.
4) "3)"의 작업 자동차에서 시험위원 지시에 따라 전(앞) 또는 후(뒤) 제동력을 측정하여 기록표에 기록하시오.
5) 주어진 자동차의 자동변속기에서 자기진단기(스캐너)를 이용하여 각종 센서 및 시스템 상태를 점검하고 기록표에 기록하시오.

다. 전기

1) 주어진 자동차에서 다기능(컴비네이션) 스위치를 교환(탈·부착)하여 스위치 작동 상태를 확인하고, 경음기 음량 상태를 점검하여 기록표에 기록하시오.
2) 주어진 자동차에서 전조등시험기로 전조등을 점검하여 기록표에 기록하시오.
3) 주어진 자동차에서 도어 센트럴 록킹(도어 중앙 잠금장치) 스위치 조작 시 편의장치(ETACS 또는 ISU) 및 운전석 도어모듈(DDM) 커넥터에서 작동신호를 측정하고 이상 여부를 확인하여 기록표에 기록하시오.
4) 주어진 자동차에서 와이퍼 회로를 점검하여 이상개소(2곳)를 찾아서 수리하시오.

제9안 — 국가기술자격 실기시험 답안지

종목	자동차정비산업기사	비번호		시험위원 확인	

엔진 1. 크랭크축 저널 측정   엔진 번호:

비 번호		시험위원 확인	

항 목	① 측정(또는 점검)		② 판정 및 정비(또는 조치) 사항		득 점
	측정값	규정(정비한계)값	판정(□에 "✓"표)	정비 및 조치할 사항	
메인 저널 마모량			□ 양 호 □ 불 량		

엔진 3. 배기가스 점검   자동차 번호:

비 번호		시험위원 확인	

항 목	① 측정(또는 점검)		② 판정 (□에 "✓"표)	득 점
	측정값	기준값		
CO			□ 양 호 □ 불 량	
HC				

엔진 4. 스텝 모터 파형 분석   자동차 번호:

비 번호		시험위원 확인	

항 목	파형상태	득 점
파형 측정	요구사항 조건에 맞는 파형을 프린트하여 아래 사항을 분석 후 뒷면에 첨부 ① 파형에 불량 요소가 있는 경우에는 반드시 표기 및 설명하여야 함. ② 파형의 주요 특징에 대하여 표기 및 설명하여야 함. ③ 분석 내용이 없을 시 채점 대상에서 제외함.	

엔진 5. 공전속도 점검   자동차 번호:

비 번호		시험위원 확인	

항 목	① 측정(또는 점검)		② 판정 및 정비(또는 조치) 사항		득 점
	측정값	규정(정비한계)값	판정(□에 "✓"표)	정비 및 조치할 사항	
공전속도			□ 양 호 □ 불 량		

섀시 2. 종 감속장치 점검

자동차 번호 :　　　비 번호　　　시험위원 확인

항 목	① 측정(또는 점검)		② 판정 및 정비(또는 조치) 사항		득 점
	측정값	규정(정비한계)값	판정(□에 "✓"표)	정비 및 조치할 사항	
백래시			□ 양 호 □ 불 량		
런 아웃					

섀시 4. 제동력 점검

자동차 번호 :　　　비 번호　　　시험위원 확인

항 목	구분	측정값	기준값 (□에 "✓"표)		산출근거	편차	판정 (□에 "✓"표)	득 점
제동력 위치 (□에 "✓"표) □ 앞 □ 뒤	좌		□ 앞 □ 뒤	축 중의		편차	□ 양 호 □ 불 량	
	우		제동력 편차			합		
			제동력 합					

- 측정 위치는 시험 위원이 지정하는 위치의 □에 "✓"표시합니다.
- 자동차검사기준 및 방법에 의하여 기록·판정합니다.
- 측정값의 단위는 시험장비 기준으로 기록합니다.
- 산출근거에는 단위를 기록하지 않아도 됩니다.

섀시 5. 자동변속기 점검

자동차 번호 :　　　비 번호　　　시험위원 확인

항 목	① 측정(또는 점검)		② 판정 및 정비(또는 조치) 사항	득 점
	고장 부분	내용 및 상태	정비 및 조치할 사항	
자기진단				

전기 1. 경음기 음량 점검

자동차 번호 : 비 번호 시험위원 확인

항 목	① 측정(또는 점검)		② 판정 및 정비(또는 조치) 사항		득 점
	측정값	기준값	판정 (□에 "✓"표)	정비 및 조치할 사항	
경음기 음량		_____ 이상 _____ 이하	□ 양 호 □ 불 량		

전기 2. 전조등 점검

자동차 번호 : 비 번호 시험위원 확인

① 측정(또는 점검)				② 판정 (□에 "✓"표)	득 점
항 목		측정값	기준값		
(□에 "✓") 위치 □ 좌 □ 우 설치 높이 □ ≤ 1.0 m □ > 1.0 m	광도		_____ 이상	□ 양 호 □ 불 량	
	진폭			□ 양 호 □ 불 량	

● 측정 위치는 시험 위원이 지정하는 위치의 □에 "✓" 표시합니다.
● 자동차검사기준 및 방법에 의히여 기록·판정합니다.

전기 3. 센트럴 도어 록킹 스위치 회로 점검

자동차 번호 : 비 번호 시험위원 확인

항 목		① 측정(또는 점검)		② 판정 및 정비(또는 조치) 사항		득 점
		측정값	규정(정비한계)값	판정(□에 "✓"표)	정비 및 조치할 사항	
록 (Lock)	ON			□ 양 호 □ 불 량		
	OFF					
언록 (UnLock)	ON					
	OFF					

제10안	국가기술자격 실기시험문제		
자격종목	자동차정비산업기사	과제명	자동차정비작업
비번호		시험일시		시험장명	

※ 시험시간 : 5시간 30분 [엔진 : 140분   섀시 : 120분   전기 : 70분]

1. 요구사항

가. 엔진

1) 주어진 엔진을 기록표의 측정항목까지 분해하여 기록표의 요구사항을 측정 및 점검하고 본래 상태로 조립하시오.
2) 주어진 자동차의 전자제어 엔진에서 시험위원의 지시에 따라 1가지 부품을 탈거한 후(시험위원에게 확인), 다시 부착하고 시동에 필요한 관련 부분의 이상개소(시동 회로, 점화 회로, 연료 장치 중 2개소)를 점검 및 수리하여 시동하시오.
3) "2)"의 시동된 엔진에서 공회전 상태를 확인하고, 시험위원의 지시에 따라 연료 공급 시스템의 연료압력을 측정하여 기록표에 기록하시오. (단, 시동이 정상적으로 되지 않은 경우 본 항의 작업은 할 수 없음)
4) 주어진 자동차의 엔진에서 TDC 센서(또는 캠각 센서)의 파형을 출력·분석하여 그 결과를 기록표에 기록하시오. (측정조건 : 공회전 상태)
5) 주어진 전자제어 디젤 엔진에서 인젝터를 탈거한 후(시험위원에게 확인), 다시 부착하여 시동을 걸고, 매연을 측정하여 기록표에 기록하시오.

나. 섀시

1) 주어진 자동차의 전륜에서 허브 및 너클을 탈거한 후(시험위원에게 확인), 다시 부착하여 작동상태를 확인하시오.
2) 주어진 지동치에서 휠 얼라인먼트 시험기로 캠버와 토(toc) 값을 측정하여 기록표에 기록한 후, 타이로드 엔드를 탈거한 후(시험위원에게 확인), 다시 부착하여 토(toe)가 규정값이 되도록 조정하시오.
3) 주어진 자동차에서 후륜의 브레이크 휠 실린더를 탈거한 후(시험위원에게 확인), 다시 부착하여 브레이크 작동상태를 점검하시오.
4) "3)"의 작업 자동차에서 시험위원 지시에 따라 전(앞) 또는 후(뒤) 제동력을 측정하여 기록표에 기록하시오.
5) 주어진 자동차의 ABS에서 자기진단기(스캐너)를 이용하여 각종 센서 및 시스템 작동 상태를 점검하고 기록표에 기록하시오.

다. 전기

1) 주어진 자동차에서 파워 윈도우 레귤레이터를 탈거한 후(시험위원에게 확인), 다시 부착하여 작동상태를 확인 후 윈도우 모터의 작동 전류 소모시험을 하여 기록표에 기록하시오.
2) 주어진 자동차에서 전조등시험기로 전조등을 점검하여 기록표에 기록하시오.
3) 주어진 자동차의 편의장치(ETACS 또는 ISU) 커넥터에서 전원전압을 점검하여 기록표에 기록하시오.
4) 주어진 자동차에서 실내등 및 도어 오픈 경고등 회로를 점검하여 이상개소(2곳)를 찾아서 수리하시오.

제10안 국가기술자격 실기시험 답안지

종목	자동차정비산업기사	비번호		시험위원 확　인	

엔진 1. 크랭크축 축방향 유격 점검

엔진 번호 :

비 번호		시험위원 확　인	

항 목	① 측정(또는 점검)		② 판정 및 정비(또는 조치) 사항		득 점
	측정값	규정(정비한계)값	판정(□에 "✓"표)	정비 및 조치할 사항	
축 방향 유격			□ 양　호 □ 불　량		

엔진 1. 연료 압력 측정

자동차 번호 :

비 번호		시험위원 확　인	

항 목	① 측정(또는 점검)		② 판정 및 정비(또는 조치) 사항		득 점
	측정값	규정(정비한계)값	판정(□에 "✓"표)	정비 및 조치할 사항	
연료 압력			□ 양　호 □ 불　량		

엔진 4. TDC 센서 파형 분석

자동차 번호 :

비 번호		시험위원 확　인	

항 목	파형상태	득 점
파형 측정	요구사항 조건에 맞는 파형을 프린트하여 아래 사항을 분석 후 뒷면에 첨부 ① 파형에 불량 요소가 있는 경우에는 반드시 표기 및 설명하여야 함. ② 파형의 주요 특징에 대하여 표기 및 설명하여야 함. ③ 분석 내용이 없을 시 채점 대상에서 제외함.	

엔진 5. 매연 점검

자동차 번호 :

비 번호		시험위원 확　인	

① 측정(또는 점검)				② 고장 및 정비(또는 조치) 사항			득 점
차종	연식	기준값	측정값	측정	산출근거(계산) 기록	판정 (□에 "✓"표)	
				1회 : 2회 : 3회 :		□ 양　호 □ 불　량	

섀시 2. 휠 얼라인먼트 점검

자동차 번호 : 비 번호 : 시험위원 확인 :

항 목	① 측정(또는 점검)		② 판정 및 정비(또는 조치) 사항		득 점
	측정값	규정(정비한계)값	판정 (□에 "✓"표)	정비 및 조치할 사항	
캠버			□ 양 호 □ 불 량		
토(toe)					

섀시 4. 제동력 점검

자동차 번호 : 비 번호 : 시험위원 확인 :

항 목	① 측정(또는 점검)				② 판정 및 정비(또는 조치) 사항		득 점
	구분	측정값	기준값 (□에 "✓"표)		산출근거	판정 (□에 "✓"표)	
제동력 위치 (□에 "✓"표) □ 앞 □ 뒤	좌		□ 앞 □ 뒤	축 중의	편차	□ 양 호 □ 불 량	
	우		제동력 편차		합		
			제동력 합				

● 측정 위치는 시험 위원이 지정하는 위치의 □에 "✓"표시합니다.
● 자동차검사기준 및 방법에 의하여 기록·판정합니다.
● 측정값의 단위는 시험장비 기준으로 기록합니다.
● 산출근거에는 단위를 기록하지 않아도 됩니다.

섀시 5. ABS 전자제어 제동장치 점검

자동차 번호 : 비 번호 : 시험위원 확인 :

항 목	① 측정(또는 점검)		② 판정 및 정비(또는 조치) 사항	득 점
	고장 부분	내용 및 상태	정비 및 조치할 사항	
자기진단				

전기 1. 윈도 모터 점검

자동차 번호 :   비 번호   시험위원 확인

항 목	① 측정(또는 점검)		② 판정 및 정비(또는 조치) 사항		득 점
	측정값	규정(정비한계)값	판정 (□에 "✓"표)	정비 및 조치할 사항	
전류 소모 시험	올림 시		□ 양 호 □ 불 량		
	내림 시				

전기 2. 전조등 점검

자동차 번호 :   비 번호   시험위원 확인

① 측정(또는 점검)				② 판정 (□에 "✓"표)	득 점
항 목		측정값	기준값		
(□에 "✓") 위치 □ 좌 □ 우 설치 높이 □ ≤ 1.0 m □ > 1.0 m	광도		_____ 이상	□ 양 호 □ 불 량	
	진폭			□ 양 호 □ 불 량	

● 측정 위치는 시험 위원이 지정하는 위치의 □에 "✓"표시합니다.
● 자동차검사기준 및 방법에 의하여 기록·판정합니다.

전기 3. 컨트롤 유닛 회로 점검

자동차 번호 :   비 번호   시험위원 확인

항 목		① 측정(또는 점검)		② 판정 및 정비(또는 조치) 사항		득 점
		측정값	규정(정비한계)값	판정 (□에 "✓"표)	정비 및 조치할 사항	
컨트롤 유닛의 기본입력 전압	+			□ 양 호 □ 불 량		
	−					
	IG					

제11안	국가기술자격 실기시험문제		
자격종목	자동차정비산업기사	과제명	자동차정비작업
비번호		시험일시		시험장명	

※ 시험시간 : 5시간 30분 [엔진 : 140분   섀시 : 120분   전기 : 70분]

1. 요구사항

가. 엔진

1) 주어진 엔진을 기록표의 측정항목까지 분해하여 기록표의 요구사항을 측정 및 점검하고 본래 상태로 조립하시오.
2) 주어진 자동차의 전자제어 엔진에서 시험위원의 지시에 따라 1가지 부품을 탈거한 후(시험위원에게 확인), 다시 부착하고 시동에 필요한 관련 부분의 이상개소(시동 회로, 점화 회로, 연료 장치 중 2개소)를 점검 및 수리하여 시동하시오.
3) "2"의 시동된 엔진에서 공전속도를 확인하고 시험위원의 지시에 따라 인젝터 파형을 측정 및 분석하여 기록표에 기록하시오. (단, 시동이 정상적으로 되지 않은 경우 본 항의 작업은 할 수 없음)
4) 주어진 자동차의 전자제어 디젤 엔진에서 인젝터 파형을 출력·분석하여 기록표에 기록하시오. (측정조건 : 공회전상태)
5) 주어진 전자제어 디젤 엔진에서 인젝터를 탈거한 후(시험위원에게 확인), 다시 조립하여 시동을 걸고, 매연을 측정하여 기록표에 기록하시오.

나. 섀시

1) 주어진 후륜차량의 종 감속 기어 어셈블리에서 사이드 기어의 시임 및 스페이서를 탈거한 후(시험위원에게 확인), 다시 부착하여 링 기어 백래시와 접촉면 상태를 바르게 조정 및 확인하시오.
2) 주어진 자동차에서 휠 얼라인먼트 시험기로 셋백(setback)과 토(toe) 값을 측정하여 기록표에 기록하고, 타이로드 엔드를 탈거한 후(시험위원에게 확인), 다시 부착하여 토(toe)가 규정값이 되도록 조정하시오.
3) 주어진 자동차에서 전륜의 브레이크 캘리퍼를 탈거한 후(시험위원에게 확인), 다시 부착하여 브레이크 작동상태를 점검하시오.
4) "3)"의 작업 자동차에서 시험위원 지시에 따라 전(앞) 또는 후(뒤) 제동력을 측정하여 기록표에 기록하시오.
5) 주어진 자동차의 자동변속기에서 자기진단기(스캐너)를 이용하여 각종 센서 및 시스템 상태를 점검하고 기록표에 기록하시오.

다. 전기

1) 자동차에서 에어컨 벨트와 블로어 모터를 탈거한 후(시험위원에게 확인), 다시 부착하여 작동상태를 확인하고, 에어컨의 압력을 측정하여 기록표에 기록하시오.
2) 주어진 자동차에서 전조등시험기로 전조등을 점검하여 기록표에 기록하시오.
3) 주어진 자동차에서 와이퍼 간헐(INT) 시간조정 스위치 조작시 편의장치(ETACS 또는 ISU) 커넥터에서 스위치 신호(전압)를 측정하고 이상 여부를 확인하여 기록표에 기록하시오.
4) 주어진 자동차에서 파워 윈도우 회로를 점검하여 이상개소(2곳)를 찾아서 수리하시오.

제11안 국가기술자격 실기시험 답안지

| 종목 | 자동차정비산업기사 | 비번호 | | 시험위원 확인 | |

엔진 1. 크랭크축 점검

엔진 번호 :　　비 번호 　　시험위원 확인

항 목	① 측정(또는 점검)		② 판정 및 정비(또는 조치) 사항		득 점
	측정값	규정(정비한계)값	판정(□에 "✓"표)	정비 및 조치할 사항	
핀 저널 오일 간극			□ 양 호 □ 불 량		

엔진 3. 인젝터 파형 점검

엔진 번호 :　　비 번호 　　시험위원 확인

항 목	① 측정(또는 점검)		② 판정 및 정비(또는 조치) 사항		득 점
	측정값	규정(정비한계)값	판정(□에 "✓"표)	정비 및 조치할 사항	
분사시간			□ 양 호 □ 불 량		
서지전압					

엔진 4. 전자제어 디젤 인젝터 파형 분석

자동차 번호 :　　비 번호 　　시험위원 확인

항 목	파형상대	득 점
파형 측정	요구사항 조건에 맞는 파형을 프린트하여 아래 사항을 분석 후 뒷면에 첨부 ① 파형에 불량 요소가 있는 경우에는 반드시 표기 및 설명하여야 함. ② 파형의 주요 특징에 대하여 표기 및 설명하여야 함. ③ 분석 내용이 없을 시 채점 대상에서 제외함.	

엔진 5. 매연 점검

자동차 번호 :　　비 번호 　　시험위원 확인

① 측정(또는 점검)				② 고장 및 정비(또는 조치) 사항			득 점
차종	연식	기준값	측정값	측정	산출근거(계산) 기록	판정 (□에 "✓"표)	
				1회 : 2회 : 3회 :		□ 양 호 □ 불 량	

섀시 2. 휠 얼라인먼트 점검

자동차 번호 :   비 번호   시험위원 확인

항 목	① 측정(또는 점검)		② 판정 및 정비(또는 조치) 사항		득 점
	측정값	규정(정비한계)값	판정 (□에 "✓"표)	정비 및 조치할 사항	
셋백			□ 양 호 □ 불 량		
토(toe)					

섀시 4. 제동력 점검

자동차 번호 :   비 번호   시험위원 확인

항 목	① 측정(또는 점검)			② 판정 및 정비(또는 조치) 사항		득 점
	구분	측정값	기준값 (□에 "✓"표)	산출근거	판정 (□에 "✓"표)	
제동력 위치 (□에 "✓"표) □ 앞 □ 뒤	좌		□ 앞 □ 뒤 축 중의	편차	□ 양 호 □ 불 량	
	우		제동력 편차 제동력 합	합		

- 측정 위치는 시험 위원이 지정하는 위치의 □에 "✓"표시합니다.
- 자동차검사기준 및 방법에 의하여 기록·판정합니다.
- 측정값의 단위는 시험장비 기준으로 기록합니다.
- 산출근거에는 단위를 기록하지 않아도 됩니다.

섀시 5. 자동변속기 점검

자동차 번호 :   비 번호   시험위원 확인

항 목	① 측정(또는 점검)		② 판정 및 정비(또는 조치) 사항	득 점
	고장 부분	내용 및 상태	정비 및 조치할 사항	
자기진단				

전기 1. 에어컨 압력 점검

항목	① 측정(또는 점검)		② 판정 및 정비(또는 조치) 사항		득 점
	측정값	규정(정비한계)값	판정 (□에 "✓"표)	정비 및 조치할 사항	
저 압			□ 양 호		
고 압			□ 불 량		

자동차 번호 :   비 번호   시험위원 확 인

전기 2. 전조등 점검

자동차 번호 :   비 번호   시험위원 확 인

항 목		① 측정(또는 점검)		② 판정 (□에 "✓"표)	득 점
		측정값	기준값		
(□에 "✓") 위치 □ 좌 □ 우 설치 높이 □ ≤ 1.0 m □ > 1.0 m	광도		_____ 이상	□ 양 호 □ 불 량	
	진폭			□ 양 호 □ 불 량	

● 측정 위치는 시험 위원이 지정하는 위치의 □에 "✓"표시합니다.
● 자동차검사기준 및 방법에 의하여 기록·판정합니다.

전기 3. 와이퍼 스위치 신호 점검

자동차 번호 :   비 번호   시험위원 확 인

항 목		① 측정(또는 점검)	② 판정 및 정비(또는 조치) 사항		득 점
			판정 (□에 "✓"표)	정비 및 조치할 사항	
와이퍼 간헐 시간 조정 스위치 작동 신호(전압)	INT S/W 전압	ON 시 : OFF 시 :	□ 양 호 □ 불 량		
	INT S/W 위치별 전압	SLOW : FAST :			

국가기술자격 실기시험문제

제12안

자격종목	자동차정비산업기사	과제명	자동차정비작업
비번호		시험일시		시험장명	

※ 시험시간 : 5시간 30분 [엔진 : 140분   섀시 : 120분   전기 : 70분]

1. 요구사항

가. 엔진

1) 주어진 엔진을 기록표의 측정항목까지 분해하여 기록표의 요구사항을 측정 및 점검하고 본래 상태로 조립하시오.
2) 주어진 자동차의 전자제어 엔진에서 시험위원의 지시에 따라 1가지 부품을 탈거한 후(시험위원에게 확인), 다시 부착하고 시동에 필요한 관련 부분의 이상개소(시동 회로, 점화 회로, 연료 장치 중 2개소)를 점검 및 수리하여 시동하시오.
3) "2)"의 시동된 엔진에서 공전속도를 확인하고, 시험위원의 지시에 따라 공회전 시 배기가스를 측정하여 기록표에 기록하시오. (단, 시동이 정상적으로 되지 않은 경우 본 항의 작업은 할 수 없음)
4) 주어진 자동차의 엔진에서 점화코일의 1차 파형을 측정하고 그 결과를 분석하여 출력물에 기록·판정하시오. (측정조건 : 공회전 상태)
5) 주어진 전자제어 디젤 엔진의 분사펌프(고압펌프)를 교환하고 공기빼기 작업 후, 공회전 시 연료 압력을 점검하여 기록표에 기록하시오.

나. 섀시

1) 주어진 자동차에서 후륜 현가장치의 쇼크 업소버 스프링을 탈거한 후(시험위원에게 확인), 다시 부착하여 작동상태를 확인하시오.
2) 주어진 자동차에서 휠 얼라인먼트 시험기로 캐스터와 토(toe) 값을 측정하여 기록표에 기록한 후, 타이로드 엔드를 교환하여 토(toe)가 규정값이 되도록 조정하시오.
3) ABS가 설치된 주어진 자동차에서 브레이크 패드를 탈거한 후(시험위원에게 확인), 다시 부착하여 브레이크 작동상태를 점검하시오.
4) "3)"의 작업 자동차에서 시험위원 지시에 따라 전(앞) 또는 후(뒤) 제동력을 측정하여 기록표에 기록하시오.
5) 주어진 자동차의 ABS기에서 자기진단기(스캐너)를 이용하여 각종 센서 및 시스템 작동 상태를 점검하고 기록표에 기록하시오.

다. 전기

1) 주어진 자동차에서 시동 모터를 탈거한 후(시험위원에게 확인), 다시 부착하여 작동상태를 확인하고, 크랭킹 시 전압 강하 시험을 하여 기록표에 기록하시오.
2) 주어진 자동차에서 전조등시험기로 전조등을 점검하여 기록표에 기록하시오.
3) 주어진 자동차에서 열선 스위치 조작 시 편의장치(ETACS 또는 ISU) 커넥터에서 스위치 입력신호(전압)를 측정하고 이상 여부를 확인하여 기록표에 기록하시오.
4) 주어진 자동차에서 전조등 회로를 점검하여 이상개소(2곳)를 찾아서 수리하시오.

제12안 국가기술자격 실기시험 답안지

종목	자동차정비산업기사	비번호		시험위원 확 인	

엔진 1. 크랭크축 오일 간극 측정

엔진 번호 :

비 번호		시험위원 확 인	

항 목	① 측정(또는 점검)		② 판정 및 정비(또는 조치) 사항		득 점
	측정값	규정(정비한계)값	판정(□에 "✓"표)	정비 및 조치할 사항	
크랭크축 메인 저널 오일 간극			□ 양 호 □ 불 량		

엔진 3. 배기가스 점검

자동차 번호 :

비 번호		시험위원 확 인	

항 목	① 측정(또는 점검)		② 판정 (□에 "✓"표)	득 점
	측정값	기준값		
CO			□ 양 호 □ 불 량	
HC				

엔진 4. 점화 1차 파형 측정 분석

자동차 번호 :

비 번호		시험위원 확 인	

항 목	파형상태	득 점
파형 측정	요구사항 조건에 맞는 파형을 프린트하여 아래 사항을 분석 후 뒷면에 첨부 ① 파형에 불량 요소가 있는 경우에는 반드시 표기 및 설명하여야 함. ② 파형의 주요 특징에 대하여 표기 및 설명하여야 함. ③ 분석 내용이 없을 시 채점 대상에서 제외함.	

엔진 5. 전자제어 디젤 엔진 점검

자동차 번호 :

비 번호		시험위원 확 인	

항 목	① 측정(또는 점검)		② 판정 및 정비(또는 조치) 사항		득 점
	측정값	규정(정비한계)값	판정(□에 "✓"표)	정비 및 조치할 사항	
연료압력 (고압)			□ 양 호 □ 불 량		

섀시 2. 휠 얼라인먼트 점검

자동차 번호 :   비 번호 :   시험위원 확인 :

항 목	① 측정(또는 점검)		② 판정 및 정비(또는 조치) 사항		득 점
	측정값	규정(정비한계)값	판정(□에 "✓"표)	정비 및 조치할 사항	
캐스터			☐ 양 호 ☐ 불 량		
토(toe)					

섀시 4. 제동력 점검

자동차 번호 :   비 번호 :   시험위원 확인 :

항 목	① 측정(또는 점검)				② 판정 및 정비(또는 조치) 사항		득 점
	구분	측정값	기준값 (□에 "✓"표)		산출근거	판정 (□에 "✓"표)	
제동력 위치 (□에 "✓"표) ☐ 앞 ☐ 뒤	좌		☐ 앞 ☐ 뒤	축 중의	편차	☐ 양 호 ☐ 불 량	
	우		제동력 편차		합		
			제동력 합				

- 측정 위치는 시험 위원이 지정하는 위치의 □에 "✓"표시합니다.
- 자동차검사기준 및 방법에 의하여 기록·판정합니다.
- 측정값의 단위는 시험장비 기준으로 기록합니다.
- 산출근거에는 단위를 기록하지 않아도 됩니다.

섀시 5. ABS 전자제어 제동장치 점검

자동차 번호 :   비 번호 :   시험위원 확인 :

항 목	① 측정(또는 점검)		② 판정 및 정비(또는 조치) 사항	득 점
	고장 부분	내용 및 상태	정비 및 조치할 사항	
자기진단				

전기 1. 시동 모터 크랭킹 시험

자동차 번호 :   비 번호 :   시험위원 확인 :

항 목	① 측정(또는 점검)		② 판정 및 정비(또는 조치) 사항		득 점
	측정값	규정(정비한계)값	판정 (□에 "✓"표)	정비 및 조치할 사항	
전압 강하			□ 양 호 □ 불 량		

전기 2. 전조등 점검

자동차 번호 :   비 번호 :   시험위원 확인 :

① 측정(또는 점검)				② 판정 (□에 "✓"표)	득 점
항 목		측정값	기준값		
(□에 "✓") 위치 □ 좌 □ 우 설치 높이 □ ≤ 1.0 m □ > 1.0 m	광도		_____ 이상	□ 양 호 □ 불 량	
	진폭			□ 양 호 □ 불 량	

● 측정 위치는 시험 위원이 지정하는 위치의 □에 "✓"표시합니다.
● 자동차검사기준 및 방법에 의하여 기록·판정합니다.

전기 3. 열선 스위치 입력신호 점검

자동차 번호 :   비 번호 :   시험위원 확인 :

항 목		① 측정(또는 점검)		② 판정 및 정비(또는 조치) 사항		득 점
		측정값	규정(정비한계)값	판정(□에 "✓"표)	정비 및 조치할 사항	
열선 스위치	ON			□ 양 호 □ 불 량		
	OFF					

제13안	국가기술자격 실기시험문제		
자격종목	자동차정비산업기사	과제명	자동차정비작업
비번호		시험일시		시험장명	

※ 시험시간 : 5시간 30분 [엔진 : 140분   섀시 : 120분   전기 : 70분]

1. 요구사항

가. 엔진

1) 주어진 엔진을 기록표의 측정항목까지 분해하여 기록표의 요구사항을 측정 및 점검하고 본래 상태로 조립하시오.
2) 주어진 자동차의 전자제어 엔진에서 시험위원의 지시에 따라 1가지 부품을 탈거한 후(시험위원에게 확인), 다시 부착하고 시동에 필요한 관련 부분의 이상개소(시동 회로, 점화 회로, 연료 장치 중 2개소)를 점검 및 수리하여 시동하시오.
3) "2)"의 시동된 엔진에서 공전속도를 확인하고 시험위원의 지시에 따라 인젝터 파형을 측정 및 분석하여 기록표에 기록하시오. (단, 시동이 정상적으로 되지 않은 경우 본 항의 작업은 할 수 없음)
4) 주어진 자동차의 엔진에서 맵 센서의 파형을 분석하여 그 결과를 기록표에 기록하시오. (측정조건 : 급가감속 시)
5) 주어진 전자제어 디젤 엔진에서 연료압력센서를 탈거한 후(시험위원에게 확인), 다시 부착하여 시동을 걸고, 매연을 측정하여 기록표에 기록하시오.

나. 섀시

1) 주어진 자동차에서 전륜 현가장치의 코일 스프링을 탈거한 후(시험위원에게 확인), 다시 부착하여 작동상태를 확인하시오.
2) 주어진 자동차의 브레이크에서 페달 자유 간극을 측정하여 기록표에 기록한 후, 페달 자유 간극과 페달 높이가 규정값이 되도록 조정하시오.
3) 주어진 자동차에서 브레이크 휠 실린더(또는 캘리퍼)를 탈거한 후(시험위원에게 확인), 다시 부착하여 브레이크 작동상태를 점검하시오.
4) "3)"의 작업 자동차에서 시험위원 지시에 따라 전(앞) 또는 후(뒤) 제동력을 측정하여 기록표에 기록하시오.
5) 주어진 자동차의 자동변속기에서 자기진단기(스캐너)를 이용하여 각종 센서 및 시스템 상태를 점검하고 기록표에 기록하시오.

다. 전기

1) 주어진 발전기를 분해한 후 정류 다이오드 및 로터 코일의 상태를 점검하여 기록표에 기록하고, 다시 본래대로 조립하여 작동상태를 확인하시오.
2) 주어진 자동차에서 전조등시험기로 전조등을 점검하여 기록표에 기록하시오.
3) 주어진 자동차에서 열선 스위치 조작 시 편의장치(ETACS 또는 ISU) 커넥터에서 스위치 입력신호(전압)를 측정하고 이상 여부를 확인하여 기록표에 기록하시오.
4) 주어진 자동차에서 방향지시등 회로를 점검하여 이상개소(2곳)를 찾아서 수리하시오.

제13안 — 국가기술자격 실기시험 답안지

종목	자동차정비산업기사	비번호		시험위원 확인	

엔진 1. 크랭크축 방향 유격 점검

엔진 번호: / 비 번호: / 시험위원 확인:

항 목	① 측정(또는 점검)		② 판정 및 정비(또는 조치) 사항		득 점
	측정값	규정(정비한계)값	판정(□에 "✓"표)	정비 및 조치할 사항	
크랭크축 방향 유격			□ 양 호 □ 불 량		

엔진 3. 인젝터 파형 점검

엔진 번호: / 비 번호: / 시험위원 확인:

항 목	① 측정(또는 점검)		② 판정 및 정비(또는 조치) 사항		득 점
	측정값	규정(정비한계)값	판정(□에 "✓"표)	정비 및 조치할 사항	
분사시간			□ 양 호 □ 불 량		
서지전압					

엔진 4. 맵 센서 파형 분석

자동차 번호: / 비 번호: / 시험위원 확인:

항 목	파형상태	득 점
파형 측정	요구사항 조건에 맞는 파형을 프린트하여 아래 사항을 분석 후 뒷면에 첨부 ① 파형에 불량 요소가 있는 경우에는 반드시 표기 및 설명하여야 함. ② 파형의 주요 특징에 대하여 표기 및 설명하여야 함. ③ 분석 내용이 없을 시 채점 대상에서 제외함.	

엔진 5. 매연 점검

자동차 번호: / 비 번호: / 시험위원 확인:

① 측정(또는 점검)					② 고장 및 정비(또는 조치) 사항			득 점
차종	연식	기준값	측정값	측정	산출근거(계산) 기록	판정 (□에 "✓"표)		
				1회 : 2회 : 3회 :		□ 양 호 □ 불 량		

섀시 2. 클러치 페달 자유 간극 점검

자동차 번호: 비 번호: 시험위원 확인:

항 목	① 측정(또는 점검)		② 판정 및 정비(또는 조치) 사항		득 점
	측정값	규정(정비한계)값	판정 (□에 "✓"표)	정비 및 조치할 사항	
클러치 페달 자유 간극			□ 양 호 □ 불 량		

섀시 4. 제동력 점검

자동차 번호: 비 번호: 시험위원 확인:

항 목	구분	① 측정(또는 점검)		② 판정 및 정비(또는 조치) 사항		득 점
		측정값	기준값 (□에 "✓"표)	산출근거	판정 (□에 "✓"표)	
제동력 위치 (□에 "✓"표) □ 앞 □ 뒤	좌		□ 앞 □ 뒤 축 중의	편차	□ 양 호 □ 불 량	
	우		제동력 편차 제동력 합	합		

- 측정 위치는 시험 위원이 지정하는 위치의 □에 "✓"표시합니다.
- 자동차검사기준 및 방법에 의하여 기록·판정합니다.
- 측정값의 단위는 시험장비 기준으로 기록합니다.
- 산출근거에는 단위를 기록하지 않아도 됩니다.

섀시 5. 자동변속기 점검

자동차 번호: 비 번호: 시험위원 확인:

항 목	① 측정(또는 점검)		② 판정 및 정비(또는 조치) 사항	득 점
	고장 부분	내용 및 상태	정비 및 조치할 사항	
자기진단				

전기 1. 발전기 점검

항목	① 측정(또는 점검)		② 판정 및 정비(또는 조치) 사항		득 점
	측정값	규정(정비한계)값	판정 (□에 "✓"표)	정비 및 조치할 사항	
(+)다이오드	양: 개 부: 개		□ 양 호 □ 불 량		
(−)다이오드	양: 개 부: 개				
로터 코일 저항					

자동차 번호 : 비 번호 시험위원 확 인

전기 2. 전조등 점검

자동차 번호 : 비 번호 시험위원 확 인

항목	① 측정(또는 점검)			② 판정 (□에 "✓"표)	득 점
		측정값	기준값		
(□에 "✓") 위치 □ 좌 □ 우 설치 높이 □ ≤ 1.0 m □ > 1.0 m	광도		_____ 이상	□ 양 호 □ 불 량	
	진폭			□ 양 호 □ 불 량	

● 측정 위치는 시험 위원이 지정하는 위치의 □에 "✓"표시합니다.
● 자동차검사기준 및 방법에 의하여 기록·판정합니다.

전기 3. 열선 스위치 입력신호 점검

자동차 번호 : 비 번호 시험위원 확 인

항목		① 측정(또는 점검)		② 판정 및 정비(또는 조치) 사항		득 점
		측정값	규정(정비한계)값	판정 (□에 "✓"표)	정비 및 조치할 사항	
열선 스위치	ON			□ 양 호 □ 불 량		
	OFF					

제14안 국가기술자격 실기시험문제

자격종목	자동차정비산업기사	과제명	자동차정비작업
비번호		시험일시		시험장명	

※ 시험시간 : 5시간 30분 [엔진 : 140분   섀시 : 120분   전기 : 70분]

1. 요구사항

가. 엔진

1) 주어진 엔진을 기록표의 측정항목까지 분해하여 기록표의 요구사항을 측정 및 점검하고 본래 상태로 조립하시오.
2) 주어진 자동차의 전자제어 엔진에서 시험위원의 지시에 따라 1가지 부품을 탈거한 후(시험위원에게 확인), 다시 부착하고 시동에 필요한 관련 부분의 이상개소(시동 회로, 점화 회로, 연료 장치 중 2개소)를 점검 및 수리하여 시동하시오.
3) "2)"의 시동된 엔진에서 공전속도를 확인하고, 시험위원의 지시에 따라 공회전 시 배기가스를 측정하여 기록표에 기록하시오. (단, 시동이 정상적으로 되지 않은 경우 본 항의 작업은 할 수 없음)
4) 주어진 자동차의 엔진에서 산소센서의 파형을 출력·분석하여 그 결과를 기록표에 기록하시오. (측정조건 : 공회전 상태)
5) 주어진 전자제어 디젤 엔진에서 연료압력 조절 밸브를 탈거한 후(시험위원에게 확인), 다시 부착하여 시동을 걸고, 공회전 시 연료압력을 점검하여 기록표에 기록하시오.

나. 섀시

1) 주어진 전륜구동 자동차에서 드라이브 액슬 축을 탈거하여 액슬 축부트를 탈거한 후(시험위원에게 확인), 다시 부착하여 작동상태를 확인하시오.
2) 주어진 자동차에서 최소 회전 반경을 측정하여 기록표에 기록하고, 타이로드 엔드를 탈거한 후(시험위원에게 확인), 다시 부착하여 토(toe)가 규정값이 되도록 조정하시오.
3) 주어진 자동차에서 브레이크 라이닝 슈 및 패드를 탈거한 후(시험위원에게 확인), 다시 부착하여 브레이크 작동상태를 점검하시오.
4) "3)"의 작업 자동차에서 시험위원 지시에 따라 전(앞) 또는 후(뒤) 제동력을 측정하여 기록표에 기록하시오.
5) 주어진 자동차의 ABS기에서 자기진단기(스캐너)를 이용하여 각종 센서 및 시스템 작동 상태를 점검하고 기록표에 기록하시오.

다. 전기

1) 주어진 자동차에서 시동 모터를 탈거한 후(시험위원에게 확인), 다시 부착하여 작동상태를 확인하고, 크랭킹 시 전류소모 및 전압 강하 시험하여 기록표에 기록하시오.
2) 주어진 자동차에서 전조등시험기로 전조등을 점검하여 기록표에 기록하시오.
3) 주어진 자동차에서 와이퍼 간헐(INT)시간조정 스위치 조작 시 편의장치(ETACS 또는 ISU) 커넥터에서 스위치 신호(전압)를 측정하고 이상 여부를 확인하여 기록표에 기록하시오.
4) 주어진 자동차에서 미등 및 제동등(브레이크) 회로를 점검하여 이상개소(2곳)를 찾아서 수리하시오.

제14안 국가기술자격 실기시험 답안지

종목	자동차정비산업기사	비번호		시험위원 확인	

엔진 1. 크랭크축 측정

엔진 번호 :

비 번 호		시험위원 확 인	

항 목	① 측정(또는 점검)		② 판정 및 정비(또는 조치) 사항		득 점
	측정값	규정(정비한계)값	판정(□에 "✓"표)	정비 및 조치할 사항	
캠축 휨			□ 양 호 □ 불 량		

엔진 3. 배기가스 점검

자동차 번호 :

비 번 호		시험위원 확 인	

항 목	① 측정(또는 점검)		② 판정 (□에 "✓"표)	득 점
	측정값	기준값		
CO			□ 양 호 □ 불 량	
HC				

엔진 4. 산소 센서 파형 분석

자동차 번호 :

비 번 호		시험위원 확 인	

항 목	파형상태	득 점
파형 측정	요구사항 조건에 맞는 파형을 프린트하여 아래 사항을 분석 후 뒷면에 첨부 ① 파형에 불량 요소가 있는 경우에는 반드시 표기 및 설명하여야 함. ② 파형의 주요 특징에 대하여 표기 및 설명하여야 함. ③ 분석 내용이 없을 시 채점 대상에서 제외함.	

엔진 5. 연료압력 점검

자동차 번호 :

비 번 호		시험위원 확 인	

항 목	① 측정(또는 점검)		② 판정 및 정비(또는 조치) 사항		득 점
	측정값	규정(정비한계)값	판정(□에 "✓"표)	정비 및 조치할 사항	
연료압력 (고압)			□ 양 호 □ 불 량		

섀시 2. 최소 회전 반경 측정

자동차 번호 :   비 번호: 시험위원 확인:

항 목	① 측정(또는 점검)		② 산출근거 및 판정		득 점
	측정값	기준값 (최소 회전 반경)	산출근거	판정 (□에 "✓"표)	
회전 방향 (□에 "✓"표) □ 좌 □ 우	r			□ 양 호 □ 불 량	
	측거				
	최대 조향 시 각도	좌 (바퀴)			
		우 (바퀴)			
	최소 회전 반경				

섀시 4. 제동력 점검

자동차 번호 :   비 번호: 시험위원 확인:

항 목	① 측정(또는 점검)			② 판정 및 정비(또는 조치) 사항		득 점
	구분	측정값	기준값 (□에 "✓"표)	산출근거	판정 (□에 "✓"표)	
제동력 위치 (□에 "✓"표) □ 앞 □ 뒤	좌		□ 앞 □ 뒤	축 중의 편차	□ 양 호 □ 불 량	
	우		제동력 편차	합		
			제동력 합			

● 측정 위치는 시험 위원이 지정하는 위치의 □에 "✓"표시합니다.
● 자동차검사기준 및 방법에 의하여 기록·판정합니다.
● 측정값의 단위는 시험장비 기준으로 기록합니다.
● 산출근거에는 단위를 기록하지 않아도 됩니다.

섀시 5. ABS 전자제어 제동장치 점검

자동차 번호 :   비 번호: 시험위원 확인:

항 목	① 측정(또는 점검)		② 판정 및 정비(또는 조치) 사항	득 점
	고장 부분	내용 및 상태	정비 및 조치할 사항	
자기진단				

전기 1. 시동 모터 점검

| 자동차 번호 : | | | 비 번호 | | 감독확인 | |

항 목	① 측정(또는 점검)		② 판정 및 정비(또는 조치) 사항		득 점
	측정값	규정(정비한계)값	판정 (□에 "✓"표)	정비 및 조치할 사항	
전압 강하			□ 양 호 □ 불 량		
전류 소모					

전기 2. 전조등 점검

| 자동차 번호 : | | | 비 번호 | | 시험위원 확 인 | |

① 측정(또는 점검)				② 판정 (□에 "✓"표)	득 점
항 목		측정값	기준값		
(□에 "✓") 위치 □ 좌 □ 우 설치 높이 □ ≤ 1.0 m □ > 1.0 m	광도		_____ 이상	□ 양 호 □ 불 량	
	진폭			□ 양 호 □ 불 량	

● 측정 위치는 시험 위원이 지정하는 위치의 □에 "✓"표시합니다.
● 자동차검사기준 및 방법에 의하여 기록·판정합니다.

전기 3. 와이퍼 스위치 신호 점검

| 자동차 번호 : | | | 비 번호 | | 시험위원 확 인 | |

항 목	① 측정(또는 점검)		② 판정 및 정비(또는 조치) 사항		득 점
			판정 (□에 "✓"표)	정비 및 조치할 사항	
와이퍼 간헐 시간 조정 스위치 작동 신호(전압)	INT S/W 전압	ON 시 : OFF 시 :	□ 양 호 □ 불 량		
	INT S/W 위치별 전압	SLOW : FAST :			

저자 약력

박종철 (現) 현대자동차 하이테크서비스팀 그룹장
김학광 (現) 경기자동차정비학원 원장

자동차정비 산업기사 실기 정복 최신판

발행일	2022년 6월 10일 제1판 제1쇄 인쇄
	2022년 6월 15일 제1판 제1쇄 발행
지은이	박종철 · 김학광
발행인	차 승 녀
발행처	도서출판 건기원
주 소	경기도 파주시 연다산길 244(연다산동 186-16)
전 화	(02) 2662-1874~5
팩 스	(02) 2665-8281
등 록	제11-162호, 1998. 11. 24

저자와의 협의하에 인지 생략

홈페이지 www.kkwbooks.com

정가 28,000원

ISBN 979-11-5767-679-8 13550

▶ 건기원은 여러분을 책의 주인공으로 만들어 드리며 출판 윤리 강령을 준수합니다.
▶ 본 수험서를 복제 · 변형하여 판매 · 배포 · 전송하는 일체의 행위를 금하며, 이를 위반할 경우 저작권법 등에 따라 처벌받을 수 있습니다.